U0249558

京津冀城市群生态安全保障技术与对策

陈利顶 等 著

科学出版社

北京

内 容 简 介

本书围绕"区域生态安全保障"这一核心主题,旨在为京津冀城市群地区生态安全保障与协同发展提供技术支撑。首先,从理论层面对城市群生态安全进行了梳理,分析了生态安全背景、发展趋势、科学内涵及其与国家安全的关系,并分析了城市群生态安全的内涵和特点。利用土地利用和社会经济等多源数据系统地分析了京津冀城市群地区景观格局演变特征及其与社会经济的胁迫关系,从宏观层面探讨了城市群生态监管和风险识别的技术路径,从不同视角分析了城市群生态风险识别方法,建立了城市群生态风险评估与预测技术体系,为开展城市群生态风险预测和预警提供了技术参考。其次,针对湿地和城市群受损生态空间的修复和功能提升开展了系统研究。最后,从区域协调联动角度,研发了京津冀城市群区域生态安全协同会诊系统和生态安全格局优化系统,进一步研发了京津冀城市群区域协调联动与生态安全保障决策支持系统。

本书可为从事城市生态学、城市规划与设计、生态系统评估与监管、生态修复与环境管理等领域教学与科研工作者提供参考。

审图号: GS(2022)2309 号

图书在版编目(CIP)数据

京津冀城市群生态安全保障技术与对策 / 陈利顶等著. —北京:
科学出版社,2023.4
ISBN 978-7-03-073891-2

Ⅰ.①京… Ⅱ.①陈… Ⅲ.①城市群-生态安全-研究华北地区
Ⅳ.①X321.22

中国版本图书馆 CIP 数据核字(2022)第 220215 号

责任编辑: 王 倩 / 责任校对: 樊雅琼
责任印制: 吴兆东 / 封面设计: 无极书装

科 学 出 版 社 出版
北京东黄城根北街 16 号
邮政编码: 100717
http://www.sciencep.com

北京建宏印刷有限公司 印刷
科学出版社发行 各地新华书店经销

*

2023 年 4 月第 一 版 开本: 787×1092 1/16
2023 年 4 月第一次印刷 印张: 18 1/2
字数: 500 000
定价: 268.00 元
(如有印装质量问题,我社负责调换)

前　言

　　生态安全广义上是指在人的生活、健康、安乐、基本权利、生活保障、必要资源来源、社会秩序和适应环境变化的能力等方面未受到威胁的状态，包括自然生态安全、经济生态安全和社会生态安全。狭义上，生态安全是指自然和半自然生态系统（含人工农田生态系统）的安全状态，反映了生态系统的完整性和健康状况。生态安全是一个区域性的复杂问题，不仅涉及自然、社会、经济的方方面面，而且涉及不同空间尺度的协同联动。自20世纪70年代末生态安全概念提出以来，广大生态学科技工作者高度关注，围绕生态安全内涵、评价内容与模型、风险预测、区域生态安全格局构建等方面开展了大量研究。随着人口增长、城市化和经济快速发展，城市群已经成为人类生活和生产的主要活动空间，同时成为驱动我国经济发展和保障国家安全的重要区域。以城市群为重点对象开展生态安全保障技术研究，对于实现区域一体化发展和保障国家安全具有重要的作用。

　　京津冀城市群包括北京和天津两个直辖市和河北省的11个地级市，是以首都为核心的世界级城市群。快速城市化在提高物质生活水平的同时，也造成了城市群地区生态用地流失，由此导致生态系统结构失调、服务功能下降、生态风险加剧，不仅阻碍了城市群社会经济与生态环境的协同发展，也影响到区域的生态安全。如何从区域角度构建科学合理的生态安全格局，成为保障京津冀城市群区域一体化发展的关键问题之一。在"十三五"国家重点研发计划"京津冀城市群生态安全保障技术研究"项目支持下，围绕"区域生态安全保障"这一核心主题，从关键生物栖息地生态修复、受损生态空间生态重建与功能提升、生态监管与生态风险预测预警技术、区域协调与空间联动的生态安全保障决策系统和预测预警平台建设等多个角度开展了系统研究，旨在为京津冀城市群地区生态安全保障与协同发展提供技术支撑。

　　本书研究基于国家重点研发计划"京津冀城市群生态安全保障技术研究"项目成果，共7章内容。第1章从理论层面对城市群地区生态安全进行了梳理，分析了生态安全研究背景与趋势、科学内涵及其与国家安全的关系，以及城市群生态安全构建目的与路径。第2章利用土地利用和社会经济等多源数据系统分析了京津冀城市群地区景观格局演变与稳定性、社会经济现状及其演变特征以及社会经济发展与景观稳定性的关系。第3章和第4章从宏观层面探讨了城市群生态系统评价与监管和风险评估的技术路径。其中，第3章探讨了面向生态监管的多等级生态功能网格，基于脆弱性、敏感性和供需关系的生态评价，并在典型区域对生态系统评价与监管系统进行了案例展示；第4章分析了多维度生态风险评估和基于物质代谢的京津冀城市群生态风险评估。第5章和第6章针对湿地和城市群受损生态空间的修复和功能提升开展了系统研究。其中，第 5 章围绕湿地与关键物种栖息地的生态空间优化提出了评估、修复和优化提升的技术方案；第 6 章通过受损生态空间的识别与评价、生态修复与功能提升为城市群交通干线和典型生态交错区受损空间的生态重建与功能提升提出了具体的解决方案。最后，第 7 章从区域协调联动角度，研发了京津冀城市群区域生态安全协同会诊技术和生态安全格局协调优化技术，进一步研发了京津冀城市群区域协调联动与生态安全保障决策支持系统，探讨了多要素、多情景、多目标和多重约束下京津冀城市群协同发展方案，为生态环境容量和生态安全保障双约束下的京津冀协同发展和生态型城市群建设提供了重要的技术支撑。

全书由中国科学院生态环境研究中心牵头完成。其中第 1 章由陈利顶、孙然好、景永才撰写；第 2 章由王巍巍、莫罹、汪东川撰写；第 3 章由周伟奇、韩立建、钱雨果、王迪、任玉芬、许开鹏、李家馨、刘旭撰写；第 4 章由张妍、刘耕源、田欣、刘瑞民、王美娥、王心静撰写；第 5 章由王文杰、蒋卫国、布仁仓、吴秀芹、李咏红撰写；第 6 章由白伟岚、王国玉、李洪澄、牛萌、冯兆忠、穆晓红、张育新撰写；第 7 章由方创琳、鲍超、王振波、李广东撰写。全书由陈利顶和韩立建统稿。

当前，我国城市群发展已经进入一个新的时期，城市和城市群生态安全得到社会的广为关注，城市（群）生态学的理论和应用研究及其学科发展方面均取得了较为突出的成绩，得到国内学术界的认同和国际学术界的瞩目。这些研究成果为解决我国城市化过程中出现的问题和国家生态安全起到了重要支撑作用，随着我国经济不断发展及其对科学研究投入加大，城市（群）生态学与生态安全研究还将面临新的机遇与挑战，希望本书出版起到抛砖引玉的作用，继续推动我国城市群生态安全研究不断进步并迈上新的台阶。

本书可为从事城市生态学、城市规划与设计、生态系统评估与监管、生态修复与环境管理等领域教学与科研工作者提供参考。但限于作者水平，本书难免会挂一漏万，不妥之处敬请读者批评赐教。

作　者

2023 年 1 月

目　　录

前言
第1章　城市群地区生态安全 ···················· 1
　　1.1　生态安全研究背景与趋势 ·················· 1
　　1.2　生态安全科学内涵 ······················ 3
　　1.3　生态安全与国家安全 ···················· 6
　　1.4　城市群生态安全构建目的与路径 ·············· 13
　　参考文献 ···························· 20
第2章　京津冀城市群地区景观格局演变 ·············· 25
　　2.1　景观格局演变与稳定性分析 ················ 25
　　2.2　社会经济现状及其演变特征 ················ 36
　　2.3　社会经济发展与景观稳定性 ················ 53
　　参考文献 ···························· 59
第3章　京津冀城市群生态系统评价与监管 ············· 61
　　3.1　面向生态监管的多等级生态功能网格 ··········· 61
　　3.2　基于脆弱性、敏感性和供需关系的生态评价 ········ 69
　　3.3　基于多等级生态网格的房山区监管 ············ 82
　　参考文献 ···························· 92
第4章　京津冀城市群生态风险评估 ················ 96
　　4.1　多维度生态风险评估 ···················· 96
　　4.2　基于物质代谢的京津冀城市群生态风险评估 ······· 126
　　参考文献 ··························· 143
第5章　湿地与关键物种栖息地生态空间优化 ··········· 146
　　5.1　京津冀地区湿地景观格局演变及其对区域生态安全的影响 · 146
　　5.2　湿地景观空间优化配置 ·················· 162
　　5.3　湿地关键物种（水鸟）栖息地适宜区模拟 ········· 170
　　5.4　湿地生境斑块的廊道连通性分析 ············· 175
　　参考文献 ··························· 187
第6章　京津冀城市群受损空间生态重建与功能提升 ········ 190
　　6.1　京津冀城市群地区受损生态空间识别与评价 ······· 190

6.2 城市开发型受损空间生态修复与功能提升 ·· 209

6.3 交通干线生态廊道重构与功能提升 ····················· 225

6.4 典型生态交错区防风固沙功能提升技术 ·· 239

参考文献 ··· 253

第 7 章 京津冀城市群区域生态安全保障决策支持系统 ································· 255

7.1 城市群生态安全协同会诊技术 ··· 255

7.2 城市群生态安全格局协调优化技术 ··· 265

7.3 城市群区域协调联动与生态安全保障决策支持系统 ····························· 274

参考文献 ··· 289

第 1 章 | 城市群地区生态安全

1.1 生态安全研究背景与趋势

1.1.1 生态安全提出背景

"安全"与人类密切相关，通常指"未受威胁、没有危险、危害和损失的状态"，本质上安全关系到人类的生存与发展。安全一词最早出现于军事领域，随着世界经济和环境的交流与合作不断发展，安全已不仅仅局限于军事和主权等领域（徐海根和包浩生，2004），已扩展到生态环境领域，一般认为生态系统退化与环境污染会削弱经济发展的潜力，影响人类社会的不断进步，导致社会不稳定，从而给国家安全带来威胁。

国际应用系统分析研究所提出：生态安全是指在人的生活、健康、安乐、基本权利、生活保障来源、必要资源、社会秩序和人类适应环境变化的能力等方面不受威胁的状态，包括自然生态安全、经济生态安全和社会生态安全。陈利顶等（2018）则认为生态安全是一个抽象的概念，是人类社会发展的宏伟目标，涉及社会、经济与自然生态系统的方方面面。

Obi 和 Oil（1997）曾专门研究过生态安全与国家安全的关系，认为生态安全会直接影响到国家安全，历史上曾有不少地区因生态环境恶化而导致国家消亡的案例。人类安全系统分为经济安全子系统、政治安全子系统、人口安全子系统、文化安全子系统和生态安全子系统等（左伟等，2002）。此外，从生态环境要素角度，生态安全则包括水生态安全、土壤生态安全、粮食安全、生物安全和国土安全等（夏军和朱一中，2002）。俞孔坚（1999）、俞孔坚等（2001）将生态安全的概念引入生物多样性保护中，提出了景观生态安全的概念，并应用到景观格局设计中。

美国等国家和地区均将环境安全列为安全战略的主要目标。其中，俄罗斯还将保障生态安全方面所产生的社会关系明确视为生态法的调整对象（王树义，2001）。我国也于2000年11月26日发布了《全国生态环境保护纲要》，明确指出生态安全是国家安全和社会稳定的重要组成部分。

然而，许多人认为对生态环境采用"安全"这一概念仍存有怀疑：生态安全概念的提出可能会带来适得其反的结果，不仅不会促进生态环境保护，还会阻碍寻求一个可持续的世界新秩序。这一概念不会使国家的、军事的和全球的政治管理朝着有利于生态的方向发展。恰恰相反，它可能会激化民族主义和鼓励国家通过立法以军事手段来对抗环境威胁。

1.1.2 生态安全研究现状

广义上，生态安全是指人类社会的生活、健康、安乐、基本权利、生活保障、物质来源、社会秩序和人类适应环境变化的能力等未受到威胁的状态，包括自然生态安全、经济生态安全和社会生态安全。狭义上，生态安全是指自然和半自然生态系统（含人工农田生态系统）的安全状态，反映了生态系统的完整性和健康状况。生态安全是一个区域性的复杂社会问题，不仅涉及自然、社会、经济的方方面面，而且涉及不同空间尺度的协同联动。自20世纪70年代末生态安全概念提出以来，广大生态学科技工作者高度关注，围绕生态安全的内涵、评价内容与模型、风险预测、区域生态安全格局构建等方面开展了大量研究。

总体上，生态安全研究有以下特点：①生态安全概念和理论探讨较多，但成功的生态安全格局构建的实践应用案例较少。生态安全作为一个宏观的、抽象的生态学问题，由于影响因素复杂多样，如何建立一个科学的生态安全评价体系一直是大家争议的焦点，截至目前也没有形成一个公认的客观评价标准，由此导致应用到工程实践的成功案例较为少见。②针对单要素、具体问题的生态安全格局设计较多，但从宏观、综合角度开展的生态安全格局构建的案例相对较少。目前许多关于生态安全的研究多是从某个侧面，针对具体的问题所开展的，如生物多样性保护、洪涝灾害防控、水土流失治理、休闲娱乐提升等，但从多角度和多尺度开展生态安全格局构建与保障技术的研究，目前十分欠缺。③针对生态安全与生态健康评价工作较多，但缺乏从区域生态安全角度思考有针对性的生态监管、风险预测与预警研究。在生态系统评价与监管方面，针对生态环境要素的监测技术和方法已经比较成熟，但如何通过生态要素的定量监测反映区域生态系统健康和生态安全状态，目前还不明确；在风险预测与预警方面，大多忽视了从健康诊断到生态安全评估，再到风险预测预警，以及它们之间的内在关联机制，如何将风险评估、预测预警和区域生态安全相结合，开展区域生态系统健康评价与安全格局构建目前开展的工作较少。

1.1.3 生态安全研究趋势

生态安全是一个相对的概念，不同国家、不同地区、不同社群在不同发展阶段对生态安全的理解和需求均会存在差异，但生态安全又是当前社会面临的一个现实问题，不仅关系到人居环境健康和安全保障，也关系到国家社会经济的可持续发展与长治久安。生态安全将在未来国家安全和社会发展中具有重要的战略地位，需要引起足够的重视，未来亟待加强以下五个方面的研究。

（1）生态安全影响要素之间的关联机制与级联效应。生态安全涉及社会经济的各个方面，具有跨尺度、跨区域、跨部门的特点，一个地区的生态环境要素变化会产生影响到社会经济多方面的连锁反应。因此，结合区域特点和存在的突出问题，深入研究影响生态安全要素之间的关联机制，阐明不同生态环境要素之间的级联效应及其对区域生态安全格局带来的影响，是生态安全格局的成功构建的前提。

（2）生态安全与国家安全的权衡关系与保障机制。生态安全作为国家安全的重要组成部分，与国家经济安全、政治安全、国防安全、社会安全等具有密不可分的关系。研究区域生态安全失衡对国家安全的影响，尤其需要探讨不同类型安全之间的权衡关系和协调机制，是未来生态安全研究中必须重视的科学问题。

（3）生态系统服务供需评价与区域生态安全格局构建。生态安全本质上是通过生态系统提供的服务来满足社会经济发展和人类生活生存的基本需求，当人类社会的需求得到满足时，此时的生态系统可以认为实现了区域生态安全。因此，如何将生态系统服务评价及其供需平衡分析与生态安全格局构建相结合，从而实现一个地区的生态安全是未来研究的重要切入点。

（4）近远程耦合机制与区域生态安全阈值设定。生态安全涉及不同的区域和空间尺度，不同区域之间存在各种各样的物质、能量和人员交换，形成复杂的网络关系。无论是城市，还是城市群尺度，通过本身资源优势和环境系统已经无法完全实现对区域生态安全的保障，必须通过研究区域之间近远程耦合关系，辨识不同生态服务供需平衡的阈值，从而探讨区域生态安全保障的机制。

（5）城市–城市群–区域跨尺度生态安全格局构建方法。随着人口增长、城市化和经济快速发展，城市群已经成为人类生活和生产的主要活动空间，同时成为驱动我国经济发展和保障国家安全的重要抓手。如何综合考虑城市扩张、经济发展和生态保护需求，从生态系统完整性和区域一体化协同发展角度，构建从城市到城市群、区域可持续发展的生态安全格局，进而提高生态系统服务能力，是未来需要关注的重点领域。

1.2 生态安全科学内涵

1.2.1 生态安全概念

人们对生态（环境）安全的认识与实践有一个渐进过程，不同时期关注的问题和侧重点可能不同，且不同人群可从不同的视角或层次进行理解。在一个国家区域之间、国家之间以及多国构成的地区乃至全球范围，其具体含义亦会存在差异。Myers（1993）指出生态安全涉及因地区资源战争和全球生态威胁而引起的环境退化，这些问题继而会导致经济和政治的不安全。

贾士荣（1999）从人类社会的视角给出了生态安全的定义，认为生态安全是指社会、政治、经济的安全。这一安全问题已危害到当代人群健康和后代人的健康成长，突出表现在因环境污染与生态破坏所引起的对全世界和平与发展的影响，以及对国家安全、经济安全甚至整个人类生存与发展的影响。我国原国家环境保护局局长曲格平也从两个方面进一步阐释了失去生态安全的危害，主要包括两个方面：①生态环境的退化对经济基础构成威胁，主要指环境质量退化和自然资源的减少，削弱了经济可持续发展的支撑能力；②环境问题引发公众的不满，特别是导致环境难民的大量产生，直接会影响到社会和经济的稳定发展（唐先武，2002）。

一般认为生态安全是指自然生态和人类生态意义上生存与发展的风险大小，包括环境安全、生物安全、食物安全、人体健康安全，以及发展到企业及社会生态系统的安全。生态安全涉及自然和社会两个方面，包括环境资源安全、生物与生态系统安全和自然与社会生态安全。自然体系的生态安全和人类社会体系的生态安全均包含了多重尺度。生态安全的空间尺度，根据范围大小也可分成全球生态系统、区域生态系统和微观生态系统等若干层次的生态安全。从生态系统角度看，生态安全指自然和半自然生态系统的安全，即生态系统完整性和健康的整体水平，即不同尺度上人们所关心的气候、水、空气、土壤等环境和生态系统的健康状态，是人类开发自然资源的规模和阈值（肖笃宁等，2002），指一个生态系统的结构没有受到破坏，其生态功能未受到损害（郭中伟，2001）。张雷和刘慧（2002）对国家资源环境安全的概念、要素及其相互作用进行了系统论述，以整体性观点综合选取六项资源环境要素表征指标（耕地、水资源、矿产资源、能源矿产、森林资源和 CO_2 排放量），对 10 个人口大国计算安全系数并依据大小进行分类，通过数值和类别的比较来说明我国的资源环境安全程度。陈利顶等（2018）认为生态安全包括两方面含义：一是空间上的生态平衡与环境要素之间的协调；二是人类社会的欲望需求与生态系统（自然）服务供给之间的协调与平衡。只有当人类社会对自然的索取和需求与自然生态系统可提供的服务能力达到协调与平衡时，或者自然生态系统提供的服务远大于人类社会对生态安全的需求时，此时的人地关系才会处于和谐状态，即安全状态。

所谓国家生态安全，是指一个国家生存和发展所需的生态环境处于不受或少受破坏与威胁的状态，即自然生态环境能满足人类和生物种群的持续生存与发展需求，而不损害自然生态环境的潜力（Rogers and Katarina，1997；程漱兰和陈焱，1999；左伟等，2002）。由水、土、大气、森林、草地、海洋、生物组成的自然生态系统是人类赖以生存、发展的物质基础。当一个国家或地区所处的自然生态环境状况能够维系其经济社会可持续发展时，其社会经济生态系统是安全的，反之则是不安全的。

同国防安全、经济安全、政治安全、社会安全、信息安全一样，生态安全是国家或地区安全的重要组成部分，而且是非常基础的部分（周珂，2001）。生态安全为其他安全的实现提供了必要的保障，没有生态安全，人们生存的基本条件将受到威胁和破坏，军事、政治和经济的安全也就无从谈起（Sydygalieva，2001；王韩民等，2001），与此同时，生态安全需要社会安全和经济安全来作保障。因为如果社会动荡不安，人民生活穷困潦倒，偷猎、乱砍滥伐十分猖獗，生态安全就无从谈起。可以说，生态安全是其他方面安全的基础和载体，也是国家或地区安全的有机组成部分，保障生态安全，已成为目前我国面临的重要任务。

1.2.2　生态安全特点

简单来讲，生态安全就是人类生存环境处于健康和可持续发展的状态。反之，生态安全的对立面则是指人类所依存的生态系统受到破坏，生态胁迫严重，以及生态灾难频发。当人类生存的环境状态或变化偏离了人类生存和发展的必备条件或容忍范围时，即处于不安全生态状态时，区域和国家的发展都将会受到严重的影响和威胁，甚至导致生命财产的损失和社会经济系统的严重破坏。生态环境问题的形成与演变通常具有隐蔽性、渐进性和累积性的特点，其后果则具有间接性、广布性和突发性，而且其破坏是加速发展且难以逆转的。生态环境问题的复杂性赋予了"生态安全"丰富的内涵（陈国阶，2002；邹长新和沈渭寿，2003；陈利顶等，2006）。

一般认为生态安全具有以下五个特点（陈利顶等，2006，2018）。

（1）综合性。生态安全包括诸多方面，而每个方面又涉及诸多影响因素。生态的、社会的、经济的和军事的因素相互交叉、相互作用、相互影响，形成一个复杂的生态安全网络体系。生态环境是相连相通的，任何一个局部生态系统的破坏，均有可能引发全局性的生态灾难发生，甚至危及整个国家和民族生存与发展的基础。

（2）相对性。生态安全是一个相对的概念，自然界没有绝对的安全，只有相对的安全状态。生态安全由众多因素构成，对人类生存和发展的满足程度各不相同，人类对生态安全的要求也不尽相同。不同社会群体、不同国家/地区由于受到文化、教育和社会经济发展水平的影响，对生态安全的理解和要求均会存在差异。此外，社会发展的不同阶段，人类认识不同，对生态安全的理解也会不同。

（3）地域性。任何生态安全问题虽然在全球尺度上都有体现，但研究和解决生态安全问题不能泛泛而谈，应该有针对性。不同的区域，不同的研究对象，对于生态安全的表现形式、解决方式和最终结果都会存在差异。

（4）不可逆性。生态环境的容量和支撑能力存在一定限度，一旦超过其自身修复的"阈值"，往往会造成不可逆转的后果，如野生动物、植物一旦灭绝就会永远消失，在目前的科技条件下人力很难使其恢复。与此同时，许多生态环境问题即使能够解决，其一旦形成，要想彻底解决就要在时间和经济上付出更高代价。

（5）动态性。生态安全随着时间和影响因素的变化在不同时期有不同的表现。一个处于安全状态的生态系统也会由于人类的不合理利用或自然灾害的发生从而变得不安全，不断恶化的生态系统也可能由于人类的治理或自然的恢复转变为健康状态。尽管若干生态问题一旦发生不可扭转，但在一定程度上，人类还是可以通过针对性的整治扭转区域的不安全状态，控制好各个环节使其向良性发展，减轻、解除生态环境灾难。

1.2.3　生态安全目的

生态安全需要通过格局构建来实现。生态安全格局构建就是要解决人类实际生活中所面临的具体问题，以实现人的现实需求或一定时段内可持续发展为目的的生态实践活动。生态安全强调自然和生态的协调与平衡，但其本质目的还是为了人类生存和可持续发展。因此，生态安全必须以人类生存与社会可持续发展为基本前提，去探讨生态保护与人类活动之间的合理配置关系。但生态安全又是一个抽象的概念，涉及社会、经济与自然生态系统的方方面面，是一个理想的、永远在前进的社会发展长远目标，目前针对生态安全的定性评价工作较多（蒙吉军等，2011；马克明等，2004），很难阐述清楚研究结果的实践意义。

生态安全格局构建则是为了实现生态安全目标而采取的具体行动和措施（马世五等，2017；彭建等，2017a），因此，生态安全格局构建需要针对现实的具体问题，必须设定有限的目标；否则，生态安全格局构建很难把握，也无法去落实和执行。这是因为不同发展阶段人类所面临的问题和需求不同，所理解的生态安全内涵不同，同时不同地区由于区位、文化背景和生活需求不同，对生态安全的理解和定位也会存在差异。因此生态安全格局的内涵可以概括为以下两点。

（1）空间上的生态平衡与环境要素之间的协调。包括三方面含义：①立地尺度上的要素协调与平衡，要求在开展生态恢复与安全格局构建时，必须考虑所使用的生物或工程措施与当地的环境背景和生态环境要素相协调，否则任何人为干扰均会对区域生态安全带来负面影响。②空间尺度上的过程协调与平衡。在构建生态安全格局时，必须考虑空间尺度上的生态过程完整性是否会因人为干扰而遭到破坏，同时也需要考虑空间尺度上生态系统的合理配置与优化。③时间尺度上的可持续性与动态适应性，即任何生态恢复措施带来的后果在一定时间尺度上是否具有可持续性？是否可以适应未来一段时间内的环境变化？

（2）人类社会的欲望需求与生态系统（自然）服务供给之间的协调与平衡。只有当人类社会对自然的索取和需求与自然生态系统可提供的服务达到协调与平衡时，或者自然生态系统提供的服务远大于人类社会对生态安全的需求时，此时的人地关系才会处于和谐的安全状态。

1.3 生态安全与国家安全

1.3.1 生态安全评价

生态安全研究是从人类对自然资源的利用与人类生存环境辨识的角度，分析与评价自然的和半自然的生态系统，研究对象和过程具备生态系统自身的特点和属性。第一，生态安全评价的研究对象往往是生态脆弱区，具有一定的特殊性和针对性；第二，生态安全的评价标准具有相对性和动态适应性，不同国家和地区或者不同的发展阶段具有不同的评价标准；第三，生态安全研究包含人类活动的能动性，需要在分析、评价的基础上探寻建立生态安全保障体系的方法。通常，生态安全研究包括生态安全评价、生态风险分析与识别、生态安全监测与预警、生态安全格局构建和生态安全保障机制研究等基本内容（陈利顶等，2006）。

（1）生态安全评价。生态安全评价是指根据生态安全影响因子与社会经济持续发展之间的相互作用关系，在分析生态环境对社会经济持续发展的影响与制约基础上，研究生态安全与不安全的界线和阈值，并用一系列安全评价指标对生态安全的程度予以区分的一种方法，包括影响因子分析、生态安全评价指标体系、评价方法以及生态安全阈值辨识等研究内容。在研究生态安全时，需要进行社会经济持续发展与生态环境之间的匹配关系分析，并对生态环境变化、社会经济发展的趋势进行系统分析和预测。生态安全研究的核心在于生态安全阈值的确定，也就是生态安全与不安全的界线的划定。显然，什么样的生态环境状态对于国家或地区社会经济发展来说是安全的，什么样的生态环境状态对于国家和地区的社会经济发展来说是不安全的，或者说国家或地区生态安全的标准是什么，需要给出明确回答。但目前许多研究尚处于起步阶段，还没有形成统一的客观评价标准。生态安全评价研究一般只对某一地区的生态安全现状进行评价，其评价结果也只反映当地生态安全水平和存在的问题。

生态系统的安全可以通过不同的指标来反映与评价（左伟等，2002）。单一指标可以反映生态安全的某个方面，如果要全面了解与掌握生态安全的整体特征，则通常需要选取多个指标或者建立指标体系进行评价。生态安全评价的关键之一是设计标准或阈值，以确定关键的生态环境的参数变化是否在安全的范围之内。除了指标体系法，生态安全的评价方法还包括其他一些能够应用于生态系统评价的方法（杨京平，2002；吴开亚，2003；吴开亚等，2004；左伟等，2004；刘勇等，2004）。

（2）生态风险分析与识别。一般认为，安全与风险互为反函数。风险（risk）是指评价对象偏离期望值的受胁迫程度或事件发生的不确定性，其计算值为概率与可能损失结果的乘积；而安全则是指评价对象在期望值状态的保障程度或防止不确定事件发生的可取性。生态风险是指特定生态系统中所发生的非期望事件的概率和后果，如干扰或灾害对生态系统结构和功能造成的损害，其特点是具有不确定性、危害性与客观性。

区域生态风险分析通常关注一个区域内生物物种的安全程度和丧失状况，如濒危物种数量、胁迫因子的变化，尤其特别重视生境破碎化对生物多样性的影响，研究的重点内容是关键生态系统的完整性和稳定性（关文彬等，2003），包括自然生态系统（森林、草地、湿地、水域）和半自然生态系统（农田）的损失、景观斑块动态、生态演替、生态系统对干扰的阻抗与恢复能力等。此外，重要生态过程的连续性（有无间断和改变）也是生态安全的分析内容，包括对过程的方向、强度和速率的研究与判断。

以前，生态风险研究主要集中在对有毒物质引起的风险上，尤其是个体和种群水平的生态毒理学，而针对自然灾害和人为干扰的生态学研究相对较少（肖笃宁等，2002）。尽管多年来区域生态风险的研究逐渐得到重视，如对环渤海三角洲湿地生态风险的研究（付在毅和王宪礼，2001），以及西气东输工程沿线陕西段洪水风险评价（高启晨等，2004），但生态风险评价侧重于研究特定生态系统中所发生的非期望事件的概率和后果，不能很好地体现人类对安全管理和安全预警等方面的主动设计与能动性（肖笃宁等，2002）。

（3）生态安全监测与预警。生态安全监测强调实时监控的实施和监测网络的建立，对区域生态安全问题进行监控。开展生态安全监测研究对政府部门把握生态安全的变化并及时控制和治理生态环境，进行生态环境建设，确保生态安全具有十分重要的意义。生态安全监测必须建立在监测网点建设和3S技术之上，主要利用数字技术进行动态观测与分析。

生态安全预警研究就是在分析生态环境影响因素的基础上，通过探究生态环境变化规律，预测生态环境的未来变化趋势，并及时作出预报、预测与预警，为政府进行生态环境治理、处理社会经济发展与生态环境整治、保护等工作时的决策提供参考依据。生态安全趋势的预测建立在生态安全评价基础之上，主要根据社会经济发展趋势、生态环境变化的预测以及二者之间的相互影响关系进行分析，在现状与历史的对比中发现生态环境质量的变化情况，并以生态评价制定的安全标准作为对比依据，作出安全情况的判别。生态安全态势的预测是一件非常复杂的事情，需要进行大量的工作，也需要有较好的预测方法和手段。生态预警研究不仅要对生态环境变化进行预测，而且要进行生态安全状态的判断，并以安全、较安全、不安全、很不安全等安全程度予以表示，正确反映生态环境对社会经济发展的威胁和影响程度。

生态安全监测与生态安全预警是相辅相成的。生态安全监测是生态安全预警研究的基础，没有生态安全监测，生态安全预警工作难以完成。

（4）生态安全格局构建。生态安全格局构建是指在预警结果安全等级较低的研究区域内应用景观生态建设的原理和方法，通过对原有系统要素的优化组合或引入新的要素调整或构建新的安全格局，从而使关键性生态过程不受阻碍，把生态系统所受的胁迫控制在安全等级允许的范围之内。有关生态安全构建的研究主要集中在生物多样性保护（俞孔坚，1999；徐海根和包浩生，2004）和景观格局设计方面（俞孔坚等，2001），其他方面有如针对流域水文过程的生态安全格局设计（黄俊芳等，2004）等。一般地，人类强干预的土地利用类型增加，代表自然生态系统的土地覆盖类型减少，可以使自然生态环境的净化和维系能力下降，生态环境安全水平降低；而自然性的、植被条件好的土地利用格局相应的生态安全水平较高。

（5）生态安全保障机制研究。保障机制包括行政管理、经济手段和法律手段，其中生态安全行政管理研究包括确保生态安全的政策和法律法规、管理措施、手段、方法等的制定，以及机构、制度建设等内容。政策法规是进行行政管理的基础，生态安全管理与其他安全管理或其他行政管理具有较大的相似性，基本的措施、手段也相似。一般的行政管理手段包括经济、法律、行政和教育四种基本手段。

经济手段通过制定税率、利率、收费等手段进行产业投向引导，间接进行调控，如该产业有利于国家或地区生态环境质量改善，或产业排污符合国家或地区生态环境质量标准，可以在贷款、税收等方面予以倾斜或鼓励。而对于高污染行业或对生态环境破坏较严重的产业则课以重税或禁止立项、投产。同时，可通过税收等经济手段鼓励企业投资生态产业，进行环境污染治理，调整产业结构，恢复生态环境功能。

行政手段一般通过制定安全标准及安全管理的规章制度，由政府部门进行监督，强制部门或企业执行，从而实现生态安全的有效控制，如申报制度、审批制度、检查制度等，行政手段也包括各种处罚手段，如通报批评、罚款、停业整顿、吊销营业执照、取消执业资格等。

法律手段则通过制定相关法律和安全执法配合行政、经济等手段进行安全管理（杜万平，2003）。因为生态系统涵括的内容太多，不可能在一部法律中对其进行全面的规定，而且只要生态系统的各个子系统结构完整、功能正常，整个生态系统就会处于安全的状态。因此，虽然美国、德国、日本、欧盟、英国、俄罗斯等国家和地区均将环境安全列为安全战略的主要目标（王树义，2001），但并无将生态安全单列出来制定法律进行保护的情况。

教育手段一般是辅助性手段，主要通过宣传、知识培训等措施，提高人们的生态安全意识，使人们自觉进行环境保护、减少破坏环境行为，进而达到维护国家或地区生态安全的目的。当然，各种手段不是孤立的，而是彼此相互配合、共同起作用的。生态安全的行政管理研究也应该研究各种手段之间的配合问题。

总之，生态安全的威胁往往来自于人类活动。人类对于周围生态系统资源的不合理利用会导致生态环境的恶化，引起自身生存环境的破坏，恶化的环境反过来形成对人类生存与发展的威胁，形成彼此不相协调的恶性循环。要使周围环境恢复适宜人类生存的状态，解除其对于人类构成的威胁，就需要付出一定的代价，投入一定的成本，这项成本是人类开发自然环境、满足自身与生态环境协调发展所必需的。

研究生态安全必须从区域的整体角度出发，研究不同生态系统之间的相互作用，只有当所有生态系统之间的相互作用达到良性状态时，才可能使区域达到生态安全，局部生态系统的稳定与持续不能保证区域上的生态安全。

1.3.2 生态安全格局构建

1.3.2.1 基本目的

生态安全本质上是为了保障人类社会的生存需求，由此需要通过安全格局构建实现以下最基本的目的（陶晓燕，2014；黎晓亚等，2004；彭建等，2017b）。

（1）保护和恢复区域生物多样性。生物多样性已经证明是人类社会生存与发展的重要物质基础，因此只有当生物多样性程度较高时才能满足人类社会的生存，并为人类社会生存提供源源不断的物质产品和精神财富。目前地球上提供的生态系统服务价值高达 330000 亿美元，要远高于全球国民生产总值 180000 亿美元。因此，生态安全格局构建的目的也是为了保护和恢复区域生物多样性，为人类的可持续发展提供物质基础。

（2）维持生态系统结构和过程的完整性。尽管生态安全是从人类生存与社会经济可持续发展角度提出，但它与生态系统的结构与功能密不可分。因此生态安全格局构建必须以维持生态系统结构和过程的完整性作为最基本需求，否则为人类社会提供物质产品的生态资产基础将会受到破坏。在生态安全格局构建时，需要从影响生态系统结构和生态过程的空间单元出发，对于不同的生态过程，涉及的生态空间将会不同，需要从结构和过程完整性构建生态安全格局，其目的是维持生态系统的功能。

（3）实现对区域生态环境问题有效控制和持续改善。生态安全格局构建的根本目的是控制区域环境灾害的发生，减缓其对人类社会的影响。因此在生态安全格局构建时，需要重点考虑特定地区存在的突出问题和生态风险，通过针对性的措施和格局设计，来控制可能发生的环境地质灾害和人类社会面临的风险。即便无法完全控制区域环境地质灾害，也需要通过景观格局构建，来实现对已有环境地质灾害的减缓和改善。严格意义上，生态安全格局构建至少需要满足一定时期的人类生存与社会发展目标。

（4）满足可预见时期内人类生产、生活和休闲服务的需求。生态安全是一个非常复杂的问题，不仅涉及许多方面的影响因素，同时还需要考虑不同时期人类对生态安全的认知和需求。因此生态安全格局构建很难满足人类无限期的生产、生活和生存需求，实现对一定时期内环境地质灾害的控制，满足人类在一定时期内的生产、生活和休闲服务的需求即可达到生态安全的目标。因此从这个角度，生态安全格局构建具有阶段性特征。

1.3.2.2　基本原则

目前在生态安全格局构建方面，多是基于压力–状态–响应（pressure-state-response，PSR）定性评价提出抽象的生态安全格局（王琦等，2016；陈利顶等，2006；马克明等，2004；马世五等，2017；彭建等，2017a；Li et al.，2014），缺乏与具体问题相关联的实证性研究（刘洋等，2010；彭建等，2017a；Peng et al.，2018），或者基于定性评价针对单一问题提出的生态安全格局（Pei et al.，2010；Su et al.，2016；杜悦悦等，2017；杨姗姗等，2016；Li et al.，2010）。生态安全格局构建必须以生态过程为主导，通过生态恢复措施的合理配置达到修缮和维持生态过程完整性的目标，因此生态安全格局构建所涉及的空间单元需要与生态过程发生的生态空间相一致；由此所关注的问题或者生态过程不同，需要考虑的生态空间或生态单元也将不同。生态安全格局构建是一项具体的实践工程，涉及具体的生态恢复措施和土地利用的空间优化配置。

生态安全格局涉及多尺度和多方面的因素，通常情况下，区域生态安全格局构建需要遵循以下基本原则（黎晓亚等，2004；彭建等，2017a）：

（1）生态系统完整性。生态安全是一个区域性问题，需要考虑区域的生态完整性。任何一个生态系统结构和功能的变化均会影响到区域生态安全，因此需要从区域/流域尺度考虑生态安全格局构建，即需要考虑区域生态系统的结构完整性、过程完整性和功能完整性。为此，生态安全格局构建需要从区域生态系统出发，考虑区域/流域尺度生态恢复措施和生态系统的优化配置。

（2）动态适应性。生态安全内涵体现在人–地之间的关系协调，因此在构建区域生态安全格局时，必须考虑所采取的各种措施的适宜性和协调性，既要考虑人–地关系的协调，又要考虑生态恢复措施与土壤、地貌等自然要素之间的协调性；既要考虑立地尺度上要素之间的协调性，又需要考虑空间尺度上生态系统配置的协调性，与此同时还需要考虑一定时段内生态恢复措施的适应性。

（3）多尺度性。生态安全涉及多种尺度，不仅需要考虑立地尺度上的生态恢复措施与生态建设，也需要考虑流域或区域尺度上的生态系统配置和格局优化。由于影响生态系统的因子在不同尺度上存在较大差异，存在的问题也不同，因此在开展生态安全格局构建时，需要针对不同尺度的突出问题，开展有针对性的设计。与此同时，还需要考虑尺度之间的协调性。

（4）问题针对性。生态安全虽是综合的，但具体到某一地区，需要针对具体问题，抓住主要矛盾，进行有针对性的生态恢复与安全格局构建。与此同时，还需要考虑这一地区人类活动的特点和人类社会发展的需求。

生态安全保障与生态安全格局构建既有联系，也有区别。生态安全格局是多方面的、综合性的，但更侧重于管理和政策方面的研究，属于战略层面的研究内容。生态安全保障更多关注理论层面的研究内容，需要政府在政策、法规和资金方面提供足够的保障；此外，生态安全保障是为了实现区域生态安全，提出的一个宏观的战略性规划，需要通过生态恢复和生态安全格局构建去贯彻执行。生态安全保障需要首先制订一个宏观的战略规划，即纲领性的文件，同时需要针对生态安全的需求，针对未来可能出现影响生态安全的特殊问题提出预警及其应对方案（Li et al., 2014；江源通等，2018）；在此基础上，进一步制定符合国家生态安全战略的政策和法规；之后需要根据国家发展战略目标，提出切实可行的资金保障策略和途径。

1.3.3 生态安全对维护国家安全的意义

狭义上，一个国家的基本职能是保护其领土完整、政治独立。广义上，国家安全应包括多方面的内容，如经济安全、国防安全、政治安全、社会安全和生态安全等。一般来说，生态安全包括两层基本含义：一是防止由于生态环境的退化对经济基础构成威胁，主要指环境质量状况低劣和自然资源减少和退化削弱了经济可持续发展的支撑能力；二是防止由于环境破坏和自然资源短缺引起的经济衰退，影响人们的生活条件，特别是环境难民的大量产生，从而导致国家的动荡（曲格平，2002）。生态安全与其他安全既有密切的联系，又有其自身的特点。首先，由于生态系统本身的连续性和关联性，生态系统中任何局部环境链条的破坏，都有可能导致全局性的灾难，甚至会威胁到整个国家和民族的生存。其次，生态环境有一定的承受限度，即环境容量和生态承载能力，如果其遭受的破坏超出了这个限度，将造成不可逆转的严重后果。

（1）生态安全是保障国家安全的基础。人类为了生存所开展的各项活动均依赖于其所栖息的生态环境。人类虽然已经掌握了高度发达的科学技术，但仍然像其他生命一样需要从生态系统中获取各种必需的生活和生产资料，需要生态系统给予庇护和提供生态系统服务（郭中伟，2001）。生态系统为人类提供的各种服务均依赖于其自身的功能，而这些功能又取决于系统内部的结构。当一个生态系统所提供的服务的质量或数量出现异常时，则表明该系统的生态安全受到了威胁。因此，"生态安全"包含两重含义，其一是生态系统自身是否处于安全状态，即其自身结构是否受到破坏；其二是生态系统对于人类来说是否安全，即生态系统所提供的服务是否可以满足人类的生存需要。

由于生存资源的匮乏而引发争端，进而导致局域战争，威胁军事安全，并由此危及国家安全的事例,在人类历史上举不胜举。因此,生态安全对于一个国家来说是至关重要的,它是实现政治安全、经济安全和军事安全必不可少的基础。无法想象一个自然灾害肆虐,缺少基本生存资源保障的国家,何以谈得上拥有政治安全、经济安全和军事安全。

(2)生态安全将会直接影响国土安全。我国现有耕地面积约 20 亿亩(1 亩 ≈ 666.7 m^2),居于世界第四位。但是人均占有量很低。截至 2014 年年底,我国人均耕地面积仅 1.48 亩,远低于发达国家水平,不及世界人均耕地面积的 44%,全国已经有 666 个县突破了联合国粮农组织确定的人均耕地 0.8 亩的警戒线。而这本就不多的土地,正受到生态破坏的严重威胁。我国目前荒漠化土地面积为 263 万 km^2,占陆地面积的 27.3%,是全国耕地面积的两倍多,相当于 14 个广东省的面积。我国水土流失的情况也相当严重,全国水土流失的面积占陆地土面积的 1/3 以上,不仅造成大量肥沃的表土流失,导致土地退化;同时,严重的水土流失又淤积了江河湖库,造成下游河流湖泊抵御洪涝灾害的能力下降,由此将会导致人地矛盾冲突愈演愈烈,直至影响到国土安全。

(3)生态安全将会影响到国家经济安全。生态安全对经济安全的影响突出表现在以下几个方面(吴迪等,2003):①环境破坏产生粮食危机。农业资源的锐减如大量耕地流失、土地盐碱化、水资源匮乏,直接导致粮食危机。②资源匮乏将会制约经济发展。社会生产离不开资源,无论生产创造的财富属于哪一个门类,其起点都必定是自然资源。而我国人均资源占有量远低于世界人均水平,人均耕地面积为世界水平的 1/3,人均森林占有量为世界水平的 1/6,矿产资源为世界水平的 1/2,水资源为世界水平的 1/3,长期掠夺式的开发及生产技术的低下,使得许多资源已到了稀缺的边界,由此导致我国大量资源依赖于进口,其结果是经济安全无法得到有效保障。③环境灾害将会给国民经济带来巨大损失。环境灾害既包括生态环境破坏所造成的自然灾害,也包括由于环境污染所带来的灾害。由于长期以来对生态环境的破坏,我国的环境质量每况愈下,自然灾害愈演愈烈,造成的经济损失越来越大。④生态安全与文明安全紧密相连。一种文明往往是伴随着一个民族的诞生和发展而衍衍不息的,如果环境污染危及民族的生存与繁衍,那么一个国家的文明安全必然受到威胁,这绝非危言耸听。环境污染不仅使现在的国民身体健康受损,而且还严重影响了下一代,如果再加上对土地、森林、水等资源无限度的掠夺,那带来的将会是毁灭性的灾难。历史上因自然资源耗尽和环境恶化而使璀璨文明毁灭的例子不是没有,如著名的南美洲玛雅文明、西非的马里文明等都是最好的佐证。一种文明的消亡绝不是瞬间发生的事,而是各种不利因素日积月累的结果。

生态安全对于一个国家来说至关重要。西方国家已经将确保健康的环境质量和充足的自然资源纳入其国家利益和国家安全范畴之内,生态安全作为与国家利益密切关联一个新的安全概念,以及一种新的意识形态工具,纳入其外交、贸易乃至军事政策之中。因此,生态环境问题正在由一种局部问题提升为国家安全和国际安全问题。城市群作为我国未来发展的重要方向,保障城市群地区的生态安全对于实现国家发展战略、中华民族的伟大复兴具有重要意义。

1.4 城市群生态安全构建目的与路径

城市群是人类社会发展到一定阶段后城市不断演变与发展的结果，通过与周边城市之间物流、人流和能流的相互融合与发展而形成的复合生态系统，最终实现产业结构上的互补、生态功能上的协调、社会发展上的高度融合。城市群生态安全不仅需要考虑各城市所面临的内部生态环境与社会经济问题，还需要从城市群一体化发展角度出发，考虑城市生态系统的健康运行与可持续发展。城市群生态安全是指在保障城市复合生态系统正常社会经济活动同时，实现城市群地区生态系统结构的优化与生态服务功能的提升，由此达到区域生态系统服务能力不仅可以满足人们日常物质生活基本需求、抵御外来灾害风险造成的生命财产损失，也可以满足区域内居民精神生活的需求。内涵上，城市群生态安全与城市生态安全没有本质差异，但由于二者所关注的空间尺度不同，所面对的问题会存在一定差异。城市群生态安全是从更大空间尺度上，探讨人类社会经济的有序发展，是对城市生态安全的补充、完善与提升。许多城市尺度上无法解决的问题，可以通过城市群地区一体化协同发展来实现或得到缓解。

城市群生态安全包括广义和狭义两个层面。广义上城市群生态安全需要既考虑城市群内部生态系统结构和功能协调，以及生态系统服务供需平衡的关系，也需要从区域尺度考虑城市群与其他区域之间的协调关系，将城市群作为一个整体，考虑城市群的健康发展。对此，需要从生态流角度，研究城市群近远程耦合关系，探讨支撑城市群发展的生态资源的空间尺度效应。狭义上城市群生态安全侧重于城市群内部生态系统的空间优化和服务能力的提升，重点关注城市群地区生态用地的空间优化，以及城市群地区"三生空间"的合理布局，以满足城市群地区人们日常生活中的物质和精神需求作为基本目标，以不破坏城市群地区生态可持续能力作为基本原则，通过生态恢复和安全格局构建实现生态系统服务功能最大化、提升城市复合生态系统的韧性和可持续发展能力。

1.4.1 城市群生态安全格局特点

城市群生态安全具有一般的生态安全属性特征，如综合性、区域性、相对性和动态性特点。但除了上述特点以外，城市群生态安全也有其自身的独特性，城市群的生态安全保障需要从两个层面上考虑：一是城市群内部生态安全，需要在物质保障方面实现城市群地区的自给自足，满足生活在城市群内部地区人民的日常基本需求，实现区域内基本生态系统服务的供需平衡，如公共基础设施的保障能力、休闲服务满足能力、自然灾害防御能力等；二是城市群与其他区域之间的近远程耦合关系，需要综合考虑城市群与其他地区之间发展的协调与平衡关系，许多时候需要从物质能源保障方面进行考虑，在更大尺度上城市群与其他地区之间的供需关系，从而实现物质能源区域之间的动态平衡，如粮食供需平衡、水资源供需平衡、能源供需平衡等。但是对于城市群是否可以达到生态安全，关键取决于城市群本身科技发展水平和对外服务能力，只有通过城市群的优化发展提升城市群吸引力和竞争力,才能弥补因土地空间有限而在物质资源保障方面的不足,从而实现城市群的生态安全。

城市群生态安全具有生态安全的一般属性,是一个相对的动态平衡,涉及不同空间尺度上社会、经济、自然、生态环境要素之间的协调与平衡。概括起来,城市群生态安全具有以下特点:①生态环境要素之间的协调与平衡。无论何种生态安全,均需要从立地尺度上建立不同生态环境要素之间的协调与平衡,从水土资源的角度构建适宜的植被景观系统,以及适宜本地生态环境特征的人类活动形式。对此需要着重研究区域背景下生态承载力和环境容量,从而在局地尺度上维持要素的生态平衡。②生态环境要素近远程耦合关系的协调与平衡。对于城市群来说,生态安全的关键在于区域内居民的社会生产生活的需求是否可以达到满足,然而作为以外来物质输入为主的城市群地区,许多生产和生活的基本需求均需要从其他地区获取,因此城市群的生态安全严格意义上是一个城市群与区域之间在物质、能量、人力和技术方面形成的动态平衡。城市群地区以其技术资源优势作为带动区域发展的引擎,而周边地区以满足城市群的物质和能源需求来实现区域的发展,从而在更大的区域尺度上形成一个动态平衡。③城市群内部小循环与区域大循环之间的协同联动。城市群生态安全不仅要求位于城市群地区所有城市之间在功能上的协调,实现城市群内部生态、物质、能量循环的平衡,同时也需要城市群地区与周边更大区域范围之内实现生态功能的协调与平衡,即城市群内部的生态系统要具备保障满足居民基本生态服务需求的能力,实现供需之间的动态平衡;在区域尺度上,需要通过城市群内部的小循环实现城市群竞争能力的提升和生态系统的结构优化,从而增强城市群的韧性和对外辐射能力,与此同时,通过吸引周边区域的环境和人力资源来保障城市群区域大循环的良性发展。

1.4.2 城市群生态安全格局构建目的

随着人口增长、城市化和经济快速发展,城市群已经成为人类生活与生产的主要空间,同时成为驱动国民经济发展和保障国家安全的重点区域。以城市群为对象,研究生态安全格局构建与保障技术将成为实现国家安全保障的重要基础。城市群生态安全格局构建是对城市生态安全格局的延伸,有其相似之处,也有其不同的地方。城市群生态安全格局构建的核心是保障城市群地区生态系统健康与安全运行,需要从更大的城市格局上考虑不同城市之间构建的生态网络关系,同时需要考虑城市群与周边地区之间的协同发展关系。因此,城市群生态安全格局构建的主要目的突出表现在以下三个方面。

(1) 保障城市群内部区域一体化协调发展。城市群演化与发展主要是基于产业的区域分工与协同发展,一定程度上提高了城市之间的竞争活力和资源环境效率。然而随着城市群不断壮大和竞争发展,提高城市群的社会调控和管控能力,对于实现区域一体化协同发展至关重要。城市群生态安全格局构建首先需要从宏观尺度上探讨城市之间、区域内部交通、产业、物流、能流的空间布局和有序发展,探寻适合城市群一体化发展的城市模式、产业模式和物流能流模式,真正做到产业分工明晰、功能定位准确、责任分配到位,从而提高城市群对外辐射竞争能力和城市生态系统的韧性。

（2）保证城市群地区人们基本生态服务供需平衡。城市群发展不仅将区域的产业、交通和物流能力紧密联系在一起，同时也为区域之间的人流提供了便利条件，特别是在就业、休闲服务等方面将城市群形成了一个整体。因此，需要通过城市群的生态安全格局构建，来满足生活在城市群内部人们日常生活中面临的基本生态系统服务需求，如就业、职住通勤、休闲服务、环境健康与生存安全等，凡是与生活在城市群地区人们日常活动密切相关的基本需求均需要通过城市群的内部生态系统的调整而得到保障。因此，通过城市群生态安全格局构建，可以有效地控制人们日常生活中面临的困难和问题，如人居环境健康、生命财产安全、休闲服务满足、就业安全保障、交通便利等。由此在生态安全格局构建时需要对当前所面临的问题进行列表，针对不同问题，寻找解决问题的方法和途径。在城市群尺度，生态安全格局构建需要通过生态用地的调整和生态系统重建实现城市内部生态系统结构和功能的优化与生态系统服务的提升。

（3）实现城市群与区域之间物流、能流和人流畅通。城市群形成与演变具有其本身系统性特征，主要基于产业、物流、能流和人流之间的交互作用，人为主导成为城市群发展的关键，如何构建一个人与自然和谐的社会–经济–自然复合生态系统成为城市群生态安全构建的主要目的之一。由于城市群的人为主导和空间资源的有限性，依托城市群本身实现对城市群发展的安全保障十分困难，必须从更大的空间尺度上探讨城市群发展依托的生态腹地。为此，需要通过提高城市群本身生态系结构优化，提升城市群的辐射竞争能力，与周边区域之间构成一个交错发展、有机复合的生态网络体系。因此为了保证城市群生态安全，必须在优化城市群内部生态系统结构和功能基础上，探讨城市群发展在物质、能源和人力资源方面对周边区域依赖特征，从近远程耦合角度探讨城市群的生态安全保障机制。

1.4.3 城市群生态安全格局构建路径和方法

1.4.3.1 城市生态安全格局构建原则

作为特殊的城市生态系统，城市生态安全格局构建除了需要遵循生态安全格局构建的一般性原则外，还需要针对城市生态系统特点，遵循以下四点原则。

（1）以人为本原则：城市成为人类生存栖息的环境，生态安全格局构建必须以满足人类的生存需求为主要目的。人类是城市生态系统的干预者，也是城市建设的参与者与受益者，因此人类也将是城市生态安全格局构建的直接主导者，需要在生态安全格局构建时，全方位考虑人类社会的需求。本质上，所有与城市生态安全有关问题的出现均是人类社会直接干预的结果，这些问题的解决也需要人类的直接参与。因此城市生态安全格局构建需要以人为本，以解决城市发展和人类社会面临的突出问题作为首要目的。

（2）流域/区域适应原则：城市的生态安全必须放在流域/区域尺度上考虑，城市发展离不开水资源的供给，而大江大河通常成为推动城市起源和发展的重要基础，而与水文过程密切相关的问题均涉及流域。因而，城市生态安全格局构建，也需要考虑城市所在的流域的环境背景和生态系统特点。流域内水资源开发、水生态保护与水生态红线的划定均会影响到城市的发展和生态安全。因此城市生态安全格局构建需要将城市放在流域的大背景下去思考生态用地的配置和景观格局优化。

（3）区域协调原则：城市是一个人为主导的、开放性的生态系统，需要从周边邻近区域获得物质、能量的输入来满足城市的发展需求，同时也需要周边区域生态系统来消化、容纳城市生态系统排放出来的各种废弃物。城市与周边区域之间通过近、远程的物质、能量和人类的耦合作用而形成一个复杂的网络，城市发展离不开周边区域的支持，周边区域的发展也需要城市的辐射带动作用。因而在构建城市生态安全格局时必须考虑城市与区域之间的耦合作用关系。明确城市与周边区域之间的各自功能定位，从而找到适合城市发展和满足生态安全的策略和途径。

（4）有限目标原则：人的需求是无限的，随着城市发展和人类生活水平提高，城市生态安全的目标会逐渐提高，因此在构建城市生态安全格局时必须根据现阶段所遇到的突出问题和未来一段时间内人类社会发展的需求而设定目标，否则很难将生态安全格局落到实处。此外，人类的智慧是无限的，随着科技进步，人类改造自然的能力在不断提高，可以用来满足城市发展和生态安全需求的手段和技术会得到不断丰富与发展，不同时期满足生态安全格局构建的方法和途径也会不同，因此城市生态安全格局构建可以满足一定时期的社会发展需求即可。

1.4.3.2 城市群生态安全格局构建原则

城市群生态安全与城市生态安全的主要区别是覆盖的空间范围更大、形成的生态系统更为复杂。但其与城市生态安全具有很多相似之处，均是以人为主导、依赖于外来物质输入的开放性生态系统，因此城市群生态安全格局构建不仅需要满足城市生态安全格局构建的基本原则，还需要考虑城市群的基本特征和复杂性，从城市与区域之间的近远程耦合角度，探讨城市群生态安全格局的构建，其基本原则还包括以下三个方面。

（1）生态安全供需平衡的层次性。生态安全是一个动态的相对的概念，因此在生态安全格局构建时，也需要从城市群发展的需求程度考虑格局构建的目的。对于生态安全格局构建来说，人们可以进行改造和调控的空间范围局限在城市群所覆盖的地区。因此需要根据城市群的发展定位和资源禀赋，梳理清楚城市群可以支配的土地资源、环境资源和存在的突出的问题，由此明确生态安全格局构建时需要面对的生态环境资源和生态服务需求，即基本需求是什么。作为人为主导、开放型的社会经济自然复合生态系统，完全满足城市发展的各方面需求、实现绝对的生态安全是不现实的，城市群的生态安全除了本地区需要保障的基本生态安全外，还需要通过优化城市群生态系统结构和功能，提高城市群对外辐射竞争能力，来获取外部地区的支持。因此，在城市群生态安全格局构建时，需要从近远程耦合、近远期需求提出城市群生态安全保障的目标和需要面对的问题。

（2）生态安全保障的阈值效应。对于城市群生态安全保障的基本需求，通常需要考虑在城市群区域内部，如何通过土地利用结构调整和生态系统重建，来实现对城市群发展基本需求的保障，如人居环境健康、生态风险防控、休闲娱乐供给。而对于城市群发展的远期（程）目标需求，如物质保障、资源供给、人力资源服务等方面，需要通过与周边区域之间的合作与协调来实现。而在多大程度上需要本地区的资源环境来保证则取决于城市群本身的社会调控能力，由此需要依城市群本身的社会调控能力和资源禀赋给出本地区不同目标需求的生态安全保障阈值。一般来说，城市群地区的社会调控能力越强，其对周边地区的辐射竞争能力越强，可以从周边地区获取足够的物质资源和人力来为城市群的发展提供保障，因此可设定稍低的生态安全阈值，而对于城市群地区的社会调整能力较弱时，在生态安全保障方面则需要设定较高的阈值。因此对于不同类型的城市群，面对不同生态安全需求，需要根据城市群的社会调控能力设定不同的阈值。

（3）生态安全格局的空间联动性。城市群作为一个复杂的生态系统，无论是生态环境要素之间，还是区域之间均形成了千丝万缕的关系。在生态安全格局构建时，必须从城市群的整体出发，充分考虑要素之间、城市之间的互动关系，探讨满足城市群社会经济发展的途径和方式，从而实现城市群地区生态系统服务功能的提升和抵御外来灾害风险的韧性。因此，在城市群生态安全格局构建时，需要首先明确不同地区的功能定位，阐述清楚不同地区之间的服务关系，依据城市群地区社会经济发展目标和居民生产生活需求探讨生态安全实现的路径和方式。

1.4.3.3 城市群生态安全格局构建途径和方法

生态安全是一个涉及多尺度、多要素、多层次的区域性问题，加上城市群空间耦合关系的复杂性，在生态安全格局构建时必须从多要素、多尺度、多过程角度去考虑。城市群生态安全格局构建需要重点考虑以下三个方面。城市群生态安全格局构建技术路线如图 1-1 所示。

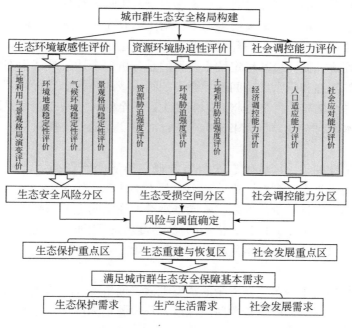

图 1-1　城市群生态安全格局构建技术路线图

1) 生态环境敏感性评价

一个地区的环境背景特征决定了生态安全格局的特征。开展生态环境敏感性评价就是要准确描述城市群地区的本底特征，掌握生态安全维持的基础。整体上，影响一个地区生态环境敏感性的因素主要包括土地利用与景观格局演变环境地质背景、气候环境空间变异和景观格局稳定性。为此，在开展生态环境敏感性评价时，可以对土地利用与景观格局演变、环境地质稳定性、气候环境稳定性和景观格局稳定性进行评价。

土地利用与景观格局演变评价：生态安全格局构建的关键是对区域内土地利用和景观格局的深入了解与正确把握。土地利用和景观格局是支撑和保障区域生态安全格局的基础，也是未来开展景观格局优化与调整、格局构建的重要抓手。作为人类主导的重要活动方式之一，土地利用现状与动态演变直接关系到人类对区域资源的利用强度和生态环境的影响程度，也决定了人类活动影响下生态安全受到的胁迫程度，开展土地利用和景观格局演变特征分析将成为开展生态安全格局构建的基础。为此需要重点分析区域土地利用演变的时空特征及其与人类活动的关系，揭示土地利用和景观格局演变对区域生态安全的影响。

环境地质稳定性评价：环境地质背景特征与稳定性直接决定了生态安全形成的基础。环境地质稳定性的高低，直接决定了一个地区生态安全的水平，也将影响到人类活动的类型和形式。环境地质稳定性需要从地质岩性、构造特征、地下水和地质灾害等方面，分析环境地质背景的特征，以及可能对区域生态安全带来的危害。因此，需要通过构建环境地质稳定性评价指标体系，在此基础上，进一步通过空间分析与叠加分析环境地质稳定性的时空特征，根据稳定性的高低及其对区域生态安全的影响进行分区。

气候环境稳定性评价：地球表层生物生存均离不开光照和空气，而气候资源与气候环境的差异直接导致地表植被和生态环境的差异，也决定了人类活动可以利用的资源以及生存环境的质量。评价气候环境的稳定性主要目的是分析一个地区维持生态安全资源可获得性的稳定程度，如气温和降水的空间变异会影响到区域的环境地质背景和维持生态安全的基底；而气温和降水的季节性变异将会影响到生态安全的时空动态。气候环境稳定性评价需要从气温、降水的时空变异特征来分析，依据时空变异的程度探讨对区域生态安全格局的影响。

景观格局稳定性评价：区域生态安全与景观格局演变密切相关。景观格局发生变化后，生态系统的功能将会受到较大影响，因而与人类活动密切相关的生态安全状态就会受到影响。景观格局稳定性评价需要依据不同景观类型在空间上的邻接关系，以及受到外来人为因素胁迫的程度，定量分析景观格局的稳定程度，进而通过分析景观格局与区域生态安全之间的相互关系，开展景观格局稳定性分区评价。

2) 资源环境胁迫评价

资源环境是维持一个地区生态安全的重要因素，而资源环境受到的胁迫程度直接关系到生态安全的状态。因此需要从资源胁迫强度、环境胁迫强度和土地利用胁迫强度评价一个地区生态安全的胁迫程度。

资源胁迫强度评价：资源的承载能力和状态直接关系到一个地区生态安全的状态，当资源受到高度胁迫时，由于过度的人类活动对资源的需求和破坏无法满足人民生产和生活的需求，生态安全就会受到威胁。资源胁迫强度评价主要是从资源供需平衡的角度，分析一个地区资源所受到的胁迫状态，在进行一个地区的生态安全格局构建时，需要重点考虑具有可再生能力的资源受到的胁迫状态，如水资源、土地资源等。

环境胁迫强度评价：环境胁迫从人居环境健康和环境容量方面反映了人类所面临的生态安全威胁。环境胁迫状态与区域环境容量、环境承载能力以及人类活动对环境的影响密切相关。环境胁迫强度评价需要从人类活动与环境之间的相互作用关系，评价人类活动向环境中排放的各种废弃物是否会影响到生态系统健康和生态安全状态，因此在进行环境胁迫强度评价时，需要重点考虑与生态安全有关的环境要素受到人类活动影响的程度。

土地利用胁迫强度评价：土地利用直接反映了人类活动的类型和方式，会影响到区域生态安全状态。当一个地区的土地利用强度超出本地区资源环境的承载能力时，土地利用将会产生较大的负面影响，区域生态安全状态就会受到胁迫。因此，土地利用胁迫强度评价，就是要结合本地区的资源环境背景和土地利用现状，分析土地利用对区域生态安全的影响程度。

3）社会调控能力评价

无论是城市生态系统，还是城市群地区，均是高度人为干扰的生态系统，仅靠本地区的资源环境无法满足其健康运行，必须依靠外来的物质能量的输入和周边环境的支撑才能实现城市群的健康运行与可持续发展。因此，通过城市群的产业结构调整和优化布局，从而可以提高城市群的韧性、辐射竞争能力和社会调控能力，对于保障城市群的生态安全具有极其重要的意义。因此，需要从经济调控能力、人口适应能力和社会应对能力来评价城市群的社会调控能力。

经济调控能力评价：经济调控能力的增强有助于生态安全的保障。尤其对于外来输入性的城市生态系统来说，只有增强了经济调控能力，才能从外部获取更多的资源来满足城市发展和生态安全保障的需求。通常来说，一个经济调控能力很强的城市群，即使本地区资源环境保障能力与生态安全保障目标有较大差距，但由于对外部的辐射竞争能力较强，也可以通过外部物质能量的输入，或科学利用周边地区的资源来保障该地区的生态安全。经济调控能力的高低取决于GDP的总量和人均拥有量，反映了城市群对外竞争能力和吸引能力。

人口适应能力评价：人口适应能力反映了当地居民对外来干扰的适应状态和抵御外来各种灾害和风险的能力。严格意义上讲，人口适应能力与当地的居民性别、年龄结构、收入结构、身体健康状况密切相关，可以通过统计数据分析结合问卷调查数据，综合评估一个地区人口的适应能力，也可以依据居民类型或区域分布差异，确定不同地区人口的适应能力。

社会应对能力评价：社会应对能力反映了一个地区在遇到外来重大突发事件或灾害时，社会可以调动的资源，从而及时采取处理措施的应变能力和机制。社会调控能力取决于一个地区的经济实力、科学政策保障机制和领导的应变处理能力，同时也与一个地区的物资保障体系的建立密切相关。提高一个地区的社会调控能力对于实现区域生态安全具有至关重要的作用。

参 考 文 献

曹琦，陈兴鹏，师满江．2012．基于 DPSIR 概念的城市水资源安全评价及调控．资源科学，34（8）：1591-1599.

曹宇，哈斯巴根，宋冬梅．2002．景观健康概念、特征及其评价．应用生态学报，13（11）：1511-1515.

陈国阶．2002．论生态安全．重庆环境科学，3：13-18.

陈利顶，郭书海，姜昌亮．2006．西气东输工程沿线生态系统评价与生态安全．北京：科学出版社．

陈利顶，周伟奇，韩立建，等．2016．京津冀城市群地区生态安全格局构建与保障对策．生态学报，36（22）：7125-7129.

陈利顶，景永才，孙然好．2018．城市生态安全格局构建：目标、原则和基本框架．生态学报，38（12）：4101-4108.

程鹏，黄晓霞，李红讠，等．2017．基于主客观分析法的城市生态安全格局空间评价．地球信息科学学报，19（7）：924-933.

程漱兰，陈焱．1999．高度重视国家生态安全战略．生态经济，（5）：9-11.

杜万平．2003．论我国生态安全的刑法保护．中国法学会环境资源法学研究会年会．

杜晓军，高贤明，马克平，等．2003．生态系统退化程度诊断：生态恢复的基础与前提．植物生态学报，27（5）：700-708.

杜悦悦，胡熠娜，杨旸，等．2017．基于生态重要性和敏感性的西南山地生态安全格局构建——以云南省大理白族自治州为例．生态学报，37（24）：8421-8253.

付士磊，时泳，石铁矛．2016．基于景观异质性的城市生态安全格局构建．中国人口·资源与环境，26（S2）：130-132.

付在毅，王宪礼．2001．辽河三角洲湿地地区生态风险评价，生态学报，21（3）：365-373.

高长波，陈新庚，韦朝海，等．2006．区域生态安全：概念及评价理论基础．生态环境，15（1）：169-174.

高启晨，陈利顶，李国强，等．2004．西气东输工程沿线陕西段洪水风险评价．自然灾害学报，13（5）：75-79.

关文彬，谢春华，马克明，等．2003．景观生态恢复与重建是区域生态安全格局构建的关键途径．生态学报，23（1）：64-73.

郭中伟．2001．建设国家生态安全预警系统与维护体系——面对严重的生态危机的对策．科技导报，1：54-56.

黄俊芳，王让会，师庆东．2004．基于 RS 与 GIS 的三工河流域生态景观格局分析．干旱区研究，21（1）：5.

贾士荣．1999．转基因作物的安全性争论及其对策．生物技术通报，15（6）：8.

江源通，田野，郑拴宁．2018．海岛型城市生态安全格局研究——以平潭岛为例．生态学报，38（3）：769-777.

康相武，刘雪华，张爽，等．2007．北京西南地区区域生态安全评价．应用生态学报，18（12）：2846-2852.

孔红梅，赵景柱，马克明，等 . 2002. 生态系统健康评价方法初探 . 应用生态学报，13（4）：486-490.

黎晓亚，马克明，傅伯杰，等 . 2004. 区域生态安全格局：设计原则与方法 . 生态学报，24（5）：1055-1062.

李航鹤，马腾辉，王坤，等 . 2020. 基于最小累积阻力模型（MCR）和空间主成分分析法（SPCA）的沛县北部生态安全格局构建研究 . 生态与农村环境学报，8：1036-1045.

李恒凯，刘玉婷，李芹，等 . 2020. 基于 MCR 模型的南方稀土矿区生态安全格局分析 . 地理科学，6：989-998.

李久林，徐建刚，储金龙 . 2020. 基于 Circuit 理论的城市生态安全格局研究——以安庆市为例 . 长江流域资源与环境，8：1812-1824.

李康 . 2001. 西部大开发中的生态安全问题 . 环境科学研究，14（1）：1-8.

李素美 . 2003. 生态安全的经济评价方法及总体思路 . 山西林业科技，2：26-28.

李中才，刘林德，孙玉峰，等 . 2010. 基于 PSR 方法的区域生态安全评价 . 生态学报，30（23）：6495-6503.

梁小英，商舒涵，徐婧仪 . 2020. 基于 BP 神经网络的区域生态安全模拟研究 . 西北大学学报（自然科学版），4：654-665.

刘国华，傅伯杰，陈利顶，等 . 2000. 中国生态退化的主要类型、特征及分布 . 生态学报，20（10）：13-19.

刘建军，王文杰，李春来，等 . 2002. 生态系统健康研究进展 . 环境科学研究，15（1）：41-44.

刘鲁君，王健民，叶亚平，等 . 2000. 生态建设理论与实践 . 环境导报，4：32-34.

刘洋，蒙吉军，朱利凯 . 2010. 区域生态安全格局研究进展 . 生态学报，30（24）：6980-6989.

刘勇，刘友兆，徐萍 . 2004. 区域土地资源生态安全评价 . 资源科学，26（3）：69-75.

马克明，孔红梅，关文彬，等 . 2001. 生态系统健康评价：方法与方向 . 生态学报，21（12）：2106-2115.

马克明，傅伯杰，黎晓亚，等 . 2004. 区域生态安全格局：概念与理论基础 . 生态学报，24（4）：761-768.

马世五，谢德体，张孝成，等 . 2017. 三峡库区生态敏感区土地生态安全预警测度与时空演变——以重庆市万州为例 . 生态学报，37（24）：8227-8240.

蒙吉军，赵春红，刘明达 . 2011. 基于土地利用变化的区域生态安全评价——以鄂尔多斯市为例 . 自然资源学报，26（4）：578-590.

彭建，赵会娟，刘焱序，等 . 2016. 区域水安全格局构建：研究进展及概念框架 . 生态学报，36（11）：3137-3145.

彭建，赵会娟，刘焱序，等 . 2017a. 区域生态安全格局构建研究进展与展望 . 地理研究，36（3）：407-419.

彭建，郭小楠，胡熠娜，等 . 2017b. 基于地质灾害敏感性的山地生态安全格局构建——以云南省玉溪市为例 . 应用生态学报，28（2）：627-635.

齐鹏，王晓娇，樊伟，等 . 2020. 基于物元模型的嘉峪关市生态安全评价 . 生态科学，39（4）：259-267.

曲格平 . 2002. 关注生态安全之一：生态环境问题已经成为国家安全的热门话题 . 环境保护，（5）：3-5.

任志远，刘焱序 . 2013. 基于价值量的区域生态安全评价方法探索——以陕北能源区为例 . 地理研究，32（10）：1771-1781.

谭华清，张金亭，周希胜 . 2020. 基于最小累计阻力模型的南京市生态安全格局构建 . 水土保持通报，3：282-288.

唐先武．2002-03-15. 关注中国的生态安全．科技日报．

陶晓燕．2014. 资源枯竭型城市生态安全评价及趋势分析——以焦作市为例．干旱区资源与环境，28（2）：53-59.

王根绪，程国栋，钱鞠，等．2003. 生态安全评价研究中的若干问题．应用生态学报，14（9）：1551-1556.

王韩民，郭玮，程漱兰，等．2001. 国家生态安全：概念、评价及对策．管理世界，（2）：149-156.

王琦，付梦娣，魏来，等．2016. 基于源-汇理论和最小累积阻力模型的城市生态安全格局构建——以安徽省宁国为例．环境科学学报，36（12）：4546-4554.

王树义．2001. 论俄罗斯生态法的概念．法学评论，（3）：9.

吴迪，段昌群，杨良．2003. 生态安全与国家安全．城市环境与城市生态，16（增）：40-42.

吴开亚．2003. 主成分投影法在区域生态安全评价中的应用．中国软科学，（9）：4.

吴开亚，孙世群，聂磊．2004. 生态安全的灰色关联评价方法探讨．安徽农业大学学报，31（3）：368-371.

夏军，朱一中．2002. 水安全的度量：水资源承载力的研究与挑战．自然资源学报，17（3）：262-269.

肖笃宁，陈文波，郭福良．2002. 论生态安全的基本概念与研究内容．应用生态学报，13（3）：354-358.

肖风劲，欧阳华．2002. 生态系统健康及其评价指标和方法．自然资源学报，17（2）：203-209.

徐海根，包浩生．2004. 自然保护区生态安全设计的方法研究．应用生态学报，15（7）：1266-1270.

杨京平．2002. 生态安全的系统分析．北京：化学工业出版社．

杨姗姗，邹长新，沈渭寿，等．2016. 基于生态红线划分的生态安全格局构建——以江西省为例．生态学杂志，35（1）：250-258.

姚晓洁，胡宇，李久林，等．2020. 基于"压力-状态-响应模式"的安徽省临泉县生态安全格局构建．安徽农业大学学报，47（4）：538-546.

俞孔坚．1999. 生物保护的景观生态安全格局．生态学报，19（1）：8-15.

俞孔坚，李迪华，吉庆萍．2001. 景观与城市的生态设计：概念与原理．中国园林，17（6）：8.

张雷，刘慧．2002. 中国国家资源环境安全问题初探．中国人口·资源与环境，12（1）：6.

周珂．2001. 生态安全应纳入环境资源法学的调整对象//环境资源法学国际研讨会．探索、创新、发展、收获——2001 年环境资源法学国际研讨会论文集．武汉：武汉大学环境法研究所．

周汝波，林媚珍，吴卓，等．2020. 基于生态系统服务重要性的粤港澳大湾区生态安全格局构建．生态经济，7：189-196.

邹长新，沈渭寿．2003. 生态安全研究进展．农村生态环境，19（1）：56-59.

左伟，王桥，王文杰，等．2002. 区域生态安全评价指标与标准研究．地理学与国土研究，18（1）：67-71.

左伟，周慧珍，王桥，等．2004. 区域生态安全综合评价与制图——以重庆市忠县为例．土壤学报，41（2）：203-210.

Bertollo P. 1998. Assessing ecosystem health in governed landscapes：A framewvork for developing core indicators. Ecosystem Health，4（1）：33-51.

Callicott J B. 1995. The value of ecosystem health. Environmental Values，4：345-361.

Calow P. 1992. Critics of ecosystem health misrepresented. Ecosystem Health，6（1）：3-4.

Costanza R，d'Arge R，De Groot R，et al. 1997. The value of the world's ecosystem services and natural capital. Nature，387（6630）：253-260.

Costanza R，Norton B G，Haskell B D. 1992. Ecosystem Health：New Goals for Environmental

Management. Washington DC: Isllsiand Press.

Gong J Z, Liu Y S, Xia B C. et al. 2009. Urban ecological security assessment and forecasting, based on a cellular automata model: A case study of Guangzhou, China. Ecological Modelling, 220 (24): 3612-3620.

Han B L, Liu H X, Wang R S. 2015. Urban ecological security assessment for cities in the Beijing – Tianjin – Hebei metropolitan region based on fuzzy and entropy methods. Ecological Modelling, 318: 217-225.

Haskell B D, Norton B G, Costanza R. 1992. What is Ecosystem Health and Why Should We Worry about It? Washington DC: Island Press.

Hill A R. 1987. Ecosystem stability: Some recent perspectives, Prog. Physical Geography, 11 (3): 315-333

Holling C S. 1973. Resilience and stability of ecological systems. Annual Review of Ecology and Systematics, 4: 1-23.

Holling C S. 1996. Sustainable Development of the Biosphere. Cambridge: Cambridge University Press.

Huang H, Chen B, Ma Z Y, et al. 2017. Assessing the ecological security of the estuary in view of the ecological services – a case study of the Xiamen Estuary. Ocean & Coastal Management, 137: 12-23.

Lehman C, Tilman D. 2002. Biodiversity, stability and productibility in competitive communities. The American Naturalist, 156 (5): 534-552.

Li Y F, Sun X, Zhu X D, et al. 2010. An early warning method of landscape ecological security in rapid urbanizing coastal areas and its application in Xiamen, China. Ecological Modelling, 221 (19): 2251-2260.

Li X B, Tian M R, Wang H, et al. 2014. Development of an ecological security evaluation method based on the ecological footprint and application to a typical steppe region in China. Ecological Indicators, 39: 153-159.

Mitchell J R, Auld M, Le Duc G M, et al. 2000. Ecosystem stability and resilience: Are view of the irrelevance for the conservation management of low land heaths. Perspectives in Plant Ecology, Evolution and Systematics, Urban & Fischer Verlag, 3 (2): 142-160.

Myers N. 1993. The main deforestation fronts. Environmental Conservation, 20 (1): 9-16.

Obi C. 1997. Oil, environmental conflict and national security in nigeria: Ramifications of the ecology- security nexus for sub-regional peace. University of Illinoisat Urbana-Champaign.

Pei L, Du L M, Yue G J. 2010. Ecological security assessment of Beijing based on PSR model. Procedia Environmental Sciences, 2: 832-841.

Peng J, Pan Y J, Li Y X, et al. 2018. Linking ecological degradation risk to identify ecological security patterns in a rapidly urbanizing landscape. Habitat International, 71: 110-124.

Pimm S L. 1984. The complexity and stability of ecosystems. Nature, 307: 321-326.

Pirages D. 1997. Environmental change and security project report. Issue, 3: 37-46.

Rapport D J, Calow P, Gauder C. 1995a. Ecosystem Health: A Critical Analysis of Concepts. Evaluating and Monitoring the Health of Large-scale Ecosystems. New York: Spinger-Verlag.

Rapport D J, Calow P, Gauder C. 1995b. Evaluating and Monitoring the Health of Large-scale Ecosystems. New York: Springer-Verlag.

Rogers K S, Katarina S. 1997. Ecological security and multinational corporations. Environmental Change and Security Project Report, 3: 29-36.

Stone L, Gabric A, Berman T. 1996. Ecosystem Resilience, stability and productivity: Seeking a relationship. The American Naturalist, 148 (5): 892-903.

Su Y X, Chen X Z, Liao J S, et al. 2016. Modeling the optimal ecological security pattern for guiding urban con- structed land expansions. Urban Forestry & Urban Greening, 19: 35-46.

Sydygalieva J. 2001. Ecological security：An urgent necessity for central Asia. http：//www. cacianalyst. org/ headline_2. htm.［2017-1-12.］

Wardle D A，Bonner K I，Barker G M. 2000. Stability of ecosystem properties in response to above-ground functional group richness and composition. Oikos，89：11-23.

Westman W E. 1978. Measuring the inertia and resilience of ecosystems. Bioscience，28：705-710.

第 2 章 | 京津冀城市群地区景观格局演变

2.1　景观格局演变与稳定性分析

为了定量研究京津冀城市群地区的景观格局演变特征及其与生态安全的关系，本章收集了研究地区1980年、1990年、2000年、2010年和2015年五期遥感影像，通过影像解译与变化检测等分析，探讨近35年（1980~2015年）来京津冀城市群地区景观格局演变特征。

2.1.1　土地利用现状及变化

2.1.1.1　土地利用演变特征

1）总体变化情况

本书中将京津冀地区土地利用分为四大类型，分别是建设用地、耕地、林草地和水域湿地。其中建设用地包括城镇建设用地、乡村建设用地及其他建设用地，耕地包括水田和旱地，林草地包括有林地、灌木林地、高中低覆盖度草地等，水域湿地则包括河渠、湖泊、水库坑塘等。

2015年，京津冀城市群地区各种用地类型按面积占比排序为耕地、林草地、乡村建设用地、城镇建设用地、水域湿地，而不同地区则有所不同。2015年北京市各用地类型按面积占比排序为林地、耕地、城镇建设用地、乡村建设用地、草地、水域湿地。2015年天津市各用地类型按面积占比排序为耕地、城镇建设用地、水域湿地、乡村建设用地、林地、草地。2015年河北各用地类型按面积占比排序为耕地、林地、草地、乡村建设用地、城镇建设用地、水域湿地。

从用地类型构成来看（图2-1），北京和天津的建设用地面积占比相对较高，而生态用地面积占比相对较低，大量的林草地、耕地分布在河北。天津的水域湿地面积占比相对较高。总体上，北京和天津建设用地相对比较集中、大量分布，城镇化水平较高，林草地和耕地则主要分布于河北。

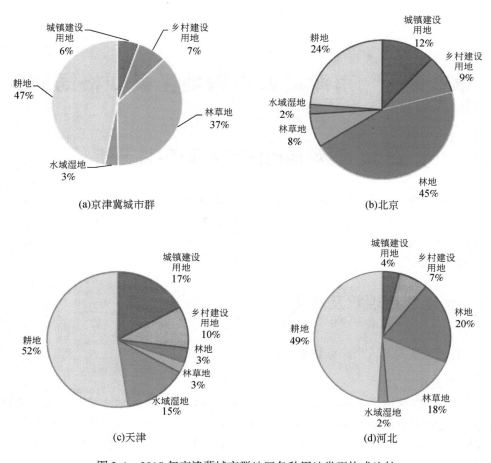

图2-1 2015年京津冀城市群地区各种用地类型构成比较

2）建设用地演变

总体上，京津冀城市群地区乡村建设用地相对于城镇建设用地，其总量更大、面积分布更广，乡村建设用地总量是城镇建设用地的2～5倍。近35年来，城镇和乡村建设用地面积均呈现快速增加的态势，城镇建设用地增速快于乡村建设用地，其增幅超过3倍。城镇建设用地增加为20世纪80年代的5.5倍，乡村建设用地增加为80年代的1.5倍（图2-2、图2-3）。

3）生态用地演变

京津冀城市群地区生态用地主要包括三大类，即耕地、林草地与水域湿地。基于遥感影像解译数据，耕地总体上呈现逐年下降趋势，1980～2015年经历了先减少后增加再减少的过程，截至2015年，耕地面积已经降至1980年的89%。林草地的面积经历了先增加再下降的波动变化，至2015年相对于1980年又基本保持不变。水域湿地主要集中在天津沿海地区，同样在35年间经历面积先增加后减少再增加的过程，其中，2000年水域湿地面积达到最低值（图2-4）。

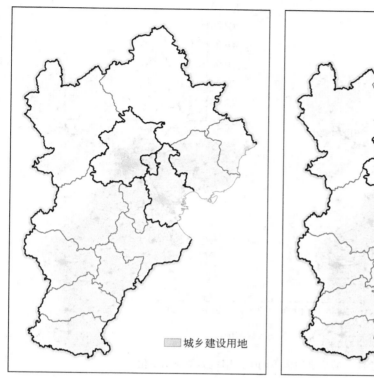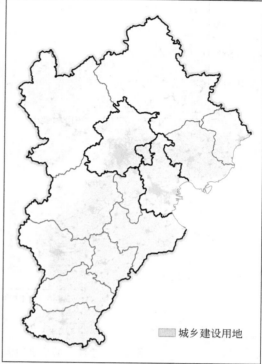

图 2-2 京津冀城市群地区城乡建设用地分布特征

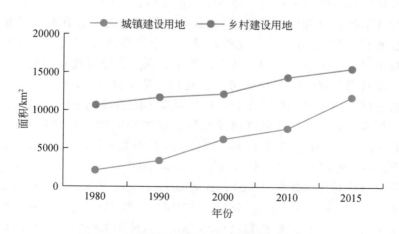

图 2-3 京津冀城市群地区建设用地动态变化

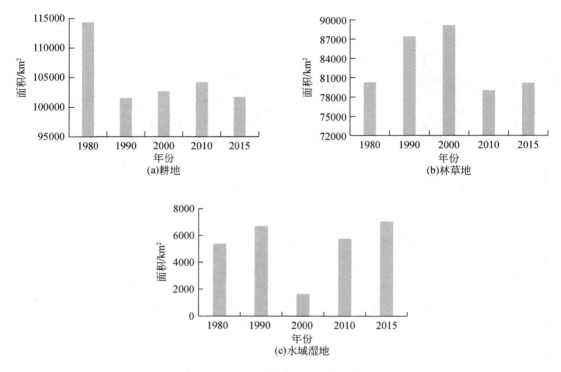

图 2-4　京津冀城市群地区不同生态用地类型面积变化图

2.1.1.2　景观格局动态变化

景观指数是刻画一个地区景观格局演变的重要参数，但由于许多景观指数之间存在交叉重叠的统计学特点（邬建国，2007），且大多数指数之间存在极高的相关性（何鹏和张会儒，2009），因此，在选择景观指数时，单个景观指数应当能较好地描述景观格局，反映景观格局与生态过程之间的联系，各个景观指数应当具有相互独立性，实际应用时景观指数应具有较强的纵向和横向比较能力（陈文波等，2002）。此外，模型的构建不是越复杂越好，由于景观指数作为描述性量度不能直接用于统计检验，在整个景观需要作为一个样本分析时，需要景观所属变量总体的特征数（平均数和方差）。因此结合京津冀实际情况，选择景观镶嵌体层面的密度指标——斑块密度（patch density，PD）、形状指标——面积加权平均形状指数（area-weighted mean shape index，AWMSI）、边缘指标——总边缘对比度指数（total edge contrast index，TECI）、多样性指标——香农多样性指数（Shannon's diversity index，SHDI）、聚散性指标——聚集度指数（aggregation index，AI）、蔓延度指数（CONTAG）六种相关性相对较小的指数，来研究京津冀景观格局变化规律。

各个景观指数具体含义如下。

1）斑块密度

$$PD = N/A \tag{2-1}$$

式中，N 为景观中存在的斑数总数；A 为整个景观的面积。斑块密度大于 0，且受到栅格尺寸的限制，当每一个栅格代表一个独立的斑块时，斑块密度取得最大值。斑块密度是景观格局指数一个很基础的数据，它在一定程度上反映了一个地区景观破碎化程度。

2）面积加权平均形状指数

面积加权平均形状指数在斑块级别上等于某一景观类型中各个斑块的周长与面积比乘以各自的面积权重之后的和；在景观级别上等于各斑块类型的平均形状因子乘以各类型斑块面积占景观面积的权重之后的和。其中系数 0.25 是由栅格的基本形状为正方形的定义所确定。面积大的斑块比面积小的斑块具有更大的权重。当面积加权平均形状指数 = 1 时，说明所有的斑块形状为最简单的方形（采用矢量版本的公式时为圆形）；当面积加权平均形状指数值增大时，说明斑块形状变得更为复杂，更不规则。面积加权平均形状指数是度量景观空间格局复杂性的重要指标之一，并对许多生态过程都有影响，如斑块的形状会影响动物的迁移、觅食等活动，影响植物的种植与生产效率；对于自然斑块或自然景观的形状分析还有另一个很显著的生态意义，即斑块边缘效应。

3）总边缘对比度指数

$$TECI = \frac{\sum\limits_{i=1}^{m} \sum\limits_{k=i-1}^{m} e_{ik} \cdot d_{ik}}{E^x} \times 100 \tag{2-2}$$

式中，e_{ik} 为景观中斑块类型 i 与 k 之间的边缘总长度；E 为景观中所有边缘的总长度；d_{ik} 为斑块类型 i 与 k 之间的差异性。总边缘对比度指数等于景观中每一边缘部分的长度与相应边缘对比度的乘积之和，除以景观中的总边缘长度，再转化为百分比。它的单位是 %，取值范围是 0~100，它表达的是两种景观之间的对比差异性大小。

4）香农多样性指数

$$SHDI = - \sum\limits_{i=1}^{m} (p_i \times \ln p_i) \tag{2-3}$$

式中，p_i 为景观中斑块类型 i 的面积比例。SHDI 就等于景观中各斑块类型面积比例与其自然对数乘积的总和，然后再取反数。这里计算 p_i 时采用的景观面积不包括景观中的背景。该指标取值范围为 SHDI≥0。当整个景观中只有一个斑块时，SHDI = 0。随着景观中斑块类型数的增加以及它们面积比例的均衡化，SHDI 值增大。

SHDI 主要反映景观类型的多少和各景观类型面积所占比例的变化。研究区域土地利用类型越复杂，SHDI 的值相对就越大。

相关说明：香农多样性指数在计算生态群落多样性时应用十分广泛，这里把它应用于计算景观多样性。香农多样性指数对稀有斑块类型的敏感性比辛普森多样性指数（Simpson's diversity index）强。

5）聚集度指数

$$AI = \left[\frac{g_{ii}}{\max \to g_{ii}} \right] (100) \tag{2-4}$$

式中，g_{ii} 为相应景观类型的相似临界斑块数量，聚集度指数是基于同类型斑块像元间公共边界长度来计算的，当某类型中所有像元间不存在公共边界时，该类型的聚集度最低，而当所有像元间存在的公共边界达到最大值时，具有最大的聚集度指数。

6）蔓延度指数

$$CONTAG = \left\{ 1 + \frac{\sum_{i=1}^{m} \sum_{k=1}^{m} \left[p_i \left(\frac{g_{ik}}{\sum_{k=1}^{m} g_{ik}} \right) \right] \cdot \left[\ln p_i \left(\frac{g_{ik}}{\sum_{k=1}^{m} g_{ik}} \right) \right]}{2\ln(m)} \right\} \times 100 \tag{2-5}$$

式中，p_i 为斑块类型 i 在景观中的面积比例；g_{ik} 为基于双倍法的斑块类型 i 和斑块类型 k 之间节点数；m 为景观中的斑块类型数，包括景观边界中的斑块类型。蔓延度指数用来度量在给定斑块类型数情况下，实际观测的蔓延度与蔓延度最大可能值之间的比值。蔓延度的计算涉及景观中所有斑块类型和相似节点。p_i 的计算中所采用的景观面积不包括内部背景。

该指标单位为%，其取值范围为 $0 \sim 100$。当所有斑块类型最大限度破碎化和间断分布时，指标值趋于 0；当斑块类型最大限度地聚集在一起时，指标值达到 100；当景观中斑块类型数少于 2 时，该指标值不被计算，在结果文件 basename. land 中以 "N/A" 来表示。

相关说明：蔓延度与边缘密度呈现强烈的负相关性。当斑块密度值很低，如当某一斑块类型在景观中的比例很高时，蔓延度值就较高。另外，蔓延度会受到斑块类型离散状况和间断分布状况的影响。

近 35 年来京津冀城市群地区建设用地不断增加，水域、湿地和耕地先减少后上升，而林草地经历了先增加后减少的变化过程。从景观指数上来看，斑块密度和面积加权平均形状指数的平均数在上升、斑块密度方差的小幅上升都表明地类斑块更加破碎，形状更加不规则；而总边缘对比度指数平均数、方差皆持续上升，表明人工的高对比度"硬边界"增加；蔓延度指数平均数的上升和聚集度指数平均数的下降表明地类斑块的聚集度在下降，更加趋于分散、扩展和蔓延，栅格内斑块之间聚集及蔓延程度的差异在逐步减小；香农多样性指数方差的持续下降表明栅格内的斑块丰富度上升，分布更加均匀。虽然水域湿地、耕地及林草地的总面积在波动变化，但显然 35 年间它们的分布呈现更加破碎化的状态（表 2-1、表 2-2）。

表 2-1 不同景观类型之间边缘对比度权重设置对照表

地类名称	水田	旱地	有林地	灌木林	疏林地	其他林地	高覆盖度草地	中覆盖度草地	低覆盖度草地	河渠	湖泊	水库坑塘	滩涂	滩地	城镇用地	农村居民点	其他建设用地	沙地	戈壁	盐碱地	沼泽地	裸地	裸岩石砾地	海水
地类代码	11	12	21	22	23	24	31	32	33	41	42	43	45	46	51	52	53	61	62	63	64	65	66	99
11	0	0.1	0.3	0.3	0.3	0.3	0.3	0.3	0.3	0.3	0.3	0.3	0.3	0.3	0.3	0.3	0.3	0.3	0.3	0.3	0.3	0.3	0.3	0.3
12	0.1	0	0.3	0.3	0.3	0.3	0.3	0.3	0.3	0.3	0.3	0.3	0.3	0.3	0.3	0.3	0.3	0.3	0.3	0.3	0.3	0.3	0.3	0.3
21	0.3	0.3	0	0.1	0.1	0.1	0.3	0.3	0.3	0.6	0.6	0.6	0.6	0.6	0.9	0.9	0.9	0.3	0.3	0.3	0.3	0.3	0.3	0.5
22	0.3	0.3	0.1	0	0.1	0.1	0.3	0.3	0.3	0.6	0.6	0.6	0.6	0.6	0.9	0.9	0.9	0.3	0.3	0.3	0.3	0.3	0.3	0.5
23	0.3	0.3	0.1	0.1	0	0.1	0.3	0.3	0.3	0.6	0.6	0.6	0.6	0.6	0.9	0.9	0.9	0.3	0.3	0.3	0.3	0.3	0.3	0.5
24	0.3	0.3	0.1	0.1	0.1	0	0.3	0.3	0.3	0.6	0.6	0.6	0.6	0.6	0.9	0.9	0.9	0.3	0.3	0.3	0.3	0.3	0.3	0.5
31	0.3	0.3	0.3	0.3	0.3	0.3	0	0.1	0.1	0.4	0.4	0.4	0.4	0.4	0.9	0.9	0.9	0.2	0.2	0.2	0.2	0.2	0.2	0.4
32	0.3	0.3	0.3	0.3	0.3	0.3	0.1	0	0.1	0.4	0.4	0.4	0.4	0.4	0.9	0.9	0.9	0.2	0.2	0.2	0.2	0.2	0.2	0.4
33	0.3	0.3	0.3	0.3	0.3	0.3	0.1	0.1	0	0.4	0.4	0.4	0.4	0.4	0.9	0.9	0.9	0.2	0.2	0.2	0.2	0.2	0.2	0.4
41	0.3	0.3	0.6	0.6	0.6	0.6	0.4	0.4	0.4	0	0.1	0.1	0.1	0.1	0.8	0.8	0.8	0.4	0.4	0.4	0.4	0.4	0.4	0.2
42	0.3	0.3	0.6	0.6	0.6	0.6	0.4	0.4	0.4	0.1	0	0.1	0.1	0.1	0.8	0.8	0.8	0.4	0.4	0.4	0.4	0.4	0.4	0.2
43	0.3	0.3	0.6	0.6	0.6	0.6	0.4	0.4	0.4	0.1	0.1	0	0.1	0.1	0.8	0.8	0.8	0.4	0.4	0.4	0.4	0.4	0.4	0.2
45	0.3	0.3	0.6	0.6	0.6	0.6	0.4	0.4	0.4	0.1	0.1	0.1	0	0.1	0.8	0.8	0.8	0.4	0.4	0.4	0.4	0.4	0.4	0.2
46	0.3	0.3	0.6	0.6	0.6	0.6	0.4	0.4	0.4	0.1	0.1	0.1	0.1	0	0.8	0.8	0.8	0.4	0.4	0.4	0.4	0.4	0.4	0.2
51	0.3	0.3	0.9	0.9	0.9	0.9	0.9	0.9	0.9	0.8	0.8	0.8	0.8	0.8	0	0.1	0.1	0.9	0.9	0.9	0.9	0.9	0.9	0.9
52	0.3	0.3	0.9	0.9	0.9	0.9	0.9	0.9	0.9	0.8	0.8	0.8	0.8	0.8	0.1	0	0.1	0.9	0.9	0.9	0.9	0.9	0.9	0.9
53	0.3	0.3	0.9	0.9	0.9	0.9	0.9	0.9	0.9	0.8	0.8	0.8	0.8	0.8	0.1	0.1	0	0.9	0.9	0.9	0.9	0.9	0.9	0.9
61	0.3	0.3	0.3	0.3	0.3	0.3	0.2	0.2	0.2	0.4	0.4	0.4	0.4	0.4	0.9	0.9	0.9	0	0.1	0.1	0.1	0.1	0.1	0.2
62	0.3	0.3	0.3	0.3	0.3	0.3	0.2	0.2	0.2	0.4	0.4	0.4	0.4	0.4	0.9	0.9	0.9	0.1	0	0.1	0.1	0.1	0.1	0.2
63	0.3	0.3	0.3	0.3	0.3	0.3	0.2	0.2	0.2	0.4	0.4	0.4	0.4	0.4	0.9	0.9	0.9	0.1	0.1	0	0.1	0.1	0.1	0.2
64	0.3	0.3	0.3	0.3	0.3	0.3	0.2	0.2	0.2	0.4	0.4	0.4	0.4	0.4	0.9	0.9	0.9	0.1	0.1	0.1	0	0.1	0.1	0.2
65	0.3	0.3	0.3	0.3	0.3	0.3	0.2	0.2	0.2	0.4	0.4	0.4	0.4	0.4	0.9	0.9	0.9	0.1	0.1	0.1	0.1	0	0.1	0.2
66	0.3	0.3	0.3	0.3	0.3	0.3	0.2	0.2	0.2	0.4	0.4	0.4	0.4	0.4	0.9	0.9	0.9	0.1	0.1	0.1	0.1	0.1	0	0.2
99	0.3	0.3	0.5	0.5	0.5	0.5	0.4	0.4	0.4	0.2	0.2	0.2	0.2	0.2	0.9	0.9	0.9	0.2	0.2	0.2	0.2	0.2	0.2	0

表 2-2　景观格局指数变化对比表

指标		1980 年	2000 年	2010 年	2015 年	趋势
斑块密度	平均数	1.05	1.05	1.19	1.21	先持平后上升→↑
	方差	42.77	42.79	44.41	51.29	持续上升↑
面积加权平均形状指数	平均数	5.91	5.96	6.14	8.36	持续上升↑
	方差	4.77	4.69	4.47	4.01	持续下降↓
总边缘对比度指数	平均数	25.85	26.15	27.02	30.86	持续上升↑
	方差	16.57	16.71	22.82	25.75	持续上升↑
蔓延度指数	平均数	69.17	68.62	68.98	69.90	持续上升↑
	方差	110.98	97.1	89.3	73.22	持续下降↓
香农多样性指数	平均数	1.13	1.15	1.17	0.78	先上升后下降↑↓
	方差	0.24	0.22	0.22	0.09	持续下降↓
聚集度指数	平均数	96.2	96.18	96.17	95.81	持续下降↓
	方差	4.64	4.41	4.15	4.15	先下降后持平↓→

2.1.2　景观稳定性分析

2.1.2.1　景观稳定性概念

景观稳定性是景观生态学中复杂而又重要的课题，其缘起于生态系统稳定性，但其内涵、研究与表征方式在学界并不统一（刘惠明等，2004）。Forman 和 Godron（1986）用抗性、持续性、惰性、弹性，邬建国（1996）用抗变性、复原性、持续性和变异性，徐化成（1996）用持久性、恢复力和抵抗力等术语来描述生态系统的稳定性。

由于景观稳定性缺乏统一的定义，其研究与表征方法也存在差异，因此近年来国内外与景观稳定性相关的研究呈现出多种研究方式、研究对象、研究尺度及计算公式。由于景观平衡中的干扰和恢复在时间、空间尺度上关系十分复杂（Turner et al.，1993），Skopek 等（1991）、Ivan 等（2014）、Gobattoni 等（2013）对生态稳定性、景观稳定性的评价方式进行了探索。一些研究将景观稳定性应用于城市或某类生态系统的景观生态质量、景观格局的分析与评价中，采用的研究方法多为选取衡量景观稳定性的各类指标，通过主成分分析法来确定各指标的权重，构建景观稳定性评价模型。然而，不同的景观稳定性评价模型所采用的各类指标、指数或因子都不尽相同，如选取土地利用结构指数、自然景观多度指数、农业土地利用多样性等指数，彭保发等（2013）选取斑块数、形状指数、优势度等 12 个景观指数，彭建和王仰麟（2003）采用景观多样性、景观破碎度、景观聚集度及景观分维度四个景观指数来评价城市的景观稳定性；后又采用斑块散布与并列指数（interspersion/juxtaposition index，IJI）、景观面积比例（percentage landscape area，PLA）、平均斑块分维数（mean patch fractal dimension，MPFD）等指标在不同年份间的差异大小来衡量景观稳定性；王旭丽和刘学录（2009）构建山地基质的比例稳定性及斑块特征稳定性公式来表征景观稳定性；罗格平和陈嘻（2002）则认为绿洲景观的稳定性与香农多样性指数和均匀性指数密切相关；胡文英和沈琼（2011）则用景观斑块面积和比例的变化来评价梯田的景观稳定性；张洪云（2016）选取湿地生态系统的温度、水文、人类居住农业活动、香农多样性等因子，同样通过主成分分析得到各指数、因子权重，构建表征热带森林、森林和湿地景观的稳定性的模型。此外，一些研究将景观指数的分析应用到区域规划、生态功能区划定中，根据等级斑块动态理论，景观破碎化程度越高，景观稳定性越差，选取蔓延度指数、斑块密度和总边缘对比度指数构建景观稳定性的指数表达公式。

本书选定尺度较大的京津冀城市群地区，通过选取景观指数来构建表征景观稳定性的模型，探究京津冀城市群地区景观稳定性的变化。

2.1.2.2　景观稳定性评价模型

景观稳定性的计算公式为

$$S = \frac{C}{P \times T} \tag{2-6}$$

式中，S 为景观稳定性（landscape stability）；C 为蔓延度指数；P 为斑块密度；T 为总边缘对比度指数。景观镶嵌体的蔓延度越高，斑块密度、总边缘对比度越小，则景观稳定性越高，当前的景观系统中土地类型越不容易因干扰或扰动发生改变。其余三种景观指数的总体特征数，即平均数、极值、方差等可作为比较不同时期景观稳定性是否发生显著变化的依据。

2.1.2.3　景观稳定性评价过程

首先，以京津冀行政边界为研究范围，利用 ArcGIS 10.2 的 Fishnet 工具将其划分为 20km×20km 的网格，裁去研究范围以外的多余网格，最终形成 629 个采样方格，并为其编号。然后，利用 ArcGIS 10.2 的分析工具中的提取分析功能将土地利用的矢量数据按方格进行批量分割，运用转换工具批量将分割的矢量数据转化为栅格数据，形成 629 个 TIF 格式的栅格数据。之后将栅格数据批量导入 Fragstats 4.2 中，输入类别描述（class description）及边缘对比度（edge contrast）文件，选择所需的景观镶嵌体层面的六项景观指数进行批量分析，得到 LAND 文件形式的分析结果，导入 Excel 表中进行综合分析，得到景观稳定性的矢量结果。最后，利用渔网格生成网格点，将景观稳定性归一化后的数值关联输入网格点，通过样条函数（spline）插值法得到京津冀城市群地区景观稳定性的渐变曲面分布图。

选择 20km×20km 的方格大小主要有以下原因：研究区面积大小、基础数据精度，以及方格大小与斑块大小的关系。

因斑块具有不同的边界类型：曲线或直线、渐变或突变、硬质或软质，具有直线、突变和硬的边界的斑块与其他斑块之间具有较高的对比度，即具有相对整齐边界的人工斑块（例如旱地、城镇用地）与其他斑块之间具有较高的对比度。据此，在设置不同地类斑块间的边缘对比度时，遵循以下原则：硬边界（建设用地、水田、旱地等）与软边界（各类林地与草地等）之间>硬边界与中性硬度边界（河渠、湖泊、水库坑塘等）之间>软边界与软边界之间。此外，生态功能相似的地类之间，如湖泊与水库坑塘之间的边缘对比度相对较低。

2.1.2.4 景观稳定性动态变化

综合 1980 年、2000 年、2010 年和 2015 年四期土地利用类型变化，将 629 个栅格作为六项景观指数的总体统计特征数的表格，以及四期景观稳定性分布图，分析京津冀地区景观稳定性变化特征。

从景观稳定性分布图（图 2-5）来看，地类斑块相对完整、边界清晰的区域景观稳定性更高。山地至平原，林、草、田、水、城等多种地类交错分布的过渡地带一般景观稳定性较低，如河北东北部、西北部和西南部；而河北中部及东南部主要为平原，地类主要为农田与城乡建设用地，其景观稳定性相对较高。

1980～2015 年，极稳定及极不稳定的区域面积在不断扩大，如河北南部、西部和北部景观极不稳定区域和北京、天津、河北西南及河北东部的极稳定区域面积在增加。尤其是北京、天津、沧州、张家口、石家庄、唐山等城市，随着城市建成区面积不断增加，人工边界愈加明显，其中心城区的景观稳定性逐步增强；而河北西北部（康保县、沽源县、张北县等）、北部（丰宁满族自治县、隆化县等）与南部（临漳县、磁县、大名县、广平县、肥乡区、鸡泽县等）部分区域处于林地、草地、耕地、城市交界的位置处，因城镇建设用地的不断扩张，或林地、草地、耕地的破碎化，导致这些地类斑块聚集度下降、蔓延度上升、边界愈发复杂，景观稳定性逐步降低。

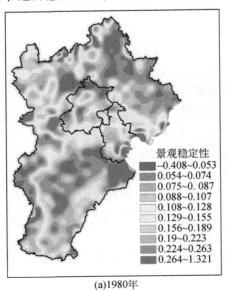

(a)1980年

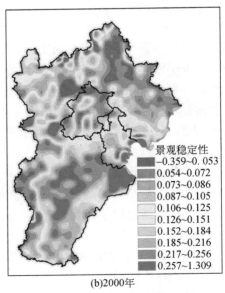

(b)2000年

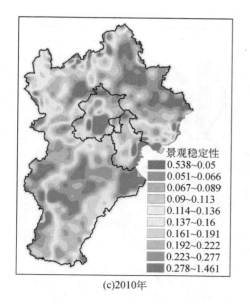
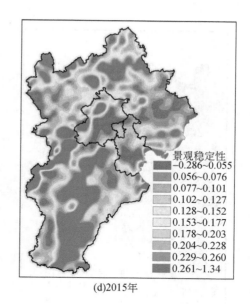

(c)2010年　　　　　　　　　　　(d)2015年

图 2-5　不同时期京津冀城市群景观稳定性分布图

四个时期京津冀城市群景观稳定性变化如图 2-6 所示。从景观稳定性变化的结果来看，城市等级较高，建设用地相对集中连片发展的城市地区景观稳定性越高，典型城市为北京和天津；而城市等级越低，建设用地相对处于分散布局与发展的县级市、县城总体景观稳定性越低，典型县城为涞源县、阜平县。城市集约存量的发展有助于周边森林、水系、耕地等的完整保护与修复，减少人工干预，使得区域景观斑块相对完整，提高景观稳定性；而县城内分散的城乡用地在用地扩张过程中更易干扰周边完整的森林、水系、耕地斑块，发生斑块破碎化，降低区域景观稳定性。

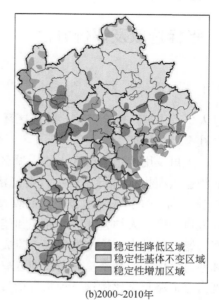

(a)1980~2000年　　　　　　　　　　(b)2000~2010年

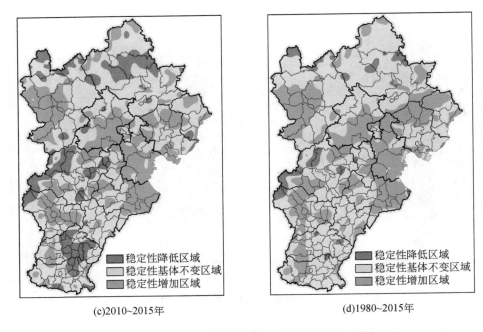

(c)2010~2015年　　　　　　　　(d)1980~2015年

图 2-6　不同阶段京津冀城市群景观稳定性变化

2.2　社会经济现状及其演变特征

通过收集统计年鉴数据，本节对 2000 年、2010 年和 2015 年京津冀城市群地区社会经济发展状况进行比较分析。

2.2.1　指标选取及评价方法

2.2.1.1　指标选取

通过人口及用地、社会经济、建成区环境、市政设施、交通设施五个方面来衡量城市群的经济社会现状特征。

其中，人口及用地选取市区人口、城区人口、人口密度，以及市区面积、城区面积、建成区面积这六项指标进行比较；社会经济选取第三产业从业人员比例，二、三产业占GDP 比例，人均 GDP，人均地方公共财政收入和人均工业总产值这五项指标衡量；建成区环境选取人口密度、人均公共绿地面积和建成区绿地率这三项指标衡量；市政设施选取用水普及率、燃气普及率、污水处理率、建成区供水管道密度、建成区排水管道密度、生活垃圾处理率这六项指标衡量；交通设施选取人均拥有道路面积、人均道路长度和安装路灯道路长度占总道路长度比例这三项指标衡量。

2.2.1.2 评价方法

（1）统计 2000 年、2010 年、2015 年的人口及用地、社会经济、建成区环境、市政设施、交通设施这五个指标的具体数值，分指标在 13 个城市之间进行多年对比分析。

（2）以 2015 年数据为例，利用熵值法（entropy method）对同时期各城市间的发展质量进行评价。在处理指标权重时，采用熵值法。熵的概念源于热力学，是对系统状态不确定性的一种度量，系统越无序，熵越大。熵值法的核心思想是用信息的无序度来衡量信息的效用值。信息的无序程度越低（越不稳定），该信息的效用值就越大。在多指标系统中应用熵值法是基于以下假设：那些很稳定基本不怎么变化的指标对最终评价造成的影响也很小，信息离散程度越大越重要。

在评价各个城市的社会经济水平时，各项量纲不同的指标是有序程度的一种度量。而熵是无序程度的一种度量。根据此性质，可以利用各个城市量纲不同的各类指标数据，通过熵值法得到各个城市衡量某一方面的综合评价值，可依据此数值进行城市间的社会经济发展水平比较。

熵值法的主要分析步骤如下。

（1）选取 n 个样本（每一年作为一个样本），m 个指标（每一年的各项衡量指标），X_{ij} 为第 i 个城市样本的第 j 个指标的数值（$i=1$, 2, $\cdots$, n, $j=1$, 2, $\cdots$, m）。

（2）指标的归一化处理：异质指标同质化。由于各项指标的计量单位并不统一，因此在用它们计算综合指标前，先要对它们进行标准化处理，即把指标的绝对值转化为相对值，并令

$$X_{ij} = |X_{ij}| \tag{2-7}$$

由于各项指标的大小与所反映的社会经济现状不一定成正比，即存在正向指标及负向指标。因此，无量纲化公式分为两种，即

正向指标公式：

$$Z_{ij} = [X_{ij} - \min(X_j)]/[\max(X_j) - \min(X_j)] \tag{2-8}$$

负向指标公式：

$$Z_{ij} = [\max(X_j) - X_{ij}]/[\max(X_j) \min(X_j)] \tag{2-9}$$

式中，i 为年份；j 为指标序号；X_{ij} 为指标原始数值；Z_{ij} 为标准化值；$\max(X_j)$ 和 $\min(X_j)$ 分别为第 j 指标的最大值和最小值，经处理后的原始数值都会在 $[0, 1]$ 的区间范围内。

（3）计算第 j 项指标下第 i 个城市占该指标的比例：

$$P_{ij} = \frac{Z_{ij}}{\sum_{i=1}^{n} Z_{ij}}, \ i=1, \cdots, n, j=1, \cdots, m \tag{2-10}$$

（4）计算第 j 项指标的熵值：

$$e_j = -k \sum_{i=1}^{n} p_{ij} \ln(p_{ij}) \tag{2-11}$$

其中 $k=1/\ln(n) > 0$

满足 $e_j \geq 0$。

（5）计算信息效用值：

$$d_j = 1 - e_j \qquad (2\text{-}12)$$

（6）计算各项指标的权值：

$$w_j = \frac{d_j}{\sum_{j=1}^{m} d_j} \qquad (2\text{-}13)$$

（7）多层评价系统的评价。根据熵的可加性，可以利用下层结构的指标信息效用值按比例确定对应于上层结构的权重 W_j 的数值。对下层结构的每类指标的效用值求和，得到上层指标的效用值和，记作 D_k（$k=1$，2，$\cdots$，K）。进而得到全部指标效用值的总和：

$$D = \sum_{k=1}^{k} D_k \qquad (2\text{-}14)$$

则相应主题的权重为

$$W_k = \frac{D_k}{D} \qquad (2\text{-}15)$$

（8）计算每个样本的综合评分。将每个样本的指标数值与其权重的乘积之和作为其综合评价值，再对各个样本之间进行比较。

2.2.2 2000～2015 年社会经济发展特征

2.2.2.1 人口及用地现状特征

2000 年，京津冀地区 13 座城市建设用地面积为 12379.90km²，建成区总面积为 1556.33km²；城市总人口为 2216.17 万人，人口密度为 1790（计算值）人/km²。

2010 年，京津冀 13 座城市的总市区面积为 33723.45km²，城区总面积为 18974.90km²，建成区总面积为 1859.21km²；市区总人口为 4093.47 万人，城区总人口为 37365.60 万人，人口密度为 1774 人/km²。

2015 年，京津冀 13 座城市的总市区面积为 42207.29km²，城区总面积为 19370.02km²，建成区总面积为 3733.98km²；市区总人口为 4890.49 万人，城区总人口为 3758.22 万人，人口密度为 1940 人/km²。

总体上，北京、天津这两座直辖市的人口与城市面积总量都远远高于其他城市。从城市面积来看，北京、天津的市区、城区及建成区面积都较大，而唐山、保定、石家庄处于第二梯队，其余城市的市区、城区及建成区面积都相对较小（图 2-7）。

从人口总量来看，2000 年北京市人口接近 700 万，人口数量领先整个京津冀地区，排名第二的天津市人口将近 600 万，两座城市人口之和将近占到了整个京津冀地区的 58.24%。其余仅有唐山、石家庄、邯郸三座城市人口超过百万，其余城市人口数量较少，均不足百万。2010 年，北京市人口接近 2000 万，人口数量居于京津冀地区城市首位，排名第二的则是天津市，将近 800 万人口，两座城市人口总和占到了整个京津冀地区的 68%，看出北京市与天津市的人口体量之大。唐山、石家庄、邯郸、保定四座城市人口超过百万，

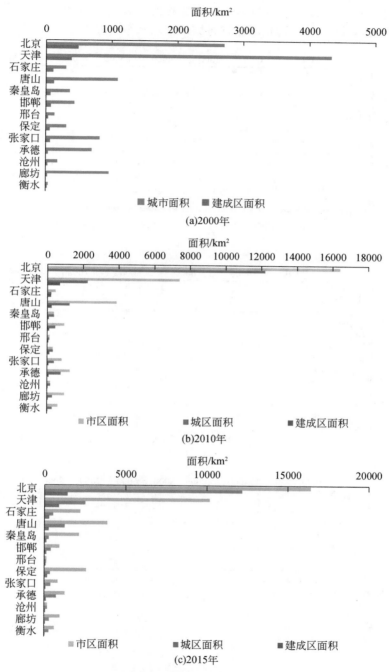

图 2-7 不同年份京津冀城市群地区城市面积特征

其余城市人口数量相对较少，均不足百万。到了 2015 年，北京、天津作为特大城市和超大城市，其人口规模远远高于其他城市，北京人口超过 2000 万，天津接近 1000 万；河北

省除石家庄、唐山、保定外，其他城市人口数量相对较少。可见，北京市和天津市在 2000～2015 年人口急剧增长，远超河北省各城市平均水平（图 2-8）。

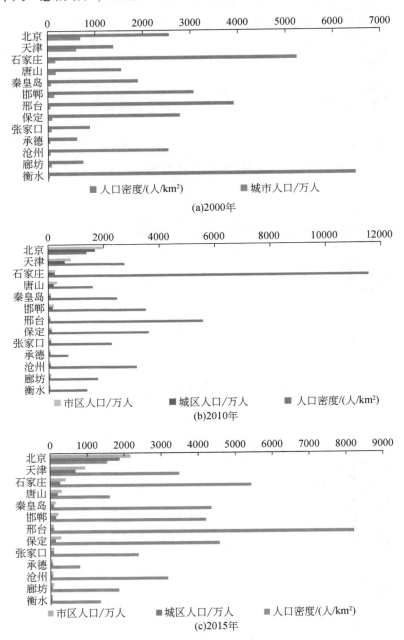

图 2-8　不同年份京津冀城市群城市人口统计

从人口密度来看，2000 年，衡水与石家庄的人口拥挤程度远超京津冀地区其他城市，人口密度位列第一与第二，其次为邢台，位列第三。2010 年，唐山的人口拥挤程度远超过京津冀其他城市，人口密度位列第一；其次为张家口、衡水、邯郸、保定等。张家口、衡水等地虽然人口基数较小，但人口密度却高居第二、第三，原因为其建成区面积较小，如衡水的建成区面积位列京津冀地区的倒数第一。2015 年，邢台、石家庄的人口密度排名前两位，其次为秦皇岛、邯郸、保定，而北京、衡水等城市处于中游，承德的人口密度最低。虽然北京、天津的市区面积及人口基数极大，但庞大的人口基数消纳于较大的市区面积中，平均人口密度并不高，保定、邢台等虽然人口和面积的基数较小，但市区面积也较小，平均人口密度较高。京津冀城市的人口密度趋势为西南高东北低，南高北低（图 2-9）。

图 2-9　2015 年京津冀城市群人口密度分级图

2.2.2.2　社会经济现状特征

2000 年，京津冀地区城市的第三产业从业人员比例整体不高，北京、天津两座大型城市仅位列中游，廊坊、衡水的第三产业从业人员比例反而较高；从二、三产业增加值占 GDP 比例来看，北京、天津占比相对更高，占比超过了 90%；邢台、保定则相对较低。2010 年北京、衡水的第三产业从业人员比例相对更高，唐山作为传统的工业城市，其第三产业从业人员比例则相对较低；从二、三产业增加值占 GDP 比例来看，北京、天津、唐山占比相对更高，占比均超过了 90%；其余各市则均超过了 80%。2015 年，北京、张家口、承德的第三产业从业人员比例相对更高，保定、天津、唐山的第三产业从业人员比例相对较低；从二、三产业占 GDP 比例来看，北京、天津、廊坊占比相对更高，张家口、承德、邢台占比相对较低（图 2-10）。

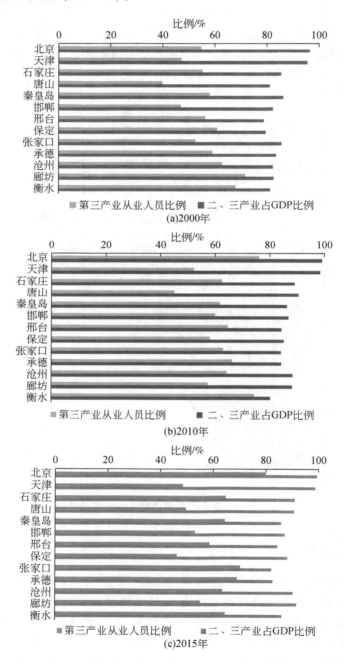

图 2-10　不同年份京津冀城市群第三产业从业人员比例及二、三产业占 GDP 比例

　　从人均工业总产值来看，2000 年，天津、北京领跑京津冀地区，远超其他城市；其次是石家庄、唐山、秦皇岛和衡水，位列第二梯队，均超 5000 元；其余城市则相对较低。2010 年，北京与天津的人均 GDP 超过 6000 元，领跑京津冀地区，而唐山则十分接近 6000 元，位列第三，其余城市则均未超过 4000 元；人均地方公共财政收入缺乏数据；从人均工业总产值来看，天津以超过 16000 元而领跑京津冀，其次为北京与唐山，其余城市则相对较低。2015 年，天津、北京、唐山的人均 GDP 较高，邢台、衡水、保定人均 GDP 较低；从人均地方公共财政收入来看，北京、天津较高，其他河北省的城市均较低，其中保定、邯郸、邢台最低；从人均工业总产值来看，天津最高，大幅超出其他城市，张家口、保定、邢台的人均工业总产值较低（图 2-11）。

　　从 2015 年社会经济水平综合得分来看，各个城市之间的差异较大，北京和天津的社会经济水平大幅度高于其他城市，而保定、邢台和邯郸的社会经济水平综合得分较低。总体来看，北京和天津两座直辖市的社会经济水平远高于其他河北省各市（图 2-12）。

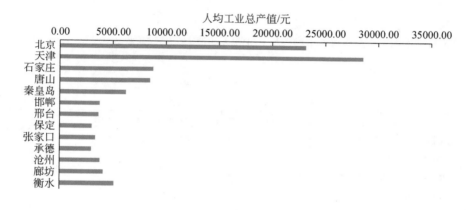

(a)2000年

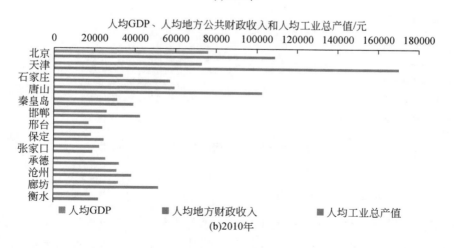

(b)2010年

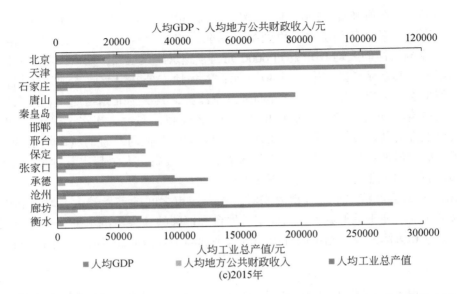

图 2-11　不同年份京津冀城市群人均 GDP、人均地方公共财政收入、人均工业总产值

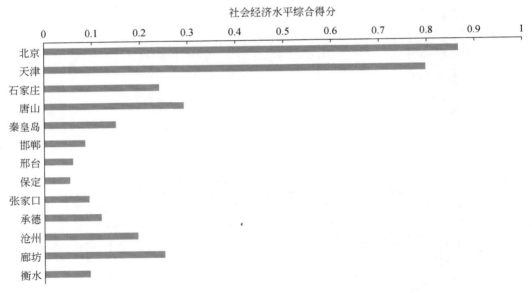

图 2-12　2015 年京津冀城市群社会经济水平综合得分

2.2.2.3　建成区环境现状特征

2000 年，从人均公共绿地面积大小来看，承德市领跑京津冀地区，其他城市则相对较低；保定、张家口、沧州、廊坊的人均公共绿地面积相对较低；而从建成区绿地率来看，北京、唐山、秦皇岛相对较高，其余城市则相对较低。2010 年，承德市独自位列

第一梯队，其次为秦皇岛和邯郸，位列第二梯队；北京、天津这两座城市虽然人口、城市面积、人均 GDP 总量都远远高于其他城市，但人均公共绿地面积却都较低，其中天津市位列倒数第一；而从建成区绿地率来看，秦皇岛、邯郸、廊坊则较高，天津则同样位列倒数。2015 年，人均公共绿地面积较高的城市为承德、秦皇岛、邯郸，而人均公共绿地面积较低的城市为天津、保定、沧州。北京、石家庄、邯郸、廊坊、衡水的建成区绿地率较高，均超过 40%，而天津、邢台、沧州的建成区绿地率较低，在 32% 左右；此外，人口密度较高的城市为邢台、石家庄、保定，人口密度较低的城市为承德、北京和唐山。

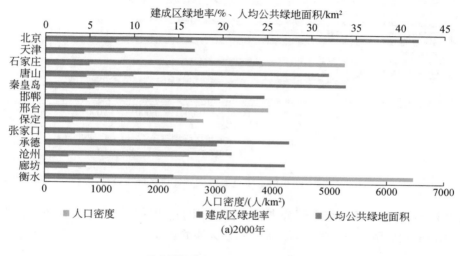

(a)2000年

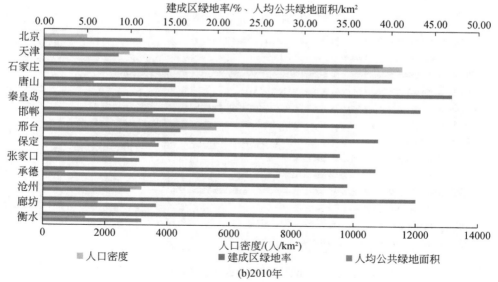

(b)2010年

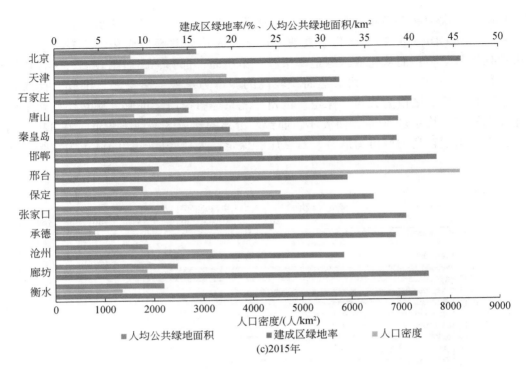

图 2-13　不同年份京津冀城市群城建成区环境特征

从 2015 年建成区环境的综合评分来看，各城市的建成区环境水平差距不大。邯郸、秦皇岛和石家庄的建成区环境水平较高，而沧州、天津的建成区环境水平较低（图 2-14）。

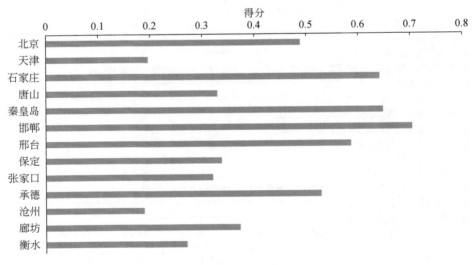

图 2-14　2015 年京津冀城市群地区建成区环境水平综合得分

2.2.2.4 市政设施现状特征

2000年，京津冀城市群地区各城市中，除廊坊外，其余城市用水普及率均相对较高；而燃气普及率仅有北京达到了90%，天津达到了70%，其余城市均小于10%；污水处理率整体相对较低，最高为保定，达到74.03%；生活垃圾处理率则缺乏统计数据（图2-15）。建成区供水管道密度尚无统计；建成区排水管道密度中较高的城市为石家庄、邯郸；张家口、承德、沧州则相对较低（图2-16）。

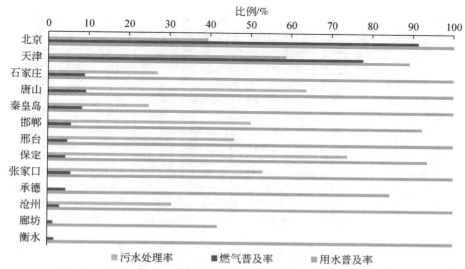

图2-15 2000年京津冀城市群用水普及率、燃气普及率和污水处理率

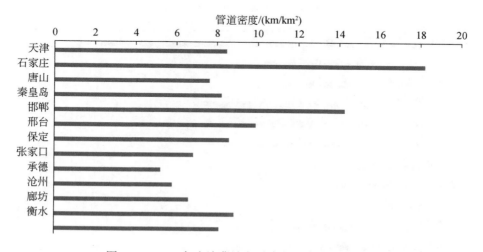

图2-16 2000年京津冀城市群建成区排水管道密度

　　2010 年，京津冀城市群中各个城市的用水普及率均达到 100%；北京、天津、石家庄、唐山、秦皇岛、邯郸、沧州、廊坊的燃气普及率也均达到 100%；所有城市的污水处理率均达到了 80% 以上，石家庄、唐山、秦皇岛、邯郸这四个城市更达到 90% 以上；生活垃圾处理率则除张家口、沧州外均达到 90% 以上。建成区供水管道密度较高的城市为天津、秦皇岛、张家口、沧州，较低的城市为承德、保定、衡水；建成区排水管道密度整体比供水管道密度高，其中较高的城市为天津、邯郸、秦皇岛，较低的城市为承德；其中，张家口、承德、沧州、廊坊的排水管道密度低于供水管道密度（图 2-17、图 2-18）。

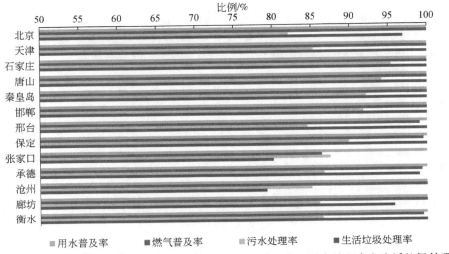

图 2-17　2010 年京津冀城市群地区用水普及率、燃气普及率、污水处理率和生活垃圾处理率

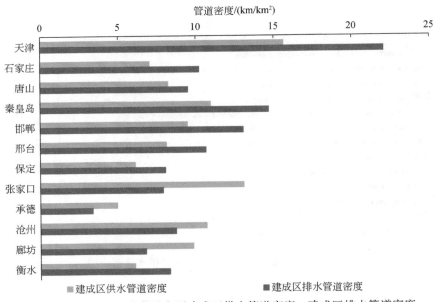

图 2-18　2010 年京津冀城市群建成区供水管道密度、建成区排水管道密度

2015 年，各个城市的用水普及率都相对较高，基本均达到 100%；燃气普及率除秦皇岛市以外，其余城市都较高，基本达到 100%；污水处理率较高的城市为沧州、邯郸、邢台，较低的城市为衡水、北京、天津；天津、张家口、廊坊和衡水的生活垃圾处理率相对较低，其他城市则接近 100%。建成区供水管道密度较高的城市为北京、天津、张家口，较低的城市为承德、保定、衡水；建成区排水管道密度较高的城市为天津、邯郸、秦皇岛，较低的城市为承德、保定、石家庄（图 2-19、图 2-20）。

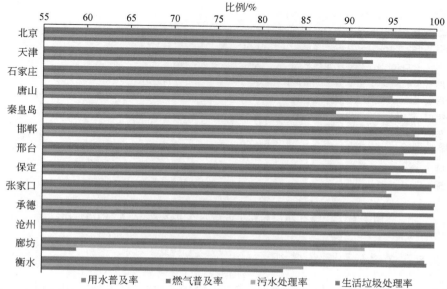

图 2-19　2015 年京津冀城市群地区用水普及率、燃气普及率、污水处理率和生活垃圾处理率

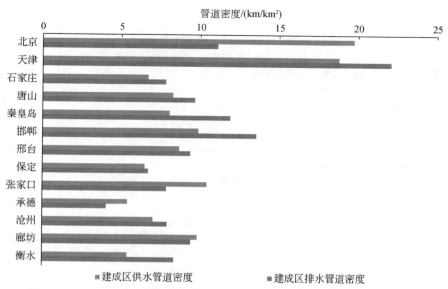

图 2-20　2015 年京津冀城市群建成区供水管道密度、建成区排水管道密度

从 2015 年市政设施水平综合得分来看, 天津、北京两座城市的基础设施水平远高于其他城市, 而在河北省的城市中邯郸水平相对较高, 而衡水、承德、保定属于基础设施较差的城市 (图 2-21)。

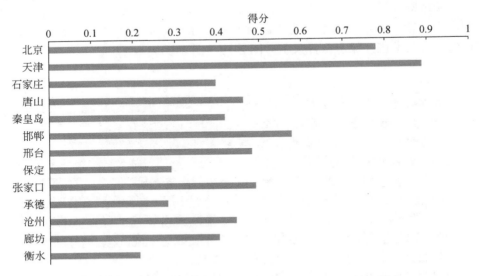

图 2-21 2015 年京津冀城市群建成区市政设施水平综合得分

2.2.2.5 交通设施现状特征

2000 年, 从人均拥有道路面积来看, 衡水、沧州、秦皇岛人均面积较高, 而张家口则相对较低; 从人均道路长度来看, 秦皇岛、承德的人均水平较高, 而保定、张家口、廊坊则相对较低 (图 2-22)。

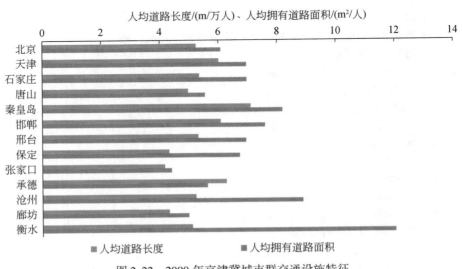

图 2-22 2000 年京津冀城市群交通设施特征

2010 年，从人均拥有道路面积来看，秦皇岛、邯郸、邢台人均面积较高，而北京、承德、张家口人均面积则较低；从人均道路长度来看，秦皇岛、邢台、承德的人均水平较高，而北京则最低，人口基数过大是导致该现象的重要原因；从安装路灯道路长度占总道路长度比例来看，天津、石家庄、唐山、秦皇岛、沧州、廊坊的百分比较高，超过了20%，而邢台、张家口、承德则较低，未达到 15%（图 2-23）。

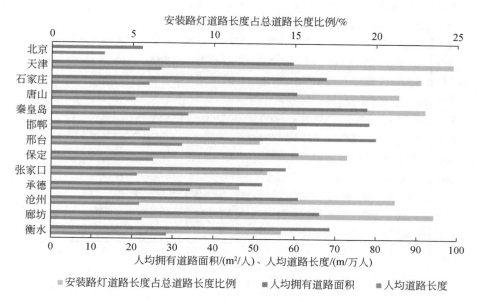

图 2-23 2010 年京津冀城市群交通设施
北京无安装路灯道路长度数据

2015 年，从人均拥有道路面积来看，保定、衡水、秦皇岛人均面积较高，而北京、承德、张家口人均面积较低；从人均道路长度来看，天津、承德、衡水的人均水平较高，而北京、保定、唐山较低；从安装路灯道路长度占总道路长度比例来看，秦皇岛、廊坊比例较高，石家庄、张家口、邢台较低（图 2-24）。

从 2015 年交通设施水平综合评分来看，各个城市的交通设施水平差异不大，承德和天津处于较高的水平，而北京、石家庄处于较低的水平，其余城市之间交通设施水平差异不大（图 2-25）。

本次评价交通设施水平建设仅考虑了人均拥有道路面积，未考虑轨道交通建设情况。根据 2015 年《中国城市轨道交通年度报告》，北京市和天津市城市轨道交通运线路长度分别为 627.15km 和 147.556km。如果考虑轨道交通拥有现状，北京市和天津市的交通设施水平将会有明显提高。

2.2.2.6 经济社会综合水平分析

综合京津冀城市群的社会经济、建成区环境、市政设施、交通设施四方面的现状水平，四项均赋权重为0.25，2015年京津冀城市群经济社会综合水平得分如图2-26所示。北京和天津两座直辖市的综合得分较高，而其余的河北省各城市间差别不大，保定、张家口和沧州的经济社会综合水平偏低。

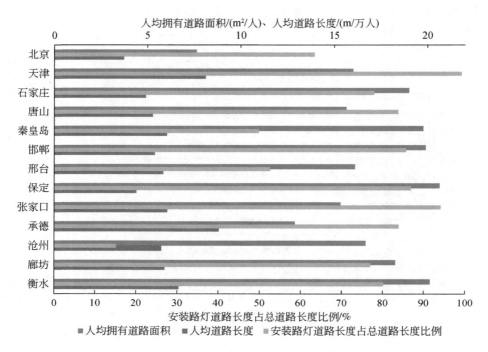

图 2-24　2015 年京津冀城市群交通设施特征

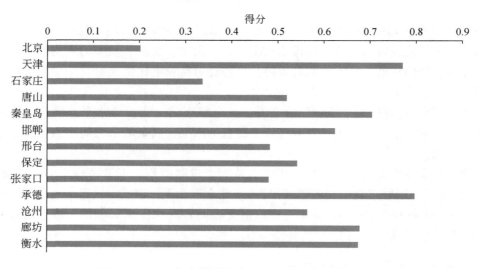

图 2-25　2015 年京津冀城市群交通设施水平综合得分

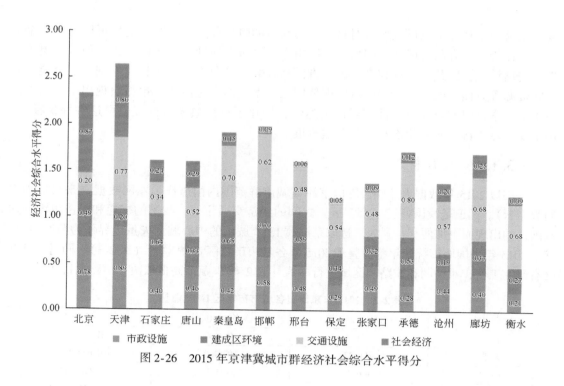

图 2-26　2015 年京津冀城市群经济社会综合水平得分

2.2.3　小结

城市群是未来我国城镇化发展的重点方向。京津冀城市群作为我国最重要的城市群之一，城市群形态和结构才刚刚形成，城镇基础设施建设水平和生态环境质量还需要提升，城镇建设用地还有一定的拓展空间。

本节通过对典型年份，京津冀城市群城社会经济发展特征评价，可以看到京津冀城市群的基础设施总体水平较全国平均水平略高，但城市群内各城市之间差异明显，尤其是京津冀南部城市基础设施水平相对较低。建议京津冀各城市应结合自身短板，加强对环境基础设施的投资和建设，提高京津冀城市群城市环境承载力和城市宜居水平。北京和天津两座直辖市的基础设施水平与其自身城市规模和发展阶段不相匹配，应在补足自身短板的前提下，提升基础设施的服务能力和水平，对照国际发达城市基础设施建设水平建设，并发挥区域带动作用。

2.3　社会经济发展与景观稳定性

2.3.1　社会经济发展胁迫度评价

区域交通网络结构和可达性已成为影响京津冀内部城际间要素流动、集聚与扩散的重要因素，是该区域经济发展的必要支撑。交通网络的可达性决定了社会经济活动的密集程度，从另一个角度可以反映城市对自然生态环境的胁迫程度。交通可达性可以通过两个方面进行评价：一方面可以从空间角度，即由于某区域在地理空间区位上比其他区域更为靠近某交通设施，因此可达性较高；另一方面从社会经济角度，由于物质基础、资金能力和时间资源等方面不同，邻近两区域间即使同处大型交通设施沿线，也将表现出不同的可达性水平。本次研究空间可达性和经济可达性，构建了京津冀城市群交通可达性评价模型，用来反映城市群扩张对生态环境的胁迫程度。

2.3.1.1　数据来源与处理

本书以 2015 年数据为基础，提取京津冀城市群范围内国道作为路网数据（来自地理空间数据云）。国道是我国各省（市、区）之间的经济交通主线，我国的交通和经济也因为这些国道的出现而更加便利、强大。选取京津冀 13 个城市的中心城区矢量边界作为路网节点，基于 2015 年中国城市统计年鉴，整理 2015 年各城市市辖区 GDP 总量（表2-3）。同时，结合已有研究工作，对路网和非路网区域进行赋值（表2-4），赋值高低取决于道路通行速度。

表 2-3　2015 年京津冀各城市市辖区 GDP 总量

城市名称	市区人口/万人	人均 GDP/元	总 GDP/万元
北京	2170.5	106 497	231 151 739.0
天津	941.23	107 960	101 615 191.0
石家庄	406.1	51 043	20 728 052.0
唐山	304.8	78 398	23 895 710.0
秦皇岛	140.5	40 746	5 726 035.4
邯郸	202.9	33 450	6 787 674.0
邢台	88.1	24 256	2 137 923.8
保定	282.2	29 067	8 202 998.1
张家口	91.0	30 840	2 806 440.0
承德	59.6	38 505	2 296 438.2
沧州	64.0	44 819	2 869 312.4
廊坊	85.1	54 460	4 632 912.2
衡水	54.3	27 543	1 496 686.6

表 2-4　栅格成本赋值

道路等级	国道	陆地
赋值	0.375	1.5

2.3.1.2　评价方法

构建京津冀各个区域的空间可达性，采用京津冀区域内任意一点到达 13 个城市的最短成本距离的平均值作为该点的空间可达性，其计算公式为

$$L_i = \sum_{j=1}^{n} d_{ij} / (n-1) \quad (j=1,2,\cdots,13) \tag{2-16}$$

式中，L_i 为任意一点的空间可达性；d_{ij} 为京津冀城市群区域内任意一点 i 到城市 j 的最短成本距离，表示沿栅格 i 到栅格 j 阻力值的距离路线，非直线距离；n 为节点数；j 为京津冀城市群 13 个城市。

经济可达性基于空间可达性的基本特征，考虑 13 个城市的不同经济水平，以此评价京津冀城市群区域内任一地点的经济区位特点，分值越高，代表该点在京津冀城市群区域经济地位越重要，公式为

$$P_i = \sum_{j=1}^{n} \frac{M_j}{d_{ij}a} \tag{2-17}$$

式中，P_i 为任意一点的经济可达性；d_{ij} 为京津冀城市群区域内任意一点 i 到城市 j 的成本距离；a 为摩擦系数，取值为 1；M_j 为以各城市 GDP 总量代表城市经济发展水平。

本书结合路网数据、现有相关研究，构建全域的阻力值。在此基础上，分别以 13 个地级市为终点，基于 GIS 成本距离，计算全域各点到地级市的成本距离 d_{ij}，并加和取平均值，完成空间可达性的构建。在此基础上，最终结合各城市 GDP 总量，对 d_{ij} 进行赋权，对赋权后空间可达性加和，即可计算得到全区的经济可达性。

2.3.1.3　评价过程

京津冀城市群国道分布情况如图 2-27 所示，依据式（2-16）计算得到了全地区的空间可达性（图 2-28）。

图 2-27　2015 年京津冀城市群国道分布图

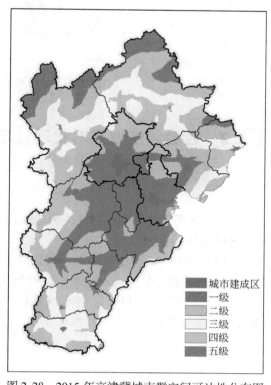

图 2-28　2015 年京津冀城市群空间可达性分布图

进一步依据式（2-17）计算京津冀城市群经济可达性，即依据城市总 GDP 进行可达性权重赋值进行叠加，2015 年京津冀城市群经济可达性如图 2-29 所示。

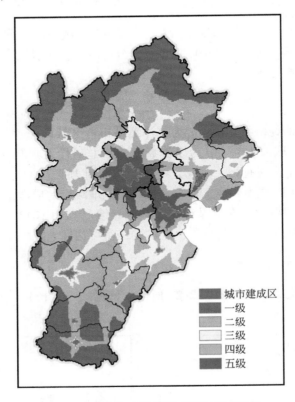

图 2-29　2015 年京津冀城市群经济可达性

2.3.2　社会经济发展对景观稳定性的影响

2.3.2.1　数据归一化处理

对 2015 年京津冀城市群经济可达性和景观稳定性数据进行归一化处理。

数据归一化方法，公式如下：

（1）胁迫度归一化＝1−（经济可达成本−经济可达成本最小值）/（道路可达成本最大值−道路可达成本最小值），结果如图 2-30 所示。

（2）景观稳定性归一化＝（景观稳定性−景观稳定性最小值）/（景观稳定性最大值−景观稳定性最小值），结果如图 2-31 所示。

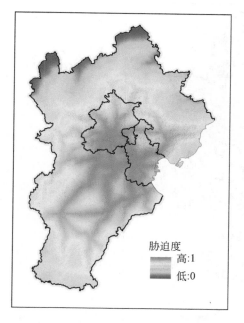

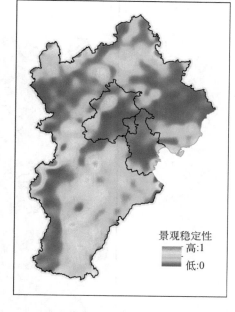

图 2-30　京津冀城市群胁迫度归一化处理图　　　图 2-31　京津冀城市群景观稳定性归一化处理图

2.3.2.2　社会经济发展对景观稳定性的影响

通过 ArcGIS 栅格计算器对经济胁迫度与景观稳定性栅格数据进行简单的运算，可以计算出胁迫度与稳定度的空间一致性关系。

1）计算方法

一致性关系用差异性指数表示：

$$差异性指数 = abs[ln(胁迫度/景观稳定性)]$$

差异性指数越小，表示经济发展胁迫度与景观稳定性一致性越高

2）结果分析

计算结果利用自然间断点分级法进行分级。

1）不同功能区对比

依照城市群各个区域生态功能不同，将京津冀区域主要分为三个区域，即城市群集中发展区、林草生态涵养区、平原农田生产保障区，进而分析京津冀区域功能分区胁迫度与景观稳定性的一致性（图 2-32）。

城市群集中发展区差异性指数区域平均值为 1.82，城镇发展对景观稳定性影响最大。平原农田生产保障区差异性指数区域平均值为 1.21，城镇发展对景观稳定性影响次之。林草生态涵养区差异性指数区域平均值为 1.17，城镇发展对景观稳定性影响最小（图 2-33）。

2）不同城市对比

京津冀城市群经济胁迫度对景观稳定性的影响对比可见，天津市差异性指数均值为

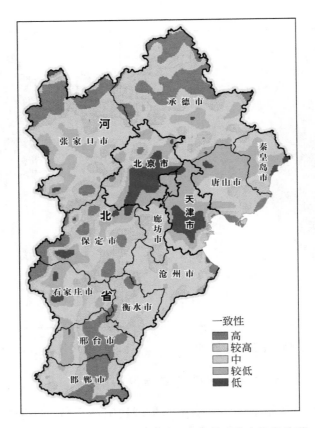

图 2-32　京津冀城市群经济胁迫度与景观稳定性的关系

1.91，是城市发展对景观稳定性影响最大的城市，北京市、秦皇岛市和唐山市差异性指数分别为 1.77、1.53 和 1.51，城镇发展对景观稳定性的影响也相对较大。邯郸市差异性指数均值为 0.92，差异性指数最小，说明胁迫度对景观稳定性影响较小；其次为邢台市、承德市差异性指数分别为 1.02 和 1.04，城镇发展的胁迫程度对景观稳定性的影响也较小（图 2-34）。

　　综合来看，交通网络可达性所代表的社会经济活动的密集程度对生态环境的胁迫效应显著。城市群集中发展区内城镇发展对景观稳定性影响最大。天津市及北京市是城市群发展最为密集的区域，经济社会发展对景观稳定性的胁迫度也最为显著。承德市、张家口市位于北部山区，受到城市群经济社会发展的胁迫影响相对较低，邯郸市远离京津冀城市群核心地区，景观稳定性所受胁迫也并不突出。因此，对于京津冀城市群的天津、廊坊、秦皇岛和北京等核心城市，应当重点加强生态绿色基础设施的建设，提升区域景观稳定性，保障区域自然生态空间基本生态服务功能的发挥，减缓城镇发展和建设用地的拓展对区域生态系统功能发挥的负面影响。

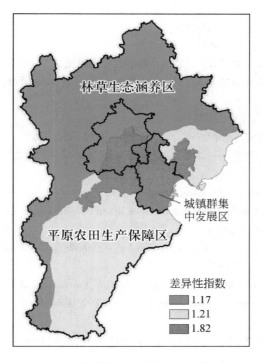

图 2-33　京津冀区域功能分区差异性指数

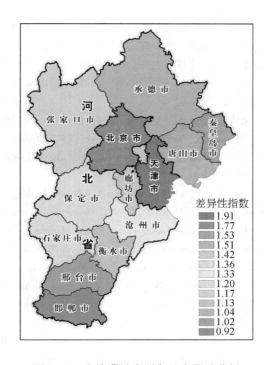

图 2-34　京津冀城市群各地市影响分析

参 考 文 献

陈文波, 肖笃宁, 李秀珍. 2002. 景观指数分类、应用及构建研究. 应用生态学报, 13 (1): 121-125.

崔文举, 舒清态, 刘满宾, 等. 2010. 西双版纳热带林森林景观稳定性研究. 云南地理环境研究, 22 (2): 29-33.

何鹏, 张会儒. 2009. 常用景观指数的因子分析和筛选方法研究. 林业科学研究, 22 (4): 470-474.

胡文英, 沈琼. 2011. 元阳哈尼梯田景观稳定性评价. 云南地理环境研究, 23 (1): 11-17.

靳诚, 陆玉麒, 范黎丽. 2010. 基于公路网络的长江三角洲旅游景点可达性格局研究. 自然资源学报, 25 (2): 258-269.

刘惠明, 林伟强, 张璐. 2004. 景观动态研究概述. 广东林业科技, 20 (1): 67-70.

罗格平, 陈嘻. 2002. 三工河流域绿洲时空变异及其稳定性研究. 中国科学 (D 辑), 32 (6): 521-528.

罗鹏飞, 徐逸伦, 张楠楠. 2004. 高速铁路对区域可达性的影响研究——以沪宁地区为例. 经济地理, 25 (2): 258-269.

梅志雄, 徐颂军, 欧阳军. 2014. 珠三角公路网络可达性空间格局及其演化. 热带地理, 34 (1): 27-33.

彭保发, 陈端吕, 李文军, 等. 2013. 土地利用景观格局的稳定性研究——以常德市为例. 地理科学, 33 (12): 1484-1488.

彭建, 王仰麟. 2003. 海岸带土地持续利用景观生态评价. 地理学报, 58 (3): 363-371.

王少剑, 方创琳, 王洋. 2015. 京津冀地区城市化与生态环境交互耦合关系定量测度. 生态学报, 35 (7): 2244-2254.

王旭丽, 刘学录. 2009. 基于 RS 的祁连山东段山地景观稳定性分析. 遥感技术与应用, 24 (5):

665-669.

温颖超. 2013. 国道养护的意义及技术应用. 交通标准化,（8）：24-26.

邬建国. 1996. 生态学范式变迁综论. 生态学报, 16（5）：449-460.

邬建国. 2007. 景观生态学——格局、过程、尺度与等级（第二版）. 北京：高等教育出版社.

肖化顺, 付春风, 张贵. 2007. 流溪河国家森林公园森林景观稳定性评价. 中南林业科技大学学报, 27（1）：88-92.

徐化成. 1996. 景观生态学. 北京：中国林业出版社.

张洪云. 2016. 基于控制—干扰—响应机制的湿地景观稳定性分析与评价. 哈尔滨：哈尔滨师范大学.

朱永恒, 濮励杰, 赵春雨. 2007. 景观生态质量评价研究——以吴江市为例. 地理科学, 27（2）：182-187.

Forman R T T, Godron M. 1986. Landscape Ecology. New York：John Wiley & Sons.

Forman R T T, Moore P N. 1992. Theoretical foundations for understanding boundaries in landscape mosaics. In：Hansen A J, Di Castri F. Landscape Boundaries. New York：Springer.

Gobattoni F, Lauro G, Monaco R, et al. 2013. Mathematical models in landscape ecology：Stability analysis and numerical tests. Acta Applicandae Mathematicae, 125（1）：173-192.

Ivan P, Macura V, Belcakova I. 2014. Various Approaches to evaluation of ecological stability. Proceedings of the 14th SGEM GeoConference on Ecology, Economics, Education and Legislation. Sofia：STEF92 Technology, 2：799-806.

Kelley A. 2004. Agricultural landscape change and stability in Northeast Thailand：Historical patch-level analysis, agriculture. Ecosystems & Environment, 101.

O'Neill R V, Riitters K H, Wickham J D, et al. 2001. Landscape pattern metrics and regional assessment. Ecosystem Health, 5（4）：225-233.

Riitters K H, O'Neill R V, Hunsaker C T, et al. 1995. A factor analysis of landscape pattern and structure metrics. Landscape Ecology, 10（1）：23-39.

Skopek V, Sterbacek Z, Vachal J. 1991. A method of approach to landscape stability. Part 2：Ecooptimization of experimental territorial landscape segment in Bohemian forest. Environmental Management, 15（2）：215-225.

Turner M G, Romme W H, Gardner R H, et al. 1993. A revised concept of landscape equilibrium：Disturbance and stability on scaled landscapes. Landscape Ecology, 8（3）：213-227.

第3章 京津冀城市群生态系统评价与监管

针对目前生态系统监管单元和监管对象空间缺位的现象，本章我们提出了面向生态监管的多等级生态功能网格划分方法，并重点对其理论基础、概念与内涵和划分依据进行了详细的阐述。进一步，我们对于如何基于脆弱性、敏感性和供需关系选择生态监管指标体系和评价方法进行了具体的描述。最后，以房山区为例对其生态监管策略进行了应用案例分析。

3.1 面向生态监管的多等级生态功能网格

高质量的生态文明建设离不开科学的生态监管。但已有的生态监管尚缺乏整体性、系统性、等级性的科学架构。因此，需要整合等级斑块动态范式、复合生态系统理论、多功能景观理论，构建多等级生态功能网格框架。其中，等级斑块动态范式提供了生态系统认知的框架，复合生态系统理论则赋予了等级斑块不同维度的内涵，多功能景观理论则刻画了各个维度的功能特征。多等级生态功能网格可打破空间上多行政区割裂的管理，缝合生态要素割裂的监管，实现科学、有效的生态监管，为生态系统的监管和生态文明建设提供有力抓手。多等级生态功能网格的应用包括网格划分、评价、监管三个部分。多等级生态功能网格识别与划分能够明确监管单元的空间范围，为评价和监管提供空间显性的监管对象，为全覆盖、多尺度的评价和监管提供载体；多等级生态功能网格评价从多个维度评价网格的功能，通过翔实的分析和评价来支撑差异化的管理；多等级生态功能网格评价首先明确网格的监管目标，然后综合分析、权衡网格的生态功能、生态重要性、动态度、生态供需、面积大小、行政权属等特征，进而明确网格监测的优先级别、监测频率、监测要素、监管范围、监管技术、监管主体等，实现面向生态风险的预警和面向生态问题的监管。

3.1.1 多等级生态功能网格的理论基础与内涵

3.1.1.1 理论基础

多等级生态功能网格分析框架是对已有相关理论的发展和创新，主要借鉴了等级斑块动态、复合生态系统、多功能景观等理论。等级斑块动态范式认为生态系统是一个由若干层次斑块组成的巢式等级系统。不同层次上生态学过程变化速率的差异，以及同一层次不同斑块内部及其之间相互作用强弱的差异使得等级系统具有可分解性，因此不同层次上斑块个体水平以及斑块镶嵌体水平的动态变化共同形成了生态系统的结构、过程和功能的总体动态特征。

复合生态系统理论（马世骏和王如松，1984；王如松，2008），包括与之类似的人类与自然耦合系统理论（Liu et al.，2007）、城乡连续体理论（Pickett and Zhou，2015）、人类生态系统理论（Machlis et al.，1997）、星球城市化理论（Brenner and Schmid，2015）等都论述了人类社会经济活动对自然产生广泛影响，强调了景观都是自然环境和社会经济活动共同作用融合而成的复合生态系统，任何景观都具有自然属性（如水、土、气、生等）和社会经济属性（如文化、制度、经济价值）等，只是不同景观的自然和社会经济属性的复合程度与方式不同。

多功能景观理论则是以复合生态系统理论为基础，强调景观同时具有生态功能、经济功能、社会文化、历史和美学等多重功能（彭建等，2015）。根据研究对象、研究尺度、研究目标的不同，相同的景观可以划分为不同空间形态的斑块，发挥不同的功能。通过对景观各类功能间的协同、冲突及兼容作用的权衡分析，可优化生态监管的策略，提升生态系统的综合效益。

3.1.1.2　概念与内涵

本章结合等级斑块动态理论、复合生态系统理论及多功能景观理论的核心思想，构建了多等级生态功能网格理论框架。等级斑块动态范式提供了生态系统认知的框架，可基于异质性将完整的系统依据不同的尺度分解为不同类型、不同等级的斑块，然后通过斑块间的水平关系，以及上下等级斑块间的垂直作用来开展生态研究和管理。复合生态系统理论则赋予了等级斑块不同维度的内涵，如从行政管理的维度，可以按城市群–城市–区县–乡镇街道来划分等级斑块（Li et al.，2013）；从景观结构的维度，可按森林景观–内部干扰斑块–土地覆盖类型来划分等级斑块；从社会经济的维度，可按城市类型–城市功能区–土地利用单元来划分等级斑块（谭峻和苏红友，2010）；从热环境的维度，可按照全球变暖–城内热岛–局地气候区来划分等级斑块（Stewart and Oke，2012）。在此基础上，多功能景观则刻画了各个维度的功能特征，如森林斑块具有防风固沙、水源涵养、生物多样性保持、木材供给等功能；社区斑块具有管理、服务、保障、教育等社会功能。多等级生态功能网格框架将复合生态系统的多维度和景观的多功能属性融入等级斑块的范式，构建过程如图3-1所示。

3.1.2　多等级生态功能网格的划分–评价–监管框架

多等级生态功能网格的划分–评价–监管框架由三个部分组成（图3-2）：①多等级生态功能网格识别与划分；②多等级生态功能网格评价；③差异化监管策略制订。多等级生态功能网格识别与划分的目的是明确监管单元的空间范围，为评价和监管提供空间显性的监管对象。多等级生态功能网格评价的目的是为生态监管提供科学依据，通过翔实的分析和评价来支撑差异化管理。差异化监管以多等级生态功能网格为对象，以评价结果为基

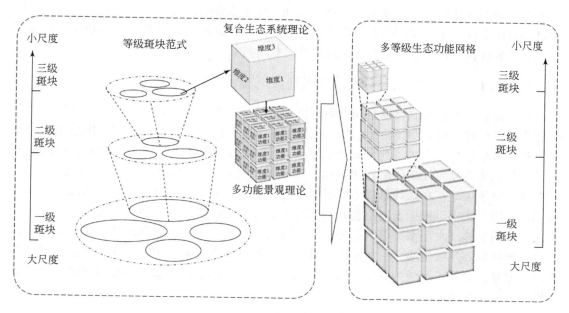

图 3-1　多等级生态功能网格框架的构建

础，针对不同斑块的特征定制相应的监管策略。同时，差异化的监管结果也可作为生态功能网格的边界优化和评价指标的调整依据，实现自我迭代的网格边界和监管方案优化。

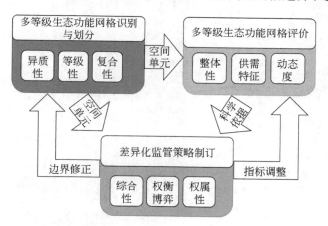

图 3-2　多等级生态功能网格的划分–评价–监管技术框架

多等级生态功能网格识别与划分主要依据等级斑块动态范式的异质性和等级性理论，并结合社会–经济–自然的复合性特征。多等级生态功能网格的评价则需要全盘考虑等级斑块的整体结构，包括斑块间的水平空间关系和垂直隶属关系，实现空间全覆盖的评价体系。在此基础上，结合生态系统维度的服务供给和社会维度的人类需求，评价斑块的供需特征，构建生态公平的网格体系。此外，对斑块的各类特征，如格局、构成、功能等，还需要开展动态度评价，以预测斑块的可持续性，确定监管的优先级。差异化生态监管策略制订的基础是综合了多维属性和评价结果的斑块网格，方法是通过各类生态功能、社会需求间的博弈权衡，最终落地是基于斑块的社会权属特征。

3.1.2.1 多等级生态功能网格识别与划分

基于地表生物物理属性的空间异质性可划分出山、水、林、田、湖、草、城等景观类型作为一级斑块。以京津冀为例，依据生态系统的完整性和连续性，可划分出京津冀的森林景观、草地景观、农田景观、城市景观等（图3-3）。在各类第一级斑块中，可依据其内部的生物物理异质性细分出二级斑块，如在城市景观中可根据城市形态划分出棚户区、别墅区、风景区等；在森林景观中可根据土地覆盖划分出工矿用地、裸地、居民点、林地等；在农田景观中可根据土地覆盖和利用类型划分出农村居住点、种植养殖区、农产品加工区、农用设施、农用水渠等。此外，在二级斑块中还能进一步划分出如建筑、道路、针叶林、阔叶林等三级斑块。一般来说，城市绿地和自然森林的结构、过程、功能、服务都有较大差异。多等级斑块的划分能够有效区分不同类型林地，并基于等级网格的隶属关系支撑差异化的生态监管。

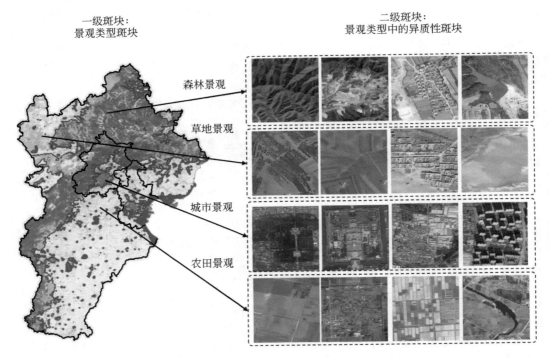

图 3-3　京津冀第一级和第二级生态斑块划分实例

基于社会经济异质性的等级斑块划分，一方面依据现有的省、市、县、街道等行政单元边界，如以省为第一级斑块时，市则为第二级斑块，县则为第三级斑块，不同等级的斑块具有行政维度的隶属关系；另一方面也可依据不同尺度的社会经济政策和规划，如基于国家城市群的发展规划可以将城市群作为一级斑块（方创琳等，2005），将其内部协同发展的城市作为二级斑块。基于重大国家战略发展可以将长江经济带作为一级斑块（陈修颖，2007），内部的城市作为二级斑块。在城市内部，依据不同的定位或规划的差异也可以划分为核心区、发展新区、生态涵养区等（谭峻和苏红友，2010）。

其他维度的等级斑块划分也基于类似的方法。对于生态功能，基于全国主体生态功能区划可划分出一级斑块（欧阳志云，2007），如防风固沙斑块。在斑块内部再基于生态功能的差异划分出二级斑块，如生物多样性保持、水源涵养、木材供给等。对于水的生态过程，可以依据流域特征划分出一级斑块，然后在其内部划分出二级子流域斑块。对于热的生态过程，可以依据局地气候区特征划分一级斑块（Stewart and Oke，2012），然后根据其内部下垫面的温度差异划分二级斑块（Zhou et al.，2014）（图3-3）。

面向对象的图像分析技术可实现多等级生态网格的快速、自动划分（Qian et al.，2015a）。该技术基于栅格图像的像素值进行影像分割，通过异质性阈值的设定划分出斑块边界。设置较大的阈值可划分出大尺度的一级斑块，然后在一级斑块中设置较小的阈值可划分出下一等级的小尺度斑块，形成多等级斑块。面向对象的方法不仅广泛适用于各类遥感影像，也适用于各类生态过程、功能等的反演和评价产品，如地表温度、气溶胶光学厚度、植被净初级生产力等。为实现各类斑块的分类，可充分利用机器学习的优势，如决策树、支撑向量机、深度学习算法等，将多等级斑块的划分原理转化为计算机的算法、规则和流程，结合多源数据实现多等级生态功能网格的自动划分。

3.1.2.2　多等级生态功能网格评价

在多等级生态功能网格划分的基础上，自上而下地开展系统的、整体的生态评价。以等级斑块为载体，可全盘考虑区域的整体结构，包括斑块间的水平空间关系和垂直隶属特征，实现空间全覆盖的评价。评价内容包括格局、过程、功能的评价，以及生态重要性、脆弱性、敏感性评价等（邱彭华等，2007）。例如，各类型斑块面积的此消彼长，相互转化；不同层次斑块的景观格局指数，如绿地破碎度的特征和变化（Qian et al.，2015b）；各类型斑块相邻关系特征、斑块间的近程和远程耦合等。在系统、整体的基础上，通过斑块垂直结构的分解，可实现多等级的、有针对性的评价分析，如在第一等级的重要森林景观内部评价人类活动斑块的变化，在城市景观内部评价棚户区改造的变化。

在整体性和系统性的基础上，需要结合生态系统维度的服务供给和社会维度的人类需求，评价斑块的供需特征（李芬等，2010；景永才等，2018），确定监管的优先级。进而构建生态公平的、可持续的等级斑块体系。以城市热岛为例，夏季城市低温区域的网格内部人为活动很少，则温度调节服务的供应多而需求少，温度调节服务的供需比很大，不需要太多的生态监管；相反，如果在城市高温区域的网格内部人为活动的强度很高，并且主要以脆弱人群为主，如老人和病人。那么该网格的温度调节服务的供需比很小，甚至为赤字，需要进行严格的生态监管。

生态评价的另一个重要因子则是网格单元的动态度。格局、功能、服务等都具有动态度特征（王思远等，2010；程琳等，2011），生态系统内部格局的改变会导致该网格单元功能、服务的变化。因此，等级斑块重点关注的景观格局动态度。生态系统格局的变化大体有两种情况：一种是自然的演替，包括植被的自然生长、土地的退化等；另一种是干扰，包括由城市化引起的人为干扰，如耕地转化为城市、由退耕还林政策引起的耕地转变为林地，以及由自然现象造成的干扰，如闪电、台风等（陈利顶和傅伯杰，2000）。自然演替的变化是连续的、缓慢的、具有自我恢复力的；而人为干扰引起的变化往往是突变的、快速的、有着倾向性的。动态度的评价需要明确生态网格的变化类型（如自然演替或人为干扰）、变化方向（如森林变成城市或裸地变成草地）和变化速度（如每年都变化或是多年变化一次）。动态度评价结果可为监测和管理的频率设定提供依据。

为明确每个生态网格在整体中的主导功能和需求，需要耦合生态系统服务评价、生态系统风险评价、生态供需服务的综合评价技术，以及动态变化检测技术。生态系统服务评价可识别提供重要生态系统服务的网格，生态系统风险评价可识别生态系统亟须修复和监管的脆弱和敏感网格，生态供需服务可揭示生态产品和服务是否满足了人们的需求，网格是否存在生态问题和风险。动态变化检测技术反映了斑块的稳定性，以明确有无重点监管的必要性。利用层次分析法（analytic hierarchy process，AHP）、千层饼模型等方法，可耦合网格的生态服务、风险、供需、动态等特征，为差异化的监管策略提供科学依据。

3.1.2.3 差异化监管策略制订

差异化是生态监管策略的核心与关键。该策略以多等级生态网格体系为监管对象，以斑块网格单元的评价结果为监管依据。首先明确网格的监管目标是发展还是保护，然后综合分析网格的生态功能、生态重要性、动态度、生态供需、面积大小、行政权属等特征。基于网格的监管目标和复合属性来设置其差异化的生态监管策略，明确网格监测的优先级别、监管频率、监管要素、监管范围、监管技术、监管主体等（图3-4）。此外，网格的监管还受其上级网格监管策略的约束，进而平衡局部与整体的关系，正确认识网格单元的主导功能，确保生态系统的监管向可持续的方向推进。

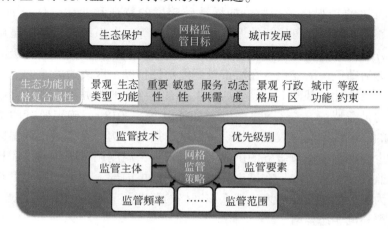

图3-4　差异化监管框架

差异化的监管要综合权衡多等级网格的属性来制订相应的监测策略。例如,生态重要性高、稳定性低的区域需要设置较高的监管优先级别,较为严格的管控策略。相反,生态重要性低,稳定性高的区域则可设置较低的优先级,频率较低的监管。大面积、可达性差的网格可采用遥感的监管手段,而小面积、可达性好的网格可采用实地调查的监管方法。差异化的监管可以根据生态功能网格单元的特征,科学合理地设置监管策略,更加高效地利用有限的监管资源,提高监管效率。

从监管的主体看,由于同一个网格单元中往往包含着多类生态要素(如土壤、植物、动物、空气、微生物)和生态功能(如食物生产、生物多样性保持、水源涵养、文化服务),同一个生态功能网格的监管往往涉及多个管理部门。因此,需要综合考虑各个要素,统筹协调多个部门来制订监管策略,组织实施监管方案。例如,对各类生态要素的共性指标开展联合监管,多部门共享数据,避免重复建设;对于复合性的生态问题开展多部门联合会诊,提高监管的效率,避免重复建设和浪费。

基于多等级生态功能网格的监管可以服务于面向生态风险和面向生态问题的监管(图3-5),如对于生态红线区域,可采取自上而下的生态监管。首先划分第一等级生态红线网格,然而识别红线内部的高动态度和高人为活动强度的二级网格,针对这些具有较高的生态风险的二级网格,制订高频率、高强度的监管策略。针对出现生态问题的区域,如生态红线内部的违规砍伐,可通过明确该网格及其上级网格的生态功能、生态重要性、管理主体等特征,明确生态问题的监管主体和监管方式。

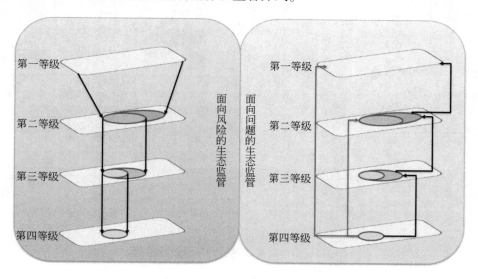

图 3-5 面向生态风险和面向生态问题的监管

3.1.3 多等级生态网格监管的应用潜力与挑战

复合生态系统理论将复杂的生态系统层层剥离解析,为认识和理解生态系统的整体性和系统性提供了指导思想。多等级生态功能网格从空间的角度，将复杂的生态格局、过程、功能、服务等组合到一起，将不同尺度的生态监管融合到一起，形成具有复合属性的管理单元，为复合生态系统理论的落地提供方法和工具。多等级生态网格打通了理论和实践的桥梁，全覆盖的等级斑块体系可实现整体性、系统性监管目标；明确的空间边界可连接网格化的管理方法；多维度的属性可对接分层分类管理政策。

多等级生态网格的监管能够综合多维度、多尺度的信息，实现差异化的生态监管。以图 3-6 中京津冀第一等级森林网格中的两个二级网格为例说明。从土地的生物物理角度，两个网格均为森林覆盖，但是因为其所在的上一级斑块的主体功能不同，南边的森林位于人居保障功能的大都市群区，而北边的森林位于生态调节功能的水源涵养区，其生态监管方式也会有所差别。南边的森林斑块需要考虑城市发展，北边的斑块则要更多地考虑生态保护。此外，通过斑块的行政属性，可以明确这两个斑块的监管主体属于北京市，基于斑块面积可支撑网格的定量化监管。多个等级间的制约体现了整体性和系统性，生态功能与土地利用的博弈体现了不同维度的权衡，展示出该研究框架的先进性。

图 3-6　京津冀等级网格的复合属性示例

多等级生态监管网格框架不仅能够推进生态监管向着全盘统筹的方向发展，也能够支撑不同尺度、不同目标的生态监管。例如，针对区域尺度的生态安全格局构建，该框架可通过多维度的综合分析识别生态系统的关键节点，明确重点监管区域、监管要素及相应监管主体；针对城市尺度的生态环境长期监测，多等级生态功能网格可对研究区分层分类，使得监测点位更具有典型性和代表性，提升监测方案的科学性；针对街道和局地尺度的城市规划设计，多等级生态功能网格可提供全面的自然本底、生态供需等信息，使规划设计更加有效地改善人居环境。此外，针对业务化的生态环境保护督察，网格可分析监管的优先级，为监管的有序开展提供支撑。

多等级生态网格需要融合不同行业、不同部门、不同城市的数据开展综合的分析评价。然而，由于多种原因，不同行业、部门、城市间仍然存在数据的壁垒，如监测标准、统计口径、开放程度等。数据的可获取性决定了网格的维度，直接影响分析的系统性和结果的可信度。数据的差异性会影响结果的可比性，进而影响网格的差异化监管策略，如监管优先级、监管程度等。不仅如此，多等级网格的划分和评价往往都针对大区域、大尺度。当利用高空间分辨率遥感影像、高时间密度监测数据等大数据开展数据处理分析时，数据的存储、调用及计算分析，如图像分割、变化检测、景观格局指数计算等也可能存在一定的挑战。然而，随着生态环境调查评估的常规化和规范化，以及空间数据集成分析的快速发展如谷歌地球引擎（Google Earth Engine）平台，多等级生态功能网格应用在大尺度、大区域也是值得期待的。

3.2 基于脆弱性、敏感性和供需关系的生态评价

通过 Web of Science（WoS）和 CNKI 检索有关脆弱性（vulnerability）、生态脆弱性（ecological vulnerability）、生态系统脆弱性（ecosystem vulnerability）以及生态系统服务、生态系统服务供需等关键词（敏感性检索类似），从研究内容、时空尺度、研究框架、指标选择等角度阐述研究现状，同时搜集并建立不同视角下的监管指标体系。

3.2.1 生态监管脆弱性、敏感性和供需关系视角的重点关注问题

3.2.1.1 生态系统脆弱性视角

国际上，通常认为生态系统脆弱性是指生态系统在时间和空间上调节其对压力源的反应的潜力，这种潜力是由生态系统的结构功能决定的，是对生态系统在时间和空间上承受压力的能力的估计（Williams and Kapustka，2000）。国内一般认为生态脆弱性是生态环境受到外界干扰后所表现出的不稳定性特征，或者是在特定时空尺度上，当生态系统受到外界干扰时，系统自身对外界干扰的反应（徐君等，2016）。

研究内容上，国外更关注自然背景下的生态系统的潜力，如气候变化、生物多样性保护、海洋淡水保护等；而国内集中在社会背景下生态系统的反应和评估，如风险评估、粮食生产、贫困现象等。在研究对象上，国外多从自然生态方面着手，主要关注海洋和沿海生态系统、淡水生态系统、森林生态系统、农业或草原生态系统等（Weisshuhn et al.，2018）。国内偏重于社会性质的研究。在时空尺度上，国外对行政区域、河流流域、栖息地等都有涉及。国内多以经济带、行政单元、地理环境及特殊生境为主（鲁敏和孔亚菲，2014）。国内研究主要针对城市（群）、重要生态功能区和典型环境问题频发区，如张家口地区（徐超璇等，2020）、川西北高原地区（姚昆等，2020）、珊瑚礁生态系统（胡文

佳等，2020）、社会生态系统等（黄晓军等，2014）。生态系统脆弱性研究既有特定时间截面的研究，也有长时序的研究（杨飞等，2019）。在研究对象上，国内外以自然-社会-经济系统作为研究对象，构建一系列的指标体系。常见的有成因-结果表现体系、压力-状态-响应体系、多系统评价体系、暴露-敏感-适应体系等（表3-1）。指标选择上，国内外指标选择并无统一规范，缺乏可参考的指标体系。

表 3-1 指标评价体系类型

指标体系	脆弱机理	指标体系	优缺点	典型研究
成因-结果表现体系	生态环境的脆弱性是由自然和人为因素共同作用而成，并以一定的特征表现	主要成因指标选取水资源、干燥度、人均耕地面积、植被覆盖度、资源利用率等；结果表现指标选取退化程度、社会经济发展现状、治理现状等	这类指标体系不仅能体现出生态环境脆弱的主导因素，而且其结果表现指标可以修正成因指标之间的地区性差异，使评价结果更具有地区、区域间的可对比性	（周松秀等，2011）
压力-状态-响应体系	选择限制可持续发展的因子构建评价指标	压力指标描述人类对生态系统造成的负荷；状态指标描述在这种负荷下自然、社会经济状况；响应指标描述社会层次对环境脆弱采取的措施	没有明确的界线，在分析过程中必须把三者结合起来考虑，不能仅依赖某一项指标	（王志杰和苏嫄，2018）
多系统评价体系	通过综合水、土地、生物、气候资源、社会经济等子系统脆弱因子，筛选指标	尽量选择能够突出反映各子系统脆弱性本质特征的指标，并在适时进行关联性分析	能系统性、全面性地反映出区域生态环境的脆弱性，但各子系统指标身份重叠，有一定的关联性，对选择造成阻碍	（陈美球等，2003）
暴露-敏感-适应体系	分析系统抵抗干扰、自我调节恢复的能力和系统暴露于危险干扰下的概率	暴露性反映系统与灾害压力的接近程度；敏感性反映系统在压力下的受损情况；适应能力反映压力下系统的应对及适应恢复能力	多适用于与社会生态系统有关的研究，不同系统的耦合指标有更好的贴合性	（黄晓军等，2020）

总的来说，生态系统脆弱性可总结为在特定的时空范围内，对生态系统发展状态和自我调节能力的描述。目前研究存在两个问题：①研究集中在自然生态系统，对社会经济系统研究有所欠缺；②由于数据获取的难易不同，可操作性较差，导致选取方式难统一，评价结果之间可比性较差，缺乏综合的评价指标体系。

3.2.1.2 生态系统敏感性视角

在概念理解上，国内相比国外认识较为统一，认为生态系统敏感性是指在一定时空条件和同等外力干扰的作用下，生态系统出现生态环境问题的可能性。生态系统敏感性评价实质上是对潜在的生态问题进行明确的辨识，并落实到具体空间区域的过程（徐广才等，2007）。

近年来，国内外对生态系统敏感性研究的关注不断提高。在研究内容上，国外集中在生态系统服务、气候变化及物种变化等方面（Seddon et al. 2016；Hooper et al.，2017）；国内多从生态环境问题进行开展，如酸雨、土壤侵蚀和城市热岛等（荣月静等，2019；付刚等，2018）。在研究对象上，国内多以人为干扰的生态系统为主，常表征为典型城市、自然灾害多发区和生态环境问题易发区等（颜磊等，2009；鲁敏和孔亚菲，2014）；而国外研究以自然背景下的生态系统为主，如大陆架、澳大利亚雨林等（Horne and Hickey，1991）。在空间尺度上，国内多以市（县）中小尺度范围为主，国际上偏向于雨林、海岸带等大尺度的研究（万忠成等，2006），且现有研究多具有较长时序的特点。在理论框架构建上，研究框架多与生态系统服务相结合（Hu et al.，2019）。在指标选择上，国内主要通过对生态环境问题进行分析，用气候、地形、土壤等影响因子对生态系统敏感性进行划分；国际上，多从生态失衡的角度选取指标，突出生态系统的变化程度（Pierfrancesca et al.，2007）。

总之，生态系统敏感性可理解为在一定时空内，生态系统受到内外界干扰，发生生态失衡和区域生态环境问题的可能性。现有生态系统敏感性评价存在几个问题：①评价忽略了生态过程和系统时空变化的影响；②指标选择多集中在自然方面，对社会和经济方面考虑较少；③权重赋值较为主观，对评价方法选择依据的阐述较少；④生态敏感性的研究层次、指标量化有待深入，应结合空间大数据、遥感与地理信息技术进行实践探讨。

3.2.1.3 生态系统服务供需视角

生态系统对人类的福祉被称为生态系统服务。国内外理论与案例研究多集中在供给方（Rau et al.，2019）。目前对生态系统服务供给有两种看法：①生态系统服务供给是指在一定时空条件下，生态系统提供一定数量的生态系统商品和服务的能力（Burkhard et al.，2012）；②生态系统服务供给是从潜在供给传递出来的最终服务量，另外对生态系统服务的需求没有一个统一表述（严岩等，2017）。主要分为三种：①生态系统服务需求是在一定时空条件下，消费或使用的所有生态系统商品和服务的总和（Burkhard et al.，2012）；②生态系统服务需求是人类个体对特定属性生态系统服务偏好的表达；③生态系统服务需求为人类社会消耗或期望获得的生态系统服务数量（颜文涛等，2019）。

研究内容上，供需关系已经成为生态系统服务研究的一个重要方向，也是生态系统服务研究的热点（严岩等，2017；翟天林等，2019；吴晓和周忠学，2019）。生态系统服务供需研究包括供需空间辨识、质与量的评估、动态影响机制、均衡及空间匹配分析（郭朝琼等，2020）。在空间尺度上，国外多以河流、山脉等自然条件划分研究区，国内主要以行政单位及经济区划分研究区，总体以中小尺度的研究居多（郭朝琼等，2020；马琳等，2017；翟天林等，2019）。时间尺度上，涉及时间段内的研究较少（Burkhard et al.，2012；Villamagna et al.，2013；马琳等，2017；严岩等，2017；刘立程等，2019；颜文涛等，

2019；翟天林等，2019；Wang et al.，2019）。供需关系的研究框架多样化导致选取指标的多样化（郭朝琼等，2020）。指标选择上多针对服务供给方，指标主要采用产量或者生产力作为评估指标，如粮食产量、产水量、农作物产量、薪柴面积等。由于缺乏数据支持和理论基础，导致对需求指标量化的研究较少（邓煌炜和廖振良，2020），但需求取决于社会经济发展水平（张彪等，2010），可选取消费、偏好、感知或经济价值指标来表达（Wei et al.，2017），如用水量、人均消耗量或者调查和统计的消费数据等（郭朝琼等，2020；严岩等，2017）。

总的来说，生态系统服务供给可理解为生态系统为人类生产提供的产品与服务；生态系统服务需求可理解为人类对生态系统生产的产品与服务的消费与使用。供需差异，形成了生态系统服务从自然向人类社会系统的动态过程。目前生态系统服务供需关系存在一些问题：①需求研究定量化，供需关系无法权衡；②指标选择缺乏经济学规律探析以及服务空间流动的时空动态模拟。

3.2.2 生态系统脆弱性–敏感性–供需关系动态指标体系

3.2.2.1 不同生态系统指标体系构建

生态系统具有复杂的结构形态和功能特征，为了体现生态系统监管的科学性、客观性，综合考虑自然、社会经济因素，兼顾指标的可操作性和可比性，把脆弱性、敏感性分别作为基础指标和潜力指标，生态系统服务供需指标作为功能描述指标，按照一定的监测频率组合成生态系统动态监测指标体系。此体系可描述生态系统的基本状态，还可针对具体目标和需求，在基础体系上开展有益的修改、拓展与扩充。

1）森林生态系统

森林生态系统拥有丰富的物种、复杂的营养级和食物网关系。在指标体系构建中，着重考虑森林动植物的类型、结构、珍稀性以及区域地形地貌特征，并结合相关的人为干扰指标（表 3-2）。

表 3-2　森林生态系统评价指标体系

影响因子	脆弱性	敏感性	动态度	供需关系
土壤条件	土壤类型、土壤质量	水土流失程度、土壤污染程度	5 年 1 次	森林固土、森林保肥
地形地貌	坡度、坡向、海拔、地形起伏度	土地利用类型、植被覆盖率	10～20 年 1 次	调节径流、减少流沙淤积
结构功能	群落层次结构、郁闭度、单位面积蓄积量、生物多样性、森林结构、植被结构类型	物种受影响程度、珍稀、濒危、受威胁动植物种情况、入侵植物比例、森林消长比例	3 年 1 次	生物多样性维系、生物多样性利用、珍稀濒危生物保护、营养物质积累、循环、固碳释氧

影响因子	脆弱性	敏感性	动态度	供需关系
气象水文	温度、降水量与时空分布、降雨强度、大气质量	水质指标、水域缓冲区、水体污染程度、森林气象灾害	实时监测	调节温度、湿度、水量、净化水质、吸收有害气体、削减粉尘
自然人文	人口密度、人均 GDP、木材采伐总价值、木材生产量、对森林经营的资金投入、林区道路密度	道路缓冲区、景点密度、林火灾害面积与频率、森林病虫害、林地保存率	5 年 1 次	文化教育、旅游、森林游憩、就业、林木、林副产品、产业经济、科技研究

2）草地生态系统

草地生态系统以草本占优势的生物群落为主。在指标体系构建中，以草本植物的生物群落为主要对象，重点考虑草地土壤条件、结构功能和气象水文影响因子（表 3-3）。

表 3-3　草地生态系统评价指标体系

影响因子	脆弱性	敏感性	动态度	供需关系
土壤条件	土壤质地、土壤类型、土壤肥力、土壤 pH、土壤盐分含量、土壤养分含量、土壤孔隙度、土壤湿度、土壤厚度	土壤侵蚀强度、土地沙化程度、土壤污染程度、土壤盐渍化程度	5 年 1 次	减少表土损失、保持土壤养分
地形地貌	海拔、坡度、裸土率、坡向	土壤侵蚀面积、土地沙漠化面积、土壤污染面积、土壤盐渍化面积、沙丘移动距离	10～20 年 1 次	侵蚀控制、减少泥沙淤积、截留降水、牧草供给
结构功能	群落组成结构、群落多样性、种群密度、物候期、植被类型、草地植被覆盖度、地上部分生物量	归一化植被指数（NDVI）、土壤调节植被指数、群落退化程度	3 年 1 次	有肉、毛、奶等畜牧业产品，营养物质积累、循环，固碳释氧，花粉传递，废弃物降解
气象水文	降水量、温度、干燥度、极端天气日数、日照时数、地下水水位	积温、水流路径距离、光合有效辐射、草地灾害	实时监测	涵养水源、气候调节、净化空气、水热调节
自然人文	人均 GDP、人口密度、垦殖率、产草量、载畜密度、牧民人均纯收入、牲畜种类、可利用牧场面积、人工草地比例、天然草地比例、牧业人口比例、牧业社会总产值比重、抗自然灾害投入额、人均草场面积	道路缓冲区、施肥量、药剂施用量、区域道路密度、居民点密度、土地利用类型、人为地表破损率、植被盖度变化	5 年 1 次	民族文化、宗教、社会关系、知识系统、美学价值、自然景观、气候特色、旅游、游憩

3）农田生态系统

农田生态系统与其他生态系统相比，受到更多的人为干预和支配。该体系构建应重视人为管理情况，如施肥、农药使用、轮作方式和种植周期等；在土壤条件方面，重点关注土壤类型和有机质含量、灌溉条件等。农田生态系统遵循自然规律发展的同时，还受到经济规律的制约，在经济影响角度，多考虑农业经济发展状况、周边设施密度和人均耕地面积等。在功能方面，粮食供给是农田生态系统主要的功能服务（表3-4）。

表3-4 农田生态系统评价指标体系

影响因子	脆弱性	敏感性	动态度	供需关系
土壤条件	坡度、坡向、海拔、耕层厚度、土壤类型、土壤肥力	土壤盐渍化程度、土壤侵蚀程度、土壤污染程度、土壤性质恶化程度	5～10年1次	水源涵养、土壤形成与保护
结构功能	复种指数、植被覆盖度、耕地比例、粮食单产、粮食总产量、生物多样性、田间持水量	病虫害发生率、作物污染物含量、杂草面积占比、作物存活率、死亡率	3～5年1次	农产品及原材料生产、废弃物处理、维持养分循环、维持生物多样性、负服务、固碳释氧
气象水文	温度、降水量及时空分布、日照时数、蓄水量、气候生产潜力指数	干旱指数（SPI指数）、湿润指数、降水侵蚀力、灾害天气（霜冻、洪涝等）、地下水污染物浓度	每年1次/实时监测	净化大气
自然人文	污水治理率、化肥施用量、有机肥施用量、除草剂施用量、农药使用量、地膜使用量、土地灌溉率、种植制度、农田灌溉水质量、灌溉方式	农药、地膜残留量、耕地机械化率、耕地利用方式、耕地制度改良、道路缓冲区、地下水污染程度、土地垦殖率、农田地表径流中的营养要素含量	每年1次	提供美学景观、社会关系、知识系统
社会经济	农业GDP、农民人均GDP、耕地保护政策、人均耕地面积、人口密度、道路密度、建筑密度	第一产业占GDP比例、人均粮食占有量、GDP增长率、城镇化率、农村固定投资额	每年1次	社会保障功能、休闲旅游价值

4）荒漠生态系统

荒漠生态系统是一个以超耐旱植物占优势的生态系统，主要考虑水分和温度以及优势物种等指标。生态系统功能方面多考虑文化旅游、水文调节、防风固沙等方面（表3-5）。

表3-5 荒漠生态系统评价指标体系

影响因子	脆弱性	敏感性	动态度	供需关系
土壤条件	粉砂含量、土壤层厚度、土壤饱和含水量、土壤类型、土壤热导率、土壤结皮因子、土壤盐分含量、土壤湿度	土壤侵蚀程度、土壤沙漠化程度、土壤盐渍化	5～10年1次	防风固沙、土壤保育

续表

影响因子	脆弱性	敏感性	动态度	供需关系
地形地貌	海拔、坡度、坡位、地表反射率、地表粗糙度、沟壑密度、沙地面积百分比、景观均匀度指数（SHEI）、景观蔓延度	土壤侵蚀面积、土地沙漠化面积、土地盐渍化面积、沙丘移动距离	10 年 1 次	侵蚀控制
结构功能	植被覆盖度、生物丰度指数、植被类型、物候期、叶面积指数	净初级生产、植被覆盖度、生物多样性	3～5 年 1 次	固氮释氧、生物多样性保育、营养循环、调节气温、有害物质的降解
气象水文	水资源总量、降水量、温度、蒸发量、日照时数、积雪厚度、风速日数、极端天气日数、地下水水位	气候灾害频率、积温、水体面积、干燥度、年扬沙日数、年大风日数、年沙尘暴日数、水网密度	每年 1 次/实时监测	水资源调控、净化空气
自然人为	人口密度、恩格尔系数、GDP 增长率、农牧民纯收入、荒漠治理投资额、节水灌溉面积、水资源污染程度	道路缓冲区、居民点密度、建筑密度、土地利用类型、垦殖面积、土地破坏面积	每年 1 次	旅游文化

5）城市生态系统

城市生态系统是一个综合系统，以人为主体，系统无法靠自身完成物质循环和能量转换。在指标选择方面与自然系统有很大的差异，研究重点应注重绿地系统、社会经济系统和人工生态系统给人类提供的服务等（表3-6）。

表3-6 城市生态系统评价指标体系

类型		脆弱性	敏感性	动态度	供需关系
自然系统	资源结构	土地类型面积、森林植被面积、水资源量、矿产储量、生物物种数量、地貌类型、城市绿地面积	水污染程度、大气污染程度、土壤破坏程度、生物多样性破坏程度、资源开采程度	5～10 年 1 次	固氮释氧、吸收 SO_2、NO_x、滞尘、降噪、降温、灾害天气抵御、气候调节、能源生产、供粉、生物多样性维系、净化大气、保育土壤、涵养水源
	人为干扰	三废排放量、化肥农药地膜施用量、木材生产量、土地垦殖面积、污染处理率		3 年 1 次	
	气象水文	城市降水量、温度、干燥度指数、市区总悬浮颗粒物均值		每年 1 次/实时监测	
	社会经济	城市环境设施投资额、从事环保人员数、能源工业投资额、能源事业人数、环保和能源行业产值		每年 1 次	

类型		脆弱性	敏感性	动态度	供需关系
经济系统	经济结构	第三产业比例，第三产业增加值占GDP比例，轻重工业产值在工业总产值中的比例，农林牧渔业产值占第一产业比例，固定资产投资占GDP比例，生产性、非生产性投资比例	宏观经济预警指数、经济停滞化、经济泡沫化、通货膨胀化、投资弹性系数	每年1次	进出口贸易服务、促进就业、产业发展、社区凝聚力增强
	经济发展	食品支出总额、个人消费支出总额、GDP增长率、人均GDP、万元GDP综合能耗、万元GDP碳排放量、固定资产投资率、经济外向度		每年1次	
	经济效率	投入产出率、生产性投资产出率、固定资产交付使用率、资产负债率、银行存贷比、工业经济效益指数、全社会劳动生产率、总资产周转率、流动资产周转次数、产成品库存周转率、产品销售率		每年1次	
	经济创新	科技支出占地方财政支出比例、R&D投入占GDP的比例、专利授权数量		每年1次	
社会系统	人类发展	每10万人口各级学校在校学生数、主要劳动年龄人口中受过高等教育的比例、年龄结构、性别比例、人口自然增长率、人口迁入率与迁出率、人口结构	生存保障指数、社会分配指数、社会控制系统、经济支撑系统社会心理系统、外部环境系统	5年1次	美学、精神、娱乐、科研教育、景观游憩、防震减灾、医疗服务功能、就业服务功能
	基础建设	百人拥有移动电话数、百人拥有国际互联网用户数、建成区排水、供水管道密度、人均城市道路面积、人均居住面积、万人拥有公共汽车数、万人拥有图书册数、每千人卫生机构床位数、万人拥有医生数		10年1次	
	社会环境	社会保险覆盖率、第三产业就业比例、个体和私营从业人员数、就业率与失业率、城乡居民收入差距指数		每年1次	

6）湿地生态系统

湿地生态系统有着丰富的动植物资源，不仅能净化环境，同时还能提供丰富的水资源和经济收益。研究指标选取应注重湿地的结构功能和社会经济方面的指标，由于湿地是水域和陆地的过渡地带，其生物多样性也不容忽视，需结合水域和陆地选取相关指标和特色性指标（表 3-7）。

表 3-7　湿地生态系统评估指标体系

影响因子	脆弱性	敏感性	动态度	供需关系
土壤条件	土壤类型、土壤质量	湿地面积退化率、土地盐碱化增长率	5 年 1 次	固土保肥
地形地貌	坡度、坡向、海拔、地形起伏度	土地利用类型、植被覆盖率	10～20 年 1 次	调节径流、减少流沙淤积
结构功能	群落层次结构、生物多样性、植被结构类型	污水处理率、入侵植物比例、典型植物比例	3 年 1 次	生物多样性维系、生物多样性利用、珍稀濒危生物保护、营养物质积累、循环、固碳释氧
气象水文	降水量与时空分布、气温、大气质量	水域形状、水质指标、水域缓冲区、水体重金属、氮磷钾含量	实时监测	调节温度、湿度、水量、净化水质、吸收有害气体、削减粉尘
自然人文	人口密度、湿地研究投资占 GDP 比例	道路缓冲区、景点密度、富营养化面积、城镇化率	5 年 1 次	文化教育、旅游、产业经济、科技研究

7）海洋生态系统

海洋生态系统中植物以各种藻类为主，动物以鱼类为主。海洋生态系统中土壤条件是非必要条件，应更加关注结构功能和人为干扰方面，尤其是海陆交错带的人为干扰方面，指标选择多与海水质量、生物多样性、环境污染程度、海洋经济有关等（表 3-8）。

表 3-8　海洋生态系统评估指标体系

影响因子	脆弱性	敏感性	动态度	供需关系
结构功能	海洋初级生产力、蚀淤面积比例、海洋资源占用面积比例、海水水质指标、底栖生物量、鱼卵仔鱼数量、潮间带生物群落结构指标、初级生产力、航道容量、海洋自然资源存储量	海洋物种多样性、海洋生物质量综合指数、海洋灾害频率、海水质量综合指数、沉积环境质量综合指数、海水净化能力、自然资源人均占有量和产品单位价值、泥螺入侵面积占潮间带总面积的比例	3～5 年 1 次	食品生产、原材料生产、基因资源、废物处理、生物多样性维持、营养循环、固氮释氧、水质净化、初级生产
人为干扰	渔业资源年产量、海洋产业结构和生产总值、GDP 增长率、区域人口密度、海水养殖密度、工业废水排放合格率、最大可捕获量、人类利用开发面积、海洋科研经费投入以及科研水平、万元 GDP 的环保投入比例衡量、围海造田面积	海洋污染面积、人均海洋捕捞产量、沿海地区工业废水排放量与海岸线长度之比、主要捕获种类产值、海域利用率	每年 1 次	休闲游乐、科研文化功能

影响因子	脆弱性	敏感性	动态度	供需关系
地质地貌	海域面积、海洋沉积物质量	海域可利用方式	10年1次	栖息地、防止岸线侵蚀
气候条件	降水量和分布、温度	风暴潮、灾害性海浪、海冰、赤潮、海平面上升、海水入侵与土壤盐渍化的破坏程度	实时监测	气候调节

3.2.2.2 脆弱性、敏感性、供需评价方法分析

生态脆弱性评价要经历三个步骤：首先，明确研究对象，建立评价指标体系；其次，确定指标体系中各因子的权重；最后，利用相应的数学原理和统计模型进行分析。脆弱性评价常用的指标权重确定方法包括主观赋权法（层次分析法、模糊评价法、环境脆弱指数法等）和客观赋权法（主成分分析法、集对分析法、综合评价法、灰色关联法等）（张学玲等，2018），评价方法对比见表3-9。

表3-9 生态系统脆弱性评价方法

评价方法	研究思路	适用范围	优点	缺点
层次分析法（韦晶等，2015）	根据研究对象的结构和功能等特征，选择评价指标、评分值及权重，将评分值与其权重相乘，加和得到总分值，据总分值划分脆弱度等级	适用于多种类型生态系统脆弱性的评估	计算过程简单，可根据研究对象特征进行选择，应用广泛	评价过程主观性强，忽略了指标的内在关系
模糊评价法（吴春生等，2018）	根据脆弱性最高和最低限度，设定一个参照系统，然后计算研究区域与参照系统的相似程度，从而确定研究区域的相对脆弱程度	适用于初步脆弱性程度的判定，适用于不同大、小尺度的脆弱性评价	计算方法简单且不用考虑变量的相关关系	参照系统选取主观性强，只能反映相对大小，对脆弱性因子反映不够明显
主成分分析法（徐超璇等，2020）	先计算特征值和特征向量，通过累计贡献率计算得到主成分，最后进行综合分析	适用于指标资料较全面且指标之间相关性强的指标体系的脆弱性评估	能保证原始指标信息的真实性，可客观地确定指标权重	存在一定的信息损失
环境脆弱指数法（王让会和樊自立，2001）	先确定指标、权重及其生态阈值，根据公式计算脆弱性指数，划分脆弱度等级	适合于某一区域的内部比较	可将脆弱度评价与环境质量相结合	结果是相对的，不是绝对的
综合评价法（张龙生等，2013）	由现状评价、趋势评价及稳定性评价组成	适用于有长期积累数据资料的小范围脆弱性评价	该方法评价全面，结果较为完善	研究复杂，内容较多
集对分析法（韩瑞玲等，2012）	集对分析法是一种新型的处理模糊和不确定问题的数学工具	用于某一区域内的时序动态评价	计算简单；能有效地分析和处理不精确、不一致、不完整等各种不确定信息	系数的取值问题如何确定

评价方法	研究思路	适用范围	优点	缺点
基于3S技术的评价方法（姚昆等，2020）	将统计数据转换为栅格数据，配合原有的矢量化数据，通过对各评价因子进行叠加分析和制图，实现空间表达和对比分析	可用于区域及区域内各评价单元的分析及时空动态对比分析	数据处理快，易于管理及精细分析和预测	软件数据处理技术要求相对较高
函数模型法（陆海燕等，2020）	基于对脆弱性要素理解，通过变量的对应关系，对系统结构和功能进行分析，运用函数模型评估之间的关系	可用于影响因素和脆弱性间存在复杂非线性关系时的脆弱性评估	能较准确表达了脆弱性影响因素间的耦合效应，突出脆弱性产生的内在机制和特性等	指标要素之间相互关系没有统一的认识，方法有局限性
灰色关联法（郭婧等，2019）	根据因素之间发展趋势的相似或相异程度来衡量因素间关联程度的方法	要求最优指标明确且只有少量指标；适用于相邻生态系统和其子区域之间的弱性程度比较	计算过程简单，客观性强	需要各指标间具有一定关联度，且只判断指标的相对优劣，不能表达绝对水平

生态敏感性评价的一般步骤：①明确研究对象，确定生态敏感因子，建立相应的评价指标体系；②单因子生态敏感性评价；③生态环境问题敏感性评价；④生态敏感性综合评价。生态敏感性评价多采用定性与定量相结合的方法进行评价，主要的研究方法有层次分析法、综合指标法（万忠成等，2006）、加权叠加法、生态因子组合法等，此处主要详细说明后两种方法，如表3-10所示。

表 3-10　生态敏感性评价方法

评价方法	研究思路	适用范围	优点	缺点
加权叠加法（张广创等，2020）	加权叠加法是将选择的各个评价因子进行分级，在ArcGIS的支持下建立各评价单因子专题图，然后确定各个因子的相对权重，利用ArcGIS的空间叠加分析功能，进行综合评价	具备服务影响因素的空间数据；数据搜集需要全面准确	容易理解，操作简单，应用广泛	各因子相互独立，且因子选择和权重确定对评价者的专业知识和评价经验要求较高
生态因子组合法（徐广才等，2007）	生态因子组合法分为层次组合法和非层次组合法。层次组合法是先将生态因子归类组合进行评价，再组合因子作为新因子，与其他因子进行组合，最后判断各评价单元的等级，非层次组合法是将所有的生态因子一起组合去判断各评价单元的等级	变量之间具有复杂的关系	可用较少因子反映原始资料的大部分信息	这种评价方法还不成熟，相关理论研究较少，没有形成一套完善的评价体系

选择合适的指标和量化方法是评估生态系统服务供需关系的关键步骤。但由于生态系统服务供需的空间化方法尚不成熟，研究区域、目的、对象和数据不同，导致方法多样化，所用评估方法大多属于供给评估方法，且各具优劣。主要包括能值法、市场价值量法、物质量法及生态足迹法等（表3-11）。

表3-11　生态系统服务供需评估方法

研究方法	研究思路	适用范围	优点	缺点
能值法（孙玉峰和郭全营，2014）	以太阳能值衡量各种能量的能值	需要选择适合能值量化的参数	能够将能量、物质和货币统一定量分析，转换过程客观、科学	对一些服务功能的表示和区域适用性不确切，计算复杂，难度较大
市场价值量法	用货币表示生态系统提供的各项服务功能	适用于工程项目立项的决策	对比方便	计算重复，国内外适用性问题，易受外界影响
物质量法	从物质的角度评估，评估结果以实物的形式表现出来	适用于目的是分析生态系统服务可持续性的评价	结果客观直接	评估结果单位不统一，不具可对比性
生态足迹法（郭慧等，2020）	能够持续地向一定规模的人口提供发展所消耗的资源和消纳所产生废物的具有生物生产能力的土地面积或水体	适用于资料数据较为全面的评估	评估结果具有全球可比性；资料可获性和操作性较强	核算结果覆盖不完全，不能分开计算特定类型的生态系统服务的供需关系，忽略微观角度，模型精度有待提高
单位面积价值（当量因子法）（王文美等，2013）	在不同生态系统服务功能的基础上，构建不同类型生态系统服务功能的价值当量，结合生态系统的分布面积进行评估	适用于不同尺度上的服务供给评估	结果客观真实，各服务功能单位统一，便于对比	需要数据量较大，过程复杂
单位面积服务（功能价值法）（彭建等，2017）	根据是否有市场存在，服务功能价格法分为实际市场法、替代市场法及虚拟市场法三大类	多应用于保护区、流域、城市、镇和村等中小尺度	可以较准确地评估某些服务的价值	输入数据多，计算复杂，其中的替代市场法和虚拟市场法评估的精确性不高
公共参与法（Peña et al.，2015）	通过利益相关者的认知、支付意愿和偏好来研究生态服务的供给和需求	适用于多种供需关系的评估	较真实地反映了不同利益相关者的服务需求	主观性较大，需耗费大量人力物力，更适合用于景区、城市等小尺度研究
土地利用转移矩阵法（Burkhard et al.，2012）	将研究区域所涉及的土地覆盖与生态系统分别分类进行评估，建立生态系统服务供应与需求矩阵分别量化生态系统服务供需，土地利用和覆被为基础	从局部到区域尺度，可用于具有高度复杂性和不确定性的生态系统服务评价中	操作简便，对数据要求低	普适性差，评估结果易存在较大的不确定性，不足以充分体现供给和需求的内部异质性和边缘效应

续表

研究方法	研究思路	适用范围	优点	缺点
数据空间叠置 （Serna-Chavez et al.，2014）	不需进行复杂的模型计算，将影响服务供需的各个因素叠加，利用阈值等准则限定供给和需求的区域和程度	具备服务影响因素的空间数据；数据搜集需要全面准确	操作简便	对数据要求高
InVEST 模型 （刘立程等，2019）	用户根据决策需求，选择相应模块，输入需求数据并设参数，完成相应决策过程	可适应不同数据条件、结果要求和各种尺度范围	操作简便，适用性强，在国内外应用广泛	该方法只适用于对生态系统服务供给的量化，难以进行需求分析，模型结构较为简单、功能相对较少，案例应用研究也相对较少

3.2.2.3 指标权重确定方法

确定生态系统脆弱性-敏感性-供需关系评价指标体系后，需根据生态系统与各指标之间的关系对评价指标赋予权重。目前使用的评价指标权重方法有很多，如德尔菲法、层次分析法、模糊评价法、主成分分析法、熵权法等（表 3-12）。

表 3-12 评价指标权重方法对比

研究方法	研究思路	适用范围	优点	缺点
德尔菲法 （张德君等，2014）	通过专家根据对各指标的权重进行判断	适用于相对稳定系统的静态评价	具有较强的针对性，可操作性强	主观性较强，实际应用有所局限
层次分析法 （韦晶等，2015）	根据研究对象的结构和功能等特征，选择评价指标、评分值及权重，将评分值与其权重相乘，加和得到总分值，据总分值划分评价等级	适用于多种类型生态系统的评估	计算过程简单，可根据研究对象特征进行选择，应用广泛	评价过程主观性强，忽略了指标的内在关系
模糊评价法 （吴春生等，2018）	根据研究内容最高和最低限度，设定一个参照系，然后计算研究区域与参照系的相似程度，从而确定研究区域的相对程度	适用于初步的判定，以及不同大、小尺度的评价	计算方法简单且不用考虑变量的相关关系	参照系统选取主观性强，只能反映相对大小
主成分分析法 （徐超璇等，2020）	先计算特征值和特征向量，通过累计贡献率计算得到主成分，最后进行综合分析	适用于指标资料较全面且指标之间相关性强的指标体系	能保证原始指标信息的真实性，可客观地确定指标权重	存在一定的信息损失
熵权法 （郭婧等，2019）	用熵值来判断评价指标的离散程度，熵值越小，指标的离散程度越大	适用于底层的指标，分类较细	具有较高的可信度和精确度，算法简单，实践方便	权重比较难确定，对样本的依赖性比较大

3.3　基于多等级生态网格的房山区监管

　　针对房山区的生态监管，结合城市复合生态系统理论、等级斑块动态范式、多功能景观理论，构建多等级功能网格，识别不同尺度上的斑块生态结构、功能、服务，分析斑块间和上下等级间的关系，为生态监管提供总体框架和技术方法。通过耦合多等级生态功能网格的划分、评价和监管，可实现系统、整体、差异化的生态监管，为生态文明的建设提供有力支撑。

　　多等级框架由三个部分组成：①多等级生态功能网格识别与划分；②多等级生态功能网格评价；③差异化监管策略制订。多等级生态功能网格识别与划分的目的是明确监管单元的空间范围，为评价和监管提供空间显性的监管对象。多等级生态功能网格评价的目的是为生态监管提供科学依据，通过翔实的分析和评价来支撑差异化的管理。差异化监管以多等级生态功能网格为对象，以评价结果为基础，针对不同斑块的特征定制相应监管策略。同时，差异化的监管结果也可作为生态功能网格的边界优化和评价指标的调整依据，实现自我迭代的网格边界和监管方案优化。

　　将多等级生态功能网格的方法落实到具体的区（县）时，可针对行政管理单元的整体、行政单元内部的主要生态系统类型/景观类型，以及城市主要建成区内部三个等级开展生态网格的识别、评价，并针对其特征设置差异化的监管策略。本节以房山区为例，利用多等级生态功能网络监管方法，对房山区的生态监管进行实证分析。通过分析，解析获得房山区的生态功能网格监管的三个等级。其中，第一等级以房山区行政单元边界为监管单元，提出房山区生态环境总体监管的目标与计划；第二等级以生态红线和全国生态功能区划为监管单元，分类分区提出差异化的管控策略；第三等级在第二等级监管单元的基础上进一步划分地块作为监管单元，针对具体地块提出详细的监管指标和具体方案。第三等级网格根据其多维属性分为常规监管网格和重点监管网格。常规监管网格主要基于第二等级的监管策略，重点监管网格包括高动态度网格、城市的生态供需赤字网格（生态供给不足）及森林的高强度人为活动网格，需要根据网格特点来设置针对性的监管方案。

3.3.1　房山区第一等级监管策略

　　房山区是森林、农田、城镇三类景观为基底的区（县）（图 3-7），在 1980～2020 年的 40 年中，其农田面积显著下降，城市面积显著增加，森林的面积略有下降，城市的发展主要以侵占耕地为主，这也导致了房山区的固碳释氧与粮食产量等生态系统服务功能有所下降。因此，未来需要进一步合理规划其森林、农田，以及城镇的比例与空间范围，尤其是控制好永久基本农田保护红线和城镇开发边界的关系，确保城市发展与生态保护的协调。

　　此外，房山区湿地面积有所提升，生态质量变好，土壤保持与水源涵养等生态系统服务功能有所增强，说明房山区的森林生态系统质量有所提升，湿地生态系统保护较好，生

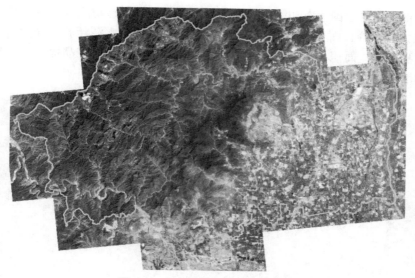

图 3-7　房山区第一等级生态网格

态系统的管理工作取得了一定成效。

为贯彻落实国家生态文明建设要求，推进国家生态文明建设示范市（县）创建。北京市已利用国家《生态环境状况评价技术规范》（HJ192-2015）的综合性指数，即生态环境状况指数（ecological index，EI）开展重点生态功能区（县）生态环境质量的评价考核，并根据 EI 的变化情况分配转移支付资金。怀柔区、密云区和延庆区生态环境状况级别达到"优"，而房山区的生态环境指数虽然高于朝阳、海淀等城六区，但一直略低于北京市的平均值，还有待进一步提升（图 3-8）。

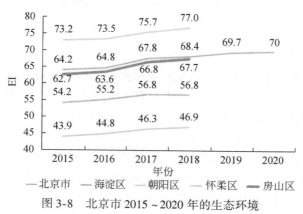

图 3-8　北京市 2015～2020 年的生态环境

3.3.2　房山区第二等级差异化监管策略

房山区分布了大量的生态保护红线（共 634km²，占房山区面积的 31.8%），主要分布在房山区西部。根据全国生态功能区划，房山区包括三类生态功能区，包括东边的大都市群（京津冀大都市群，面积646km²，占比32.4%），西边的水源涵养区（太行山水源涵养与土壤保持功能区，面积517km²，占比25.9%），以及南边的农产品提供区（华北平原农产品提供功能区，面积197km²，占比9.9%）（图3-9）。

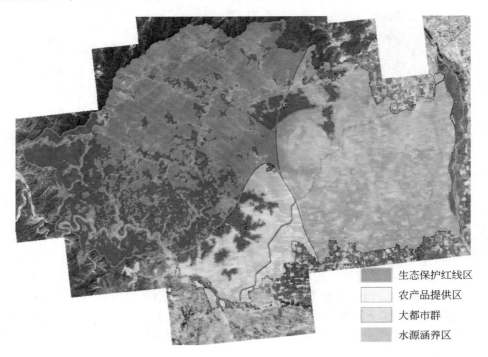

生态保护红线区

农产品提供区

大都市群

水源涵养区

图3-9　房山区第二等级生态网格

3.3.2.1　生态保护红线区

生态保护红线区要维护自然生态系统的完整性和可持续发展空间，保护珍稀濒危动植物物种及其栖息地，保护重要水源地，保存自然文化遗产，保障人类生存发展的生态安全底线。按照有关法律法规和保护实际要求，对生态保护红线实行严格管控，原则上按禁止开发区域进行管理，确保面积不减、功能不降、性质不改。

严禁不符合主体功能定位的各类开发活动，严禁任意改变土地用途。其中，自然保护区、风景名胜区、森林公园、地质公园、湿地公园、自然文化遗产、饮用水水源地保护区、水产种质资源保护区等现有各类保护区域，要遵守已有法律法规的规定；生态功能极重要区严禁一切有损主要生态功能的开发建设活动，保障生态系统服务功能持续稳定发挥；生态环境极敏感/脆弱区严禁一切对生态环境敏感性特征产生加速影响的开发建设活动，要增强生态系统稳定性。表3-13为生态保护红线区网格的监测指标体系。

表 3-13　生态保护红线区网格的监测指标体系

功能区划分	监测指标		监测频度	监测方式
土壤保持 /水源涵养	气象指标：蒸散发、降水量		1 小时 1 次	定位监测
	土壤指标：有机质含量、土壤质地、土壤结构、土壤导水率土壤抗侵蚀能力系数、土壤侵蚀模数、土壤持水量		5 年 1 次	定位监测
	人类胁迫：基建和城市化、围垦等人类开发强度		每年 1 次	定位监测
生物多样性保护	生物资源：动植物种类和数量，优势种数量与质量		每年 1 次	定位监测
	保护物种及受威胁物种：种类、数量及密度		每年 1 次	定位监测
	生物入侵：外来入侵物种的种类及数量		每年 1 次	定位监测
重点河流湿地	湿地资源：水域面积，水质情况，如营养物质的数量、浓度，沉积物中各营养物质浓度、总磷和总硫量及有害物质含量（包括洗涤剂、有机磷杀虫剂及重金属等）		每季度 1 次	样点监测
	水文状况：枯水期、丰水期水位，河流径流量		每季度 1 次	样点监测

3.3.2.2　水源涵养网格（太行山水源涵养与土壤保持功能区）

生态功能保障区要保持生态系统结构的完整性，提升水源涵养、水土保持、防风固沙等生态功能，水土流失和荒漠化得到有效控制，生物多样性得到有效保护，任何开发建设活动不得破坏珍稀野生动植物的重要栖息地，不得阻隔野生动物迁徙路径，开发强度得到有效控制，形成点状开发、面上保护的空间结构。

燕山山地水源涵养与水土保持地区重点加强永定河、潮白河和滦河流域综合治理，提升水源涵养功能，实施风沙源治理、退耕还林还草、三北防护林、首都水资源恢复和保护等重点生态工程，禁止侵占水面行为，保护好河湖湿地，最大限度保留原有自然生态系统；太行山山地水源涵养及水土保持地区重点加强饮用水水源地保护区和水产种质资源保护区建设，严格保护具有水源涵养作用的自然植被，推进造林绿化、退耕还林和围栏封育等生态工程建设，提高森林覆盖率，禁止过度放牧、无序采矿、毁林开荒等行为，加大对矿山环境整治修复力度（表 3-14 ~ 表 3-16）。

表 3-14　森林网格的监测指标体系

调查项目	调查内容	监测指标	监测频度
植被群落	植被结构	乔/灌/草：物种种数、种类、优势种、郁闭度（或总盖度）、分种统计密度、多度、频度、平均高度、生物多样性指数	每年 1 次
	植被生长	物候特征、植被指数（叶面积指数、净初级生产力、生物量）、树干径流量等	连续监测
	林木病虫害	种类、密度、平均病株密度、平均虫口密度	发生时监测
	生物入侵	识别区分外来物种、本地种	每年 1 次

续表

调查项目	调查内容	监测指标	监测频度
动物群落	动物种类	哺乳/爬行/鸟类/昆虫类：动物名称、数量、痕迹种类、密度、地理位置、生物多样性指数等	每年1次
	保护物种及受威胁物种识别	种类、数量、密度	每年1次
	物种入侵	识别区分外来物种、本地种	每年1次
非生物因子	水文水质监测	林分蒸散发、pH、总碱度	连续监测
	土壤监测	物理/化学指标：土壤温度、含水量（10cm、50cm）、有机质、全氮（磷、钾）、有效氮（磷、钾）、重金属元素	每季1次
		土壤微生物：结构多样性、微生物量、土壤脲酶活性、土壤转化酶活性、土壤磷酸酶活性	每年1次
		水土资源保持：林地土壤侵蚀模数	每季1次
	微气象和大气环境观测	风速（1.5m、2倍冠高）、风向、空气温度、湿度、降水量（降雨与降雪）、辐射（净辐射、光合有效辐射等）	连续观测
	地形	高度、坡度、坡向	
	空气质量	空气中 SO_2、NO_x、$PM_{2.5}$、PM_{10} 含量及负氧离子、释氧量	连续观测

表 3-15　草地网格的监测指标体系

调查项目	调查内容	监测指标	监测频度
草地生态系统结构	植被群落结构特征	植物组成、功能群结构、盖度、分种统计密度、多度、频度、优势度、平均高度、草地等级、生物多样性指数	每年1次
	动物群落结构特征	动物名称、数量、痕迹种类、密度、地理位置、生物多样性指数等	连续监测
	保护物种及受威胁物种识别	种类、数量、密度	每年1次
	生物入侵	识别区分外来物种、本地种	每年1次
服务功能	生产力	生物量、牧草产量	每年1次
	径流调节	径流量、径流系数、径流调节系数、草地产流量	每日1次
	土壤保持	径流含沙量、降水侵蚀力、土壤抗侵蚀能力系数、土壤侵蚀模数、草地产沙量、土壤持水量	每日1次
非生物因子	土壤监测	物理/化学指标：土壤温度、有机质、全氮（磷、钾）、有效氮（磷、钾）、重金属元素	每季度1次
		土壤微生物：结构多样性、微生物量、土壤脲酶活性、土壤转化酶活性、土壤磷酸酶活性	每年1次 每季度1次
	微气象和大气环境观测	风速、风向、空气温度、湿度、降水量（降雨与降雪）、辐射（净辐射、光合有效辐射等）	连续观测
	地形	高度、坡度、坡向	
	空气质量	空气中 SO_2、NO_x、$PM_{2.5}$、PM_{10} 含量	连续观测

表 3-16　湿地网格的监测指标体系

监测项目	监测内容	监测指标	监测频度
基本自然环境监测	地质地貌、气象环境因子	位置、地貌类型、海拔、风速、风向、空气温度、湿度、降水量、辐射（净辐射、光合有效辐射等）、土壤机械组成、容重等	自动监测
水文水质监测	水文系统监测	地表水和地下水的盐度、温度、pH、BOD、COD	自动监测
	水质监测	有害物质含量（包括洗涤剂、有机磷杀虫剂及重金属等）、水中营养物质（营养物质的数量、浓度，沉积物中各营养物质浓度、总磷和总硫量）	每年 1 次
土壤监测	潜育化、沼泽化	土壤养分含量及有效态含量、pH、土壤的颗粒组成、孔隙度、透水率等	每年 1 次
生物监测	动物、植物和微生物	物种组成、物种数、种群数量、优势种、生物多样性；水禽的种类、数量、分布、迁徙等	每年 1 次
	保护物种及受威胁物种识别	种类、数量、密度	每年 1 次
	生物入侵	识别区分外来物种、本地种	每年 1 次

3.3.2.3　农产品提供网格（华北平原农产品提供功能区）

生态防护修复区重点保持耕地的数量和质量，保护基本农田，维持良好的农业生态和耕地土壤的微生态环境，地下水超采现象得到控制，鼓励对化工、钢铁、有色金属加工等产业进行淘汰和提升改造，严格控制养殖业发展数量和规模，加强农业面源污染治理，严格控制化肥农药使用量。

燕山山前平原农业地区重点加强基本农田保护，杜绝"以次充好"，提升耕地质量，发展节水型农业，采取发展高效节水灌溉、退减灌溉面积、回灌补源等方式，压减深层地下水开采，推进交通干线、河流绿化及农田林网建设，禁止新建、扩建和改建涉及重金属、持久性有毒有机污染物排放的工业企业，现有的污染企业要逐步关闭搬迁（表 3-17）。

表 3-17　农田网格的监测指标体系

调查项目	调查内容	监测指标	监测频度
农田生态系统负荷	污染负荷程度	化肥施用和农药残留	每季度 1 次
	农田灌溉水质	pH、DO、碱度、重金属元素、Cl^-、SO_4^{2-}、TP、TN、NO_3^-、NO_2^-、NH_4^+、COD、BOD、TOC、有机污染物	每季度 1 次
	土地胁迫	沙化、盐渍化土地	每年 1 次
服务功能	生产力	生物量	每季度 1 次
自然环境因子	土壤监测	物理/化学指标：机械组成、容重、土壤温度、有机质、全氮（磷、钾）、有效氮（磷、钾）、重金属元素	每季度 1 次

续表

调查项目	调查内容	监测指标	监测频度
自然环境因子	土壤监测	土壤微生物：结构多样性、微生物量、土壤脲酶活性、土壤转化酶活性、土壤磷酸酶活性	每季度1次
	微气象和大气环境观测	风速、风向、空气温度、湿度、降水量（降雨与降雪）、辐射（净辐射、光合有效辐射等）	连续观测
	地形	相对高度、坡度	
	空气质量	空气中SO_2、NO_x、$PM_{2.5}$、PM_{10}含量	连续观测

3.3.2.4 京津冀大都市群

京津冀大都市群应重点加大社区公园、街头游园、郊野公园、绿道绿廊等建设力度，保障城市生态空间，提高城市建成区绿地面积，并保障河湖水域面积不减少。结合城市污水管网、排水防涝设施改造建设，提升城市绿地汇集雨水、补充地下水、净化生态等功能。

发展地区重点优化城镇与产业布局，引导人口分布和城镇、产业布局与区域资源环境承载能力相适应，开展地下水超采控制与修复，改善地下水漏斗问题，加快发展绿色产业，严格执行各类生态环境保护标准，防范环境风险，改善人居环境。此外，要避免人口过度增长、城镇化过度扩张、污染型项目对周边生态功能保障区的影响，优化城镇与产业布局，调整产业结构，严格控制建设规模，提高绿化质量，加强绿地的连通性（表3-18）。

表3-18 城市网格的社会经济指标调查和监测指标

监测项目	监测内容	监测指标	监测频次	监测方法
社会经济数据	社会-经济-人口	人口总量、性别、年龄结构、教育程度、职业构成、人均收入、产业结构与布局、城市功能单元	每年1次	社会调查
	资源利用	资源生产、消费和利用率（能源、水、食品、建材、工业原材料）	每年1次	社会调查
	污染排放	工业、生活废水排放量，工业、生活废气排放量，工业固体废物排放量，生活垃圾排放量	每年1次	社会调查
城市生态环境问题	城市热岛问题	热岛强度、热暴露、外出活动、致病感、室内降温方式、避热支付意愿	每年1次	社会调查
	空气质量问题	空气中NO_x、SO_2、$PM_{2.5}$及O_3含量，以及空气质量变化、空气污染成因、空气治理政策	每年1次	定位监测社会调查
	农药喷洒	农药喷洒次数和剂量、市民避让方式、土壤农药残余量、水体农药残余量、鸟类种类及数量	每年1次	社会调查调查样地监测
	植物致敏	致敏物种的分布、花粉浓度和种类	每年1次	样地监测

监测项目	监测内容	监测指标	监测频次	监测方法
生态建设工程	"见缝插绿" 和公共绿地建设	城市森林、口袋公园和微绿地（<1hm²）新增数量和面积 城市绿地/湿地生态服务功能评价：数量、距离、公园满意度、景观优美、文化历史特色、服务设施、生态知识宣传、参与绿化行动频率（植树、栽种等）	每年 1 次	社会调查

3.3.3 房山区第三等级差异化监管策略

第三等级网格中的常规监管网格策略主要基于第二等级的监管属性，重点监管网格则根据网格动态度特征（20 年来地块土地覆盖变化超过 2 次）、生态供需特征（城市中绿地比例小于 10% 且不透水地表比例大于 50%）、人为活动强度特征（森林中人工堆掘比例大于 10%）来制订针对性的监管策略。其中，高动态度网格面积 49km²（占比 2.5%）、城市生态供需赤字网格面积 65km²（占比 3.2%）、高强度人为活动网格面积 45km²（占比 2.3%）。对于多种特征复合的重点网格，则综合多类型的监管对策（图 3-10）。

常规监管区
高强度人为活动
城市生态供需赤字
高动态度

图 3-10　房山区第三等级生态网格

3.3.3.1 高动态度

针对高动态区域，主要通过增加监测的频率来及时发现生态系统的变化，进而及时进行干预。基于遥感的格局调查、外出调查等的监测间隔频率一般为每年 1 次，针对高动态区域则设置为每季度 1 次，甚至每月 1 次。监测频率的设置需要考虑网格的动态度属性、生态重要性、脆弱性等。越重要、越脆弱、动态度越高的生态网格需要越高频率的监测。对于多年未变化的森林生态系统可以设置较低的监测频率，对于正在开发中（如工矿裸地或森林中的土路）的网格，需要设置较高的监测频率（表 3-19）。

表 3-19　高动态度网格的监测指标

监测项目	监测内容	监测指标	监测频次	监测方法
土地覆盖类型特征	林地	林地面积、平均斑块面积、形状指数、破碎度指数、最大斑块指数	每季度 1 次	高分遥感监测
	耕地	林地面积、平均斑块面积、形状指数、破碎度指数	每季度 1 次	高分遥感监测
	不透水地表	建筑密度、建筑平均高度、道路面积、铺装面积、构筑物面积	每季度 1 次	高分遥感监测
	裸土/在建	裸土/在建面积、裸土/在建形状指数	每月 1 次	高分遥感监测
	水体	水体面积、水体形状指数、水体宽度	每季度 1 次	高分遥感监测
城市生态环境问题	城市热岛问题	热岛强度、热暴露、外出活动	每年 1 次	社会调查
	空气质量问题	空气中 NO_x、SO_2、$PM_{2.5}$ 及 O_3 含量，以及空气质量变化、空气污染成因、空气治理政策	每年 1 次	定位监测社会调查
	农药喷洒	农药喷洒次数和剂量、市民避让方式、土壤农药残余量、水体农药残余量、鸟类种类及数量	每年 1 次	社会调查调查样地监测
	植物致敏	致敏物种的分布、花粉浓度和种类	每年 1 次	样地监测
	污染排放	工业、生活废水排放量，工业、生活废气排放量，以及工业固体废物排放量、生活垃圾排放量		

3.3.3.2 高强度人为活动

中华人民共和国生态环境部的《自然保护地生态环境监管工作暂行办法》要求开展"天空地一体化"的生态环境监测，原则上每五年开展一次。森林中高强度人为活动区的监管需要根据生态环境变化敏感性、人类活动干扰强度特征、生态破坏问题等情况适当增加评估频次。此外，高强度人为活动区的监管可以依托"绿盾"自然保护地强化监督工作，建立常态化自然保护地监督检查机制，定期开展遥感监测和实地核查，落实主体责任，完善自然保护地生态环境监管体系。重点关注非法开矿、修路、筑坝、建设等造成生态破坏和违法排放污染物的情况，对自然保护地内存在重大生态环境破坏等突出问题，且列入中央生态环境保护督察的，按照《中央生态环境保护督察工作规定》等规定处理

（表 3-20）。

表 3-20　高强度人为活动网格的监管指标

监测内容	监测指标	监测频次	监测方法
农业活动	直接或间接为农业生产所利用的土地。监测指标包括水田面积、旱地面积	每季度 1 次	高分遥感监测
居住生活	因生产和生活需要而形成的集聚定居地点。监测指标包括城镇面积、农村居民点数量和面积	每年 1 次	高分遥感监测
工矿用地	独立设置的工厂、车间、建筑安装的生产场地等，以及在矿产资源开发利用的基础上形成和发展起来的工业区、矿业区。监测指标包括工厂数量和面积、矿山面积、油罐面积和数量、油井面积和数量、工业园区面积	每季度 1 次	高分遥感监测
采石场	开采建筑石（砂）料的场所。监测指标包括采石场面积、年采石量、采砂场面积、采砂量	每月 1 次	高分遥感监测、社会调查
能源设施	利用各种能源产生和传输电能的设施。监测指标包括风力发电场数量和面积、变电站数量和面积、太阳能电站数量和面积	每年 1 次	高分遥感监测
旅游设施	用于开展商业、旅游、娱乐活动所占用的场所。监测指标包括旅游用地面积、高尔夫球场面积、度假村面积、寺庙面积、年接待/访问量	每季度 1 次	高分遥感监测、社会调查
交通设施	从事运送货物和旅客的工具及设施。监测指标包括港口面积、机场面积、码头面积、年运输量	每年 1 次	高分遥感监测、社会调查
养殖场	养殖经济动植物的区域。监测指标包括养殖场面积、养殖种类和数量	每季度 1 次	高分遥感监测、社会调查
道路	供各种无轨车辆和行人通行的基础设施。监测指标包括铁路面积和长度、高速公路面积和长度、普通道路面积和长度	每月 1 次	高分遥感监测

3.3.3.3　城市生态供需赤字

相对于自然生态系统，城市中的生态监管制度、规范相对较少。本书从生态空间格局、生态系统服务供给及生态产品需求三个方面构建了指标体系。围绕生态空间的数量、生态空间提供的与城市人居环境直接相关的生态服务，以及服务的受众三个方面开展高频的监测。进而支撑城市相关管理政策的落地与优化，如《海淀区大气污染防治网格化管理工作方案》（〔2015〕27 号），《北京市新一轮百万亩造林绿化行动计划 2020 年度建设总体方案》（市总指发〔2019〕6 号），《海淀区水系生态治理工作方案（2016～2020 年）——"水清岸绿"行动计划》等（表 3-21）。

表 3-21　城市生态供需赤字的监管指标

监测项目	监测内容	监测指标	监测频次	监测方法
生态空间格局	林地	林地面积、林地比例、群落结构	每季度 1 次	高分遥感监测
	草地	草地面积、草地比例	每季度 1 次	高分遥感监测
	湿地	湿地面积、湿地比例、群落结构	每季度 1 次	高分遥感监测

续表

监测项目	监测内容	监测指标	监测频次	监测方法
生态系统服务供给	气候调节服务	热舒适度指标，包括地表温度、空气温度、辐射温度、太阳辐射、风速、空气湿度	每月1次	遥感反演、地面实测
	径流调节服务	内涝风险指标，包括年降雨总量、总降雨季节贡献率、年暴雨总量、暴雨季节贡献率、极端暴雨总量、极端暴雨发生次数/次、不透水比例	每月1次	定位监测高分遥感监测
	空气净化服务	空气指标，包括空气中NO_x、SO_2、$PM_{2.5}$及O_3含量	连续监测	定位监测
生态产品需求	人口数量	人口总数、人口密度	每年1次	社会调查
	人口结构	60岁以上老人数量和比例、学龄前儿童数量和比例	每年1次	社会调查

参 考 文 献

陈利顶，傅伯杰．2000．干扰的类型，特征及其生态学意义．生态学报，20（4）：581-581.

陈美球，蔡海生，赵小敏，等．2003．基于GIS的鄱阳湖区脆弱生态环境的空间分异特征分析．江西农业大学学报，25（4）：523-527.

陈修颖．2007．长江经济带空间结构演化及重组．地理学报，62（12）：1265-1276.

程琳，李锋，邓华锋．2011．中国超大城市土地利用状况及其生态系统服务动态演变．生态学报，31（20）：6194-6203.

邓煌炜，廖振良．2020．生态系统服务驱动因素及供需研究进展．环境科技，33（1）：74-78.

方创琳，宋吉涛，张蔷，等．2005．中国城市群结构体系的组成与空间分异格局．地理学报，5：827-840.

付刚，白加德，齐月，等．2018．基于GIS的北京市生态脆弱性评价．生态与农村环境学报，34（9）：830-839.

郭朝琼，徐昔保，舒强．2020．生态系统服务供需评估方法研究进展．生态学杂志，39（6）：328-338.

郭慧，董士伟，吴迪，等．2020．基于生态系统服务价值的生态足迹模型均衡因子及产量因子测算．生态学报，40（4）：1405-1412.

郭婧，魏珍，任君，等．2019．基于熵权灰色关联法的高寒贫困山区生态脆弱性分析：以青海省海东市为例．水土保持通报，39（3）：191-199.

韩瑞玲，佟连军，佟伟铭，等．2012．基于集对分析的鞍山市人地系统脆弱性评估．地理科学进展，31（3）：344-352.

胡文佳，陈彬，Panichpol A，等．2020．珊瑚礁生态脆弱性评价：以泰国思仓岛为例．生态学杂志，39（3）：979-989.

黄晓军，黄馨，崔彩兰，等．2014．社会脆弱性概念、分析框架与评价方法．地理科学进展，33（11）：1512-1525.

黄晓军，王博，刘萌萌，等．2020．中国城市高温特征及社会脆弱性评价．地理研究，39（7）：1534-1547.

景永才，陈利顶，孙然好．2018．基于生态系统服务供需的城市群生态安全格局构建框架．生态学报，38（12）：4121-4131.

李芬，孙然好，杨丽蓉，等．2010．基于供需平衡的北京地区水生态服务功能评价．应用生态学报，21

（5）：1146-1152.

刘立程，刘春芳，王川，等 . 2019. 黄土丘陵区生态系统服务供需匹配研究：以兰州市为例 . 地理学报，74（9）：1921-1937.

鲁敏，孔亚菲 . 2014. 生态敏感性评价研究进展 . 山东建筑大学学报，29（4）：347-352.

陆海燕，孙桂丽，李路，等 . 2020. 基于 VSD 模型的新疆生态脆弱性评价 . 新疆农业科学，57（2）：292-302.

马琳，刘浩，彭建，等 . 2017. 生态系统服务供给和需求研究进展 . 地理学报，72（7）：1277-1289.

马世骏，王如松 . 1984. 社会–经济–自然复合生态系统 . 生态学报，（1）：1-9.

欧阳志云 . 2007. 中国生态功能区划 . 中国勘察设计，3：70.

彭建，吕慧玲，刘焱序，等 . 2015. 国内外多功能景观研究进展与展望 . 地球科学进展，30（4）：465-476.

彭建，杨旸，谢盼，等 . 2017. 基于生态系统服务供需的广东省绿地生态网络建设分区 . 生态学报，37（13）：4562-4572.

邱彭华，徐颂军，谢跟踪，等 . 2007. 基于景观格局和生态敏感性的海南西部地区生态脆弱性分析 . 生态学报，27（4）：1257-1264.

荣月静，郭新亚，杜世勋，等 . 2019. 基于生态系统服务功能及生态敏感性与 PSR 模型的生态承载力空间分析 . 水土保持研究，26（1）：323-329.

孙玉峰，郭全营 . 2014. 基于能值分析法的矿区循环经济系统生态效率分析 . 生态学报，34（3）：710-717.

谭峻，苏红友 . 2010. 北京城市功能区土地利用协调度分析 . 地域研究与开发，（4）：117-121.

万忠成，王治江，董丽新，等 . 2006. 辽宁省生态系统敏感性评价 . 生态学杂志，25（6）：677-681.

王让会，樊自立 . 2001. 干旱区内陆河流域生态脆弱性评价：以新疆塔里木河流域为例 . 生态学杂志，（3）：63-68.

王如松 . 2008. 复合生态系统理论与可持续发展模式示范研究 . 中国科技奖励，（4）：21.

王思远，刘纪远，张增祥，等 . 2010. 中国土地利用时空特征分析 . 地理学报，68（6）：631-639.

王文美，吴璇，李洪远 . 2013. 滨海新区生态系统服务功能供需量化研究 . 生态科学，32（3）：379-385.

王志杰，苏嫄 . 2018. 南水北调中线汉中市水源地生态脆弱性评价与特征分析 . 生态学报，38（2）：432-442.

韦晶，郭亚敏，孙林，等 . 2015. 三江源地区生态环境脆弱性评价 . 生态学杂志，34（7）：1968-1975.

吴春生，黄翀，刘高焕，等 . 2018. 基于模糊层次分析法的黄河三角洲生态脆弱性评价 . 生态学报，38（13）：4584-4595.

吴晓，周忠学 . 2019. 城市绿色基础设施生态系统服务供给与需求的空间关系：以西安市为例 . 生态学报，39（24）：9211-9221.

徐超璇，鲁春霞，黄绍琳 . 2020. 张家口地区生态脆弱性及其影响因素 . 自然资源学报，35（6）：1288-1300.

徐广才，康慕谊，赵从举，等 . 2007. 阜康市生态敏感性评价研究 . 北京师范大学学报（自然科学版），43（1）：88-92.

徐君，李贵芳，王育红 . 2016. 生态脆弱性国内外研究综述与展望 . 华东经济管理，30（4）：149-162.

严岩，朱捷缘，吴钢，等 . 2017. 生态系统服务需求、供给和消费研究进展 . 生态学报，37（8）：2489-2496.

颜磊，许学工，谢正磊，等 . 2009. 北京市域生态敏感性综合评价 . 生态学报，29（6）：3117-3125.

颜文涛，黄欣，王云才．2019．绿色基础设施的洪水调节服务供需测度研究进展．生态学报，39（4）：1165-1177.

杨飞，马超，方华军．2019．脆弱性研究进展：从理论研究到综合实践．生态学报，39（2）：441-453.

姚昆，张存杰，何磊，等．2020．川西北高原区生态环境脆弱性评价．水土保持研究，27（4）：349-362.

翟天林，王静，金志丰，等．2019．长江经济带生态系统服务供需格局变化与关联性分析．生态学报，39（15）：5414-5424.

张彪，谢高地，肖玉，等．2010．基于人类需求的生态系统服务分类．中国人口·资源与环境，20（6）：64-69.

张德君，高航，杨俊，等．2014．基于 GIS 的南四湖湿地生态脆弱性评价．资源科学，36（4）：874-882.

张广创，王杰，刘东伟，等．2020．基于 GIS 的锡尔河中游生态敏感性分析与评价．干旱区研究，37（2）：506-513.

张龙生，李萍，张建旗．2013．甘肃省生态环境脆弱性及其主要影响因素分析．中国农业资源与区划，34（3）：55-59.

张学玲，余文波，蔡海生，等．2018．区域生态环境脆弱性评价方法研究综述．生态学报，38（16）：5970-5981.

周松秀，田亚平，刘兰芳．2011．南方丘陵区农业生态环境脆弱性的驱动力分析：以衡阳盆地为例．地理科学进展，30（7）：938-944.

Brenner N, Schmid C. 2015. Towards a new epistemology of the urban. City, 19 (2-3): 151-182.

Burkhard B, Kroll F, Nedkov S, et al. 2012. Mapping ecosystem service supply, demand and budgets. Ecological Indicators, 21: 17-29.

Hooper T, Beaumont N, Griffiths C, et al. 2017. Assessing the sensitivity of ecosystem services to changing pressures. Ecosystem Services, 24: 160-169.

Horne R, Hickey J. 1991. Ecological sensitivity of Australian rainforests to selective logging. Australian Journal of Ecology, 16 (1): 119-129.

Hu W J, Yu W W, Ma Z Y, et al. 2019. Assessing the ecological sensitivity of coastal marine ecosystems: A case study in Xiamen Bay, China. Sustainability, 11 (22): 1-21.

Li C, Li J, Wu J. 2013. Quantifying the speed, growth modes, and landscape pattern changes of urbanization: A hierarchical patch dynamics approach. Landscape Ecology, 28 (10): 1875-1888.

Liu J, Dietz T, Carpenter S R, et al. 2007. Coupled human and natural systems. A Journal of the Human Environment, (8): 639-649, 11.

Machlis G E, Force J E, Burch W R. 1997. The human ecosystem Part I: The human ecosystem as an organizing concept in ecosystem management. Society & Natural Resources, 10 (4): 347-367.

Peña L, Casado-Arzuaga I, Onaindia M. 2015. Mapping recreation supply and demand using an ecological and a social evaluation approach. Ecosystem Services, 13: 108-118.

Pickett S T A, Burch W R, Dalton S E, et al. 1997. A conceptual framework for the study of human ecosystems in urban areas. Urban Ecosystems, 1 (4): 185-199.

Pickett S T A, Zhou W. 2015. Global urbanization as a shifting context for applying ecological science toward the sustainable city. Ecosystem Health and Sustainability, 1 (1): 1-15.

Pierfrancesca R, Angelo P, Vittorio A, et al. 2007. Coupling indicators of ecological value and ecological sensitivity with indicators of demographic pressure in the demarcation of new areas to be protected: The case of the Oltrepò Pavese and the Ligurian-Emilian Apennine area (Italy). Landscape and Urban Planning, 85 (1):

12-26.

Qian Y, Zhou W, Pickett S T, et al. 2020. Integrating structure and function: Mapping the hierarchical spatial heterogeneity of urban landscapes. Ecological Processes, 9 (1): 1-11.

Qian Y, Zhou W, Yan J, et al. 2015a. Comparing machine learning classifiers for object-based land cover classification using very high resolution imagery. Remote Sensing, 7 (1): 153-168.

Qian Y, Zhou W, Yu W, et al. 2015b. Quantifying spatiotemporal pattern of urban greenspace: New insights from high resolution data. Landscape Ecology, 30 (7): 1165-1173.

Rau A L, Burkhardt V, Dorninger C, et al. 2019. Temporal patterns in ecosystem services research: A review and three recommendations. Ambio, 49 (8): 1377-1393.

Seddon A W R, Macias-Fauria M, Long P R, et al. 2016. Sensitivity of global terrestrial ecosystems to climate variability. Nature, 531 (7593): 229-232.

Serna-Chavez M, Schulp C J E, van Bodegom P M, et al. 2014. A quantitative framework for assessing spatial flows of ecosystem services. Ecological Indicators, 39: 24-33.

Stewart I D, Oke T R. 2012. Local climate zones for urban temperature studies. Bulletin of the American Meteorological Society, 93 (12): 1879-1900.

Villamagna A M, Angermeier P L, Bennett E M. 2013. Capacity, pressure, demand, and flow: A conceptual framework for analyzing ecosystem service provision and delivery. Ecological Complexity, 15 (5): 114-121.

Wang J, Zhai T L, Lin Y F, et al. 2019. Spatial imbalance and changes in supply and demand of ecosystem services in China. Science of The Total Environment, 657: 781-791.

Wei H J, Fan W G, Wang X C, et al. 2017. Integrating supply and social demand in ecosystem services assessment: A review. Ecosystem Services, 25: 15-27.

Weisshuhn P, Muller F, Wiggering H. 2018. Ecosystem vulnerability review: Proposal of an interdisciplinary ecosystem assessment approach. Environmental Management, 61 (6): 904-915.

Williams L R R, Kapustka L A. 2000. Ecosystem vulnerability: A complex interface with technical components. Environmental Toxicology and Chemistry, 19 (4): 1055-1058.

Zhou W, Qian Y, Li X, et al. 2014. Relationships between land cover and the surface urban heat island: Seasonal variability and effects of spatial and thematic resolution of land cover data on predicting land surface temperatures. Landscape Ecology, 29 (1): 153-167.

第4章 | 京津冀城市群生态风险评估

城市是人类社会创新和财富创造的主要场所，也是资源消耗和污染排放的集中地，更是生态风险的多发地。随着城市化进程的推进，城市地区尤其是特大城市和城市群地区的"城市病"问题日益凸显，面临着诸多风险。城市社会经济与生态环境间的复杂关系，以及城市生态风险评估逐渐成为关注重点。针对目前城市生态风险评估方法多侧重于单一风险源、风险评估体系尚不完善的现状，本章提出了面向城市外部特征、内部过程和空间格局的多维度生态风险评估方法，为满足不同需求下的城市生态风险评估工作提供参考方法；同时，针对京津冀地区突出的生态环境问题，从过程视角量化评估了其生态风险。

4.1 多维度生态风险评估

城市生态风险源可分为人为风险源和自然风险源两类。人为风险源主要考虑社会经济活动，自然风险源则主要指洪涝灾害等气候变化和突发性事件。不同的自然条件和产业发展模式，使得城市所面临的生态风险各有不同。综合考虑自然和人为风险源，本章提出多维度生态风险评估方法，可针对不同数据基础、不同城市类型、不同评估目的开展多维度的城市生态风险评估，识别与诊断城市外在生态特征、社会经济内部过程和空间格局方面带来的潜在风险。

4.1.1 城市生态风险评估的整体思路

城市生态风险评估的整体思路见图4-1，涵盖城市外部特征、内部过程和空间格局三个方面的特征。其中，基于能值核算的生态风险评估指标体系可充分表征城市生态系统的外部特征，从而相对直观地反映生态风险的大小；基于物质代谢过程和投入产出模型开发的生态风险评估方法，可从城市社会经济内部运转过程深度解析生态风险产生的原因；基于景观格局和生态服务的生态风险评估方法则从空间管控视角分析城市生态风险的分布格局。

表4-1展示了多维度城市生态风险评估方法的含义和特征、目的及其应用范围。其中基于能值核算的风险评估方法将研究对象视为黑箱，建立表征城市外部特征的能值核算和分析框架，进而直观地表征生态风险。在核算各类更新和不可更新资源能值的基础上，建立能值密度、全局莫兰指数、景观开发强度、可持续发展指数四个指标，分别从城市发展强度、空间聚集程度、人为干扰程度和发展的协调性方面评估生态风险大小，以识别城市

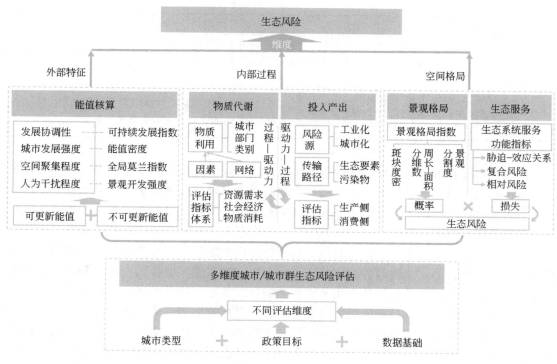

图 4-1　城市生态风险评估整体思路

或区域应当重点保护的生态资源类型或适宜发展的产业。这种评估方法侧重于将城市或区域的整体生态特征映射于单个指标，以相对简洁的方式体现城市或区域的整体生态特征，其结果可以较为快捷地定位需要重点防控生态风险的城市或区域，但在识别风险影响因素和风险传输过程方面受到限制。

表 4-1　多维度城市生态风险评估方法

维度	方法	含义和特征	目的	应用范围
外部特征	能值核算	建立表征城市外部生态特征的能值核算和分析框架，进而用少量指标直观表征生态风险	快捷定位到风险防控的重点城市或区域	多类型城市或区域
内部过程	物质代谢	解析物质能量代谢过程，融合相关驱动因素评估城市或区域生态风险	识别生态风险背后的产生过程和因素	资源消耗型城市或区域
	投入产出	追踪生态要素和污染物传递路径，评估社会经济过程在自然资源开采和污染排放方面的风险	评估城市转型、产业转型和区域联动产生的生态风险	产业政策调整与规划的城市或区域

续表

维度	方法	含义和特征	目的	应用范围
空间格局	景观格局	结合土地利用信息，从景观受体方面定量表征人为干扰所带来的生态风险	评估城市人为干扰所带来的景观格局变化产生的生态风险	景观格局较为多样的城市或区域
	生态服务	基于胁迫-效应关系，采用生态服务价值指标，对区域生态风险进行分级和评估	评估生态服务价值损失所带来的生态风险	城市建成区扩张较为明显的城市或区域

  针对内部过程的风险评估方法深入解析城市或区域内部具体的社会经济过程，关注物质能量流动过程及其驱动因素。基于物质代谢的生态风险评估侧重于从物质能量代谢过程出发，再融合相关驱动因素评估城市或区域生态风险；而基于投入产出模型的生态风险评估方法则从驱动因素识别出发，剖析其驱动下的生态要素和污染物流动和传递路径，两种方法体现出不同的分析思路和研究目的。基于物质代谢的生态风险评估方法从物质消耗规模结构、社会经济因素、物质转移路径三个方面定位城市或区域物质代谢过程产生问题的对象、因素和环节，并从与物质利用紧密相关的资源需求、社会经济压力和物质消耗三个方面，有效评估城市或区域物质代谢过程紊乱背后潜在的生态风险。此方法较为关注城市或区域的物质消耗和利用过程，因此对于资源消耗型城市的生态风险识别更为有效。而基于投入产出模型的生态风险评估方法则注重工业化和城市化过程中风险源的识别与量化，通过结构分解分析追踪产业链中多个生态要素和污染物的风险传输过程与路径，综合考量社会经济过程对自然资源开采和污染排放的压力和风险。此方法侧重于识别并评估城市转型、产业转型和区域贸易产生的生态风险，不仅能够识别单个区域内部的风险源，也可以打破行政边界识别区域间的风险传输路径，适用于指导区域政策规划与调整，但难以有效地服务于小尺度具体调控措施的制订。

  基于空间格局的生态风险评估方法可打破行政边界限制，针对城市内部功能区或多城市集聚区开展风险评估。基于景观格局和生态服务的生态风险评估方法以风险受体损失来表征风险。景观格局视角的方法可以结合土地利用类型信息，从自然地形、人为干扰及景观生态学角度定量测度风险。此方法多服务于宏观景观布局与调控的管理，针对各级生态风险热点制订空间化治理目标和策略，适用于景观格局较为多样的城市或区域。基于生态服务的生态风险评估方法以生态服务损失为测度指标，根据保护目标和评估范围确定网格或空间单元，开展不透水地表与六类生态系统调节服务损失之间的定量关系分析，从而获取评估区域不同空间单元的生态系统服务指标值，通过多种定量或半定量方法在空间上实现区域生态风险分级和评估。此方法侧重于评估城市建成区扩张较为明显的城市或区域的风险管控工作，服务于精细化调控的城市或区域。而基于损失与概率累乘的评估方法，则从受体损失与风险概率两个方面全面量化生态风险空间等级与分布。

  上述方法的评估目的与应用范围均有所不同，故对基础数据资料的要求也会不同。基于能值核算的外部特征生态风险评估方法以地理空间数据、各类统计数据为核算基础，需要各类资源环境消耗基础数据，适用于地理空间数据资料全面、统计数据较为完善的研究区域。而基于城市内部过程的生态风险评估方法对属性数据的需求相对更多。基于物质代谢的生态风险评估方法需要的基础数据大部分来源于政府发布的统计年鉴、行业年鉴和发展报告等资料，适用于全国统计资料相对细致完备的城市或区域，其评估效果很大程度上受限于城市或地区统计资料的完备程度；基于投入产出模型的生态风险评估方法虽可详细诊断产业间风险传输过程，但受到投入产出表编制年份的限制（逢两和七年份编制），很难开展连续年份风险评估。另外，该方法虽对省份、国家乃至全球等大尺度的区域间生态风险传输分析均能较好适用，但城市及以下尺度产业投入产出和环境数据较难获得，其应用将会受到一定限制。两个基于空间格局的生态风险评估方法主要依托大量空间遥感数据，再结合气象监测数据、土壤类型数据、土地利用类型（可从气象站点和中国科学院资源环境数据云平台等途径获取）等空间数据进行分析。遥感影像数据分辨率须满足风险评估的尺度需要，且需经辐射校正、大气校正和投影变化等系列前处理，数据精度和技术要求相对较高。但此方法所需的社会经济数据相对较易获取，难度在于将其空间化以获取其空间分布数据，此类评估方法可有效服务于城市或区域的空间管控。

上述生态风险评估方法在研究目的和数据需求等方面均有所不同，针对它们的适用范围，可开展不同类型城市的生态风险评估。在实际生态风险评估工作中，需要根据当地突出的生态环境问题和政策管理需求，再结合数据资料获取情况，选取一种或多种适宜的评估方法。

4.1.2　基于外部特征的生态风险评估方法

城市或区域发展状态所表现的外部生态特征，可较为简洁、直观地反映生态风险。基于能值核算的生态风险评估方法从生态热力学视角，核算可更新资源和不可更新资源能值的大小，进而从城市发展强度、空间聚集程度、人为干扰程度和发展协调性方面建立四种生态风险评估指标，识别可能面临较大生态风险的城市或区域。

4.1.2.1　能值核算框架与数据处理方法

1）能值核算框架

不同形式的能量（如阳光、水、化石燃料等）有不同的做功能力，Odum（1971，1988，1996）基于热力学定律和系统生态学理论，提出了能量统一度量标准（能值，Emergy），即生产一种产品或提供一种服务所直接和间接投入的所有能量，并用统一的能量形式表达。地球上任何形式的能量均源于太阳能、潮汐能和地热能这三种基本驱动力，故可以用等价太阳能来统一度量各种能量。任何资源、产品或服务形成所需的直接和间接使用的太阳能的量，即它们所具有的太阳能值（solar emergy），其单位是太阳能焦耳（solar emergy joule，sej），其值等于估算得到的能量与能值转换率的乘积，即

$$太阳能值（sej）= 能量（J）× 能值转换率（sej/J）\tag{4-1}$$

能值转换率（transformity）表示每一单位的某种能量所具有的能值，它可以表征系统层次结构中不同能量的"品质"（Odum，1996）。能值指标可以用来研究生态–经济系统

的相互作用与生态环境特征，如能值功率密度（单位时间、单位面积的能值使用量）和能值投资率（来自经济系统反馈的能值与输入此区域的能值之比）等。

在能值核算体系中，城市或地区的能值评估依据研究区域的边界，计算所有主要物质、能量的流入与流出，包括来自环境的分散流（如太阳、风、降水、地热等），来自开采物的集中流（如金属、燃料、矿物等），以及从外部购买的材料和服务等。基础数据收集后经换算统一为能量或重量单位，再通过能值转换率，将这些能流、物质流转换为能值单位，并进一步计算为相关指标。

图 4-2 是根据 H. T. Odum 的能量流动系统理论，建立的能量流动系统图。输入系统的能量源包括可更新部分和不可更新部分，可更新部分包括太阳、风、降水和地热等，不可更新部分包括供各个城市生产和消费所需的能源、商品和服务等进口。系统内部包括本地不可更新资源存量以及其他系统组分，其中农业系统和生态环境系统为生产者，居民为消费者，工业生产活动利用生产者、本地不可更新存量和外来进口提供的资源产生产品，以供居民消费。系统的输出包括能源、商品、服务等的出口。

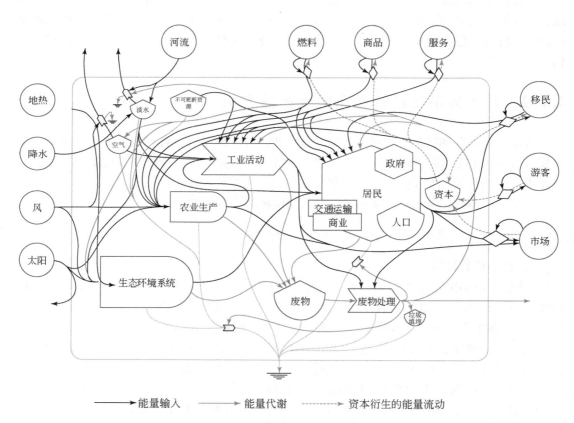

图 4-2　能量流动系统图

在能值核算时，可将其空间化能值分为可更新和不可更新两部分。根据能值核算框架中各要素数据获取的情况，确定进行能值空间化的方法。在可更新部分，由于可以直接获取相应环境要素的地理空间数据，因此利用 GIS 的地图代数计算功能，依据相应的能值计算公式，直接生成空间化的能值数据。不可更新部分核算项目复杂，不能直接获取相应空间数据，只能依照传统方法，收集行政区划内的统计数据，建立能值核算表格，核算出相应行政区划内的不可更新能值，再利用夜间灯光数据与区域不可更新能值的相关性及其对区域不可更新能源消耗的较强空间表征能力，建立基于夜间灯光数据的不可更新能值空间化方法，生成区域不可更新能值分布图。

2）可更新能值核算

基于研究的时间限制和数据的可获得性、处理的复杂程度，选择表 4-2 中所列出的地理空间数据源。对比多种太阳辐射数据，综合分析空间分布精细程度和数据可能存在的误差后，采用空间插值方法，绘制地表太阳辐射能分布图（郑有飞等，2012）。部分选用美国国家航天航空局（National Aeronautics and Space Administration，NASA）研究支持的全球能源资源预测 POWER 项目数据集中 50m 的平均风速数据计算风能值分布。该项目提供有关太阳和气象的数据集，可用于可再生能源、建筑能效和农业研究，其中包括 0.5°×0.5°分辨率的全球 1981 年到近期的长期平均风速数据。全球 2°×2°的地热能分布图根据 38374 个地热测量点绘制（Davies，2013）。采用国际农业研究咨询小组（consortium for spatial information，CGIAR-CSI）的空间信息联盟开发的全球高分辨率土壤–水分平衡数据集中的年平均实际蒸散发（actual evapotranspiration）数据，该数据集提供了 1950～2000 年的年平均实际蒸散发和土壤水分亏损的栅格数据，空间分辨率为 30″（Trabucco and Zomer，2010）。采用高分辨率的地球地表气候（climatologies at high resolution for the Earth's land surface areas，CHELSA）数据集中的降水量数据，CHELSA 数据集提供了 1979 年 1 月到 2013 年 12 月每月的平均气温、最高气温、最低气温和平均降水量栅格数据，其分辨率为 30″，适用于对精细程度要求较高的生态、农业和气象研究。土地利用数据和人口分布数据来源于中国科学院资源环境数据云平台。

表 4-2 地理空间数据源清单

数据	分辨率	数据来源	网址
太阳辐射	—	郑有飞等，2012	—
地热	2°	Davies，2013	http：//onlinelibrary.wiley.com/doi/10.1002/ggge.20271/abstract
风速	0.5°	NASA-POWER 项目数据集	https：//power.larc.nasa.gov/new
降水	30″	高分辨率的地表气候数据集	http：//chelsa-climate.org/downloads
蒸散发	30″	国际农业研究咨询小组的空间信息联盟	http：//www.cgiar-csi.org/data/global-high-resolution-soil-water-balance#disclaimers
高程	15″	Jonathan de Ferranti 根据 SRTM 数据制作并上传	http：//viewfinderpanoramas.org/dem3.html

数据	分辨率	数据来源	网址
DMSP-OLS 夜间灯光数据	30″	NOAA-NGDC	https：//ngdc.noaa.gov/eog/dmsp.html
DMSP-OLS 辐射校准数据	30″	NOAA-NGDC	https：//ngdc.noaa.gov/eog/dmsp/download_radcal.html
2012~2015 年土地利用数据	—	中国科学院资源环境数据云平台	www.resdc.cn
2012~2015 年人口公里网格数据	1km	中国科学院资源环境数据云平台	www.resdc.cn

为了专注研究案例区的空间数据，并提高运行速度，依照研究区域边界的矢量图，利用 ArcGIS 中按掩模提取的工具，将研究区域内所需的空间数据分别提取出来。为了方便计算，所有数据均统一为 WGS_1984_UTM_Zone_50N 的空间参考，空间分辨率通过重采样统一为 30″。

3）不可更新能值核算

本地不可更新能值投入和进出口能值投入的数据来自标准化的国家统计数据，主要包括水资源公报（water resource report，WRR）、能源平衡表（energy balance report，EBR）、进出口商品统计表（imports and exports commodity table，IECT）、人口统计公报（population report，PR）和各省（市）的统计年鉴。但这些数据大多以省份为单位统计，因此核算城市尺度的不可更新能值时需要将省级的统计数据分配到城市（Huang et al.，2018）。相关研究表明，中国的能源消费总量与 GDP 有很强的相关性（Tong and Ke-Ming，2011），所以能源的本地开采和进出口采用地级市 GDP 占省 GDP 的比例来分配。工业产品和原材料等与能源消费同理，采用 GDP 比例来分配，而其余进出口产品中粮食和牲畜等农产品利用地级市人口与省人口的比例来分配。城市的人口和 GDP 数据从各地级市的统计年鉴中获取。夜间卫星灯光数据与辐射校准数据均从 NOAA-NGDC 网站获取，空间分辨率为 30″。

在不可更新能值的计算中，为了提高精确度，尽量按照物品的实物量及其能值转换率的乘积来计算，没有实物量统计的物品，利用生命周期方法估算实物量之后进行计算。其中，能源的本地开采和进出口、粮食农作物、金属和矿物等进出口数据具有实物量统计值，利用实物量和相应的能值转换率计算能值。而对于机器和运输设备、其他精制产品，统计数据中只有货币交易量，需依据其生命周期来反推实物量。假设机器与运输设备都是计算机和汽车，根据它们所包含的原材料组成比例，计算其中包含的能值。然后根据货币量和商品的平均价值估算出商品的数量，即可估算机器与运输设备的总能值。对于进口服务的能值，可用所有进口的货币量乘以全球平均能值货币比计算得到。贸易流通中包含的服务即是人类劳务的输入，而进口的货币全部付给了人，所以可以用进口的货币量计算进口的服务，但需要将其中用货币量来计算能值的进出口商品排除在外，以避免重复计算。最后，对于旅游业的进口能值量，利用当地旅游收入和中国的能值货币比计算。

进出口中所有用货币量计算的能值中，从其他省份进口的部分应乘以中国的能值货币比，从别的国家进口的部分应乘以世界平均的能值货币比。能值转换率和能值货币比数据从国家环境核算数据库（National Environmental Accounting Database，NEAD）[①] 获取。

4.1.2.2　基于能值核算的生态风险评估指标

通过将城市能值核算与分析的结果进一步延伸，可选取能值密度、全局莫兰指数（global Moran's I）、景观开发强度、能值可持续发展指数四个指标，分别从城市发展强度、空间聚集程度、人为干扰程度和发展的协调性四个方面来评估生态风险。

1）能值密度

能值密度可以在一定程度上反映城市利用各类资源的强度，以及居民的富有程度（Lee and Braham，2017），因此可从城市发展强度方面量化风险大小。将 4.1.2.1 节方法中计算得到的可更新能值分布图和不可更新能值分布图进行地图代数计算，即将二者的每个对应栅格像元值相加，即可得到总能值使用密度分布。总能值使用密度较大的城市或发展强度较高的区域，集中消耗大量资源，从而产生较大的生态风险。

2）全局莫兰指数

全局莫兰指数可以评估研究要素相应属性的空间模式是聚类模式、离散模式还是随机模式，进而衡量生态风险的空间聚集程度。全局莫兰指数一般在 -1 ~ 1，如果其值为正则指示聚类趋势，越趋近 1 则空间上越聚集，为负则指示离散趋势，越趋近 -1 则空间上越离散。相应的 z 得分和 p 值表征统计显著性，如表 4-3 所示。利用 ArcGIS 中的空间自相关全局莫兰指数工具，可计算各城市总能值使用量的全局莫兰指数 I，评估各城市总能值使用的空间聚集程度，其中空间关系的概念化统一使用 CONTIGUITY_EDGES_CORNERS（共享边界、结点或重叠的面要素会影响目标面要素的计算），并对空间权重执行标准化。

表 4-3　z 得分和 p 值的置信度

z 得分	p 值	置信度/%
<-1.65 或 >1.65	<0.10	90
<-1.96 或 >1.96	<0.05	95
<-2.58 或 >2.58	<0.01	99

全局莫兰指数较高则表明总能值使用较为集中，因此可以在能值密度的基础上进一步识别出资源消耗多且消耗集中的城市或地区。一般来说，这些城市社会经济发展水平较高，对周边区域具有明显的虹吸效应，因此其所面临的生态风险最为集中。

3）景观开发强度

本部分引入景观开发强度（landscape development intensity，LDI）指数来量化区域生

[①] NEAD 整理了 150 多个国家的能值数据，第一版在 2006 年发布（Sweeney et al.，2007），包含 2000 年的数据，第二版本在 2012 年发布，更新了 2004 年和 2008 年的数据，现在可以在线获取由北京师范大学刘耕源等开发的第三版本的数据（www.emergy-nead.com）。能值转换率（unit emergy value，UEV）也在同步更新。

态系统的人为干扰程度，从而反映人类活动给城市地区带来的生态风险。每一像元的 LDI 指数计算公式为

$$LDI_i = 10 \times \lg \frac{U_i}{R_i} \tag{4-2}$$

式中，U_i 为 i 像元的总能值使用密度；R_i 为 i 像元的可更新能值密度。

根据计算所得的结果可以绘制 LDI 指数分布图，图中 LDI 值越大的区域人类活动强度越高，从而具有更密集的资源、能源消耗和环境污染风险。

4）能值可持续发展指数

能值可持续发展指数（energy sustainable index，ESI）可以衡量区域发展的协调性，是兼顾生态与经济的全面性指标，用以评估城市或区域的生态风险。它表示能值产出率（emergy yield ratio，EYR）与环境负载率（environmental loading ratio，ELR）的比值，一般受本地可再生能源的显著影响（Yu et al.，2016）。其中，ELR 是输入能值和本地不可再生能值（N）之和再除以本地可再生资源能值（R）的结果，较高的 ELR 值意味着城市或区域对环境较高的代谢负荷（Ulgiati et al.，1994）。ESI 越大则表明单位能值产出的效率越高或单位面积的环境负荷越小，因此城市或区域整体面临的生态风险就越小（Ascion et al.，2009；Qi et al.，2017）。

4.1.3 基于内部过程的生态风险评估方法

维持城市运转和发展的物质转移与利用过程，以及发展过程中的城市社会经济转型，是城市生态风险的重要内因。针对这些复杂的内在过程提出的生态风险评估方法，通常关注物质能量流动过程及其驱动因素，以及生态要素和污染物流动和传递路径，从而可以实现对风险产生和传输过程的深入解析。

4.1.3.1 基于物质代谢的生态风险评估

物质在城市社会经济系统中的流转和利用过程，是生态风险的重要来源。本部分在核算城市物质消耗的基础上，识别可能引发生态风险的主要社会经济因素，以及由于负载大量物质转移可能引发生态风险的关键路径，最终构建基于物质代谢的城市生态风险评估指标体系，量化物质不合理利用过程背后潜在的生态风险。

1）物质消耗及其影响因素分析

准确量化一个城市或区域的物质消耗规模和结构，是识别城市物质代谢过程潜在生态风险的重要基础。直接物质消耗（direct material consumption，DMC）作为衡量区域物质消耗状况的重要指标，近年来在城市物质代谢中越来越受到重视，这一指标是由所有类别物质的输入量与其出口和调出量之差计算得到的（Barles，2009）。

参考欧盟制定的国家尺度的物质流核算框架（Eurostat，2001，2013，2016），将区域划分为八个不同的代谢主体/部门（表4-4），建立基于部门尺度物质流核算的分析框架，明确多种物质在区域的输入、转化和输出过程（表4-5），并根据各具体物质的平衡关系

计算物质消耗量。

表 4-4　物质代谢部门划分及内容

部门	内容
农业	农林牧渔业
采掘业	矿物开采和冶炼、化石燃料开采
能源转换	本地开采和外部输入的化石燃料加工并分配到其他各部门
工业	系统内所有初级和高级加工及制造行业
循环加工业	对废弃物和污染物进行处理、循环和处置
居民消费	城市居民人口对原产品和成品的消耗
建筑业	建筑物和其他市政工程的建造和拆除
交通运输业	人口及货物的交通运输服务

表 4-5　区域物质输入输出核算项目

类别	项目	涉及内容
物质输入	生物质	农林牧渔等生物质产量
	化石燃料	原煤、原油、天然气
	金属矿物	铁矿石和有色金属矿物
	非金属矿物	工业矿物和建筑材料
	平衡项	氧气、二氧化碳、水蒸气
	进口或调入	原材料、成品、半成品及其他产品
物质输出	大气污染物	SO_2、CO_2、NO_x、烟尘、粉尘
	水体污染物	化学需氧量、氨氮排放量、石油类、挥发酚等
	固体废弃物	工业固体废弃物、城市生活垃圾、建筑垃圾等
	耗散性物质	化肥、农药、农用塑料薄膜
	平衡项	氧气、二氧化碳、水蒸气
	出口或调出	原材料、成品、半成品及其他产品

核算所需的基础数据一般来自政府发布的统计资料（如城市经济统计年鉴、行业年鉴和发展报告等）以及网络资源（如中经网数据库、中国社会与经济发展统计数据库等）。对原始数据进行收集之后，可能存在部分数据无法直接与输入输出项目相匹配的情况，可利用转换系数将原始数据转换为重量单位，如工业生产的原材料消耗可依据产品的产量借助中国实物型投入产出表进行计算。而人均食物消耗和耐用品消耗等资源或产品数据以经济价值量表征，需要借助商品的市场价格来折算重量。对于缺失数据可根据前后相邻年份的数据用插值法估算。

在物质核算的基础上，识别城市或区域物质消耗的关键驱动因素，有助于定位到可能引发生态风险的主要社会经济因素。采用对数平均迪氏指数（logarithmic mean Divisia index，LMDI）方法（Ang et al.，1998），将影响城市或区域物质消耗的因素分解为物质消耗结构、物质消耗强度、产业结构、经济水平和人口规模五项，分析各影响因素对物质消耗的促进或抑制作用，并量化其贡献率（Zhang et al.，2019）。第 t 年的物质消耗量（M^t）可以表示为

$$M^t = \sum_{ij} M^t_{ij} = \sum_{ij} \frac{M^t_{ij}}{M^t_i} \times \frac{M^t_i}{\mathrm{GDP}^t_i} \times \frac{\mathrm{GDP}^t_i}{\mathrm{GDP}^t} \times \frac{\mathrm{GDP}^t}{P^t} \times p^t \tag{4-3}$$

式中，t 为年份；i 为产业部门序号；j 为物质类别；M^t_i 为部门 i 在第 t 年的物质消耗量；M^t_{ij} 为部门 i 在第 t 年所消耗的 j 类物质量；GDP^t_i 为 i 部门在第 t 年的 GDP；GDP^t 为第 t 年的 GDP；P^t 为第 t 年的人口数。

式（4-3）可被改写为

$$M^t = \sum_{ij} M^t_{ij} = \sum_{ij} \mathrm{MS}^t_{ij} \times \mathrm{MI}^t_i \times S^t_i \times R^t \times P^t \tag{4-4}$$

式中，MS^t_{ij} 为物质消耗结构，为第 t 年 i 部门 j 类物质消耗量占物质消耗总量的比例；MI^t_i 为第 t 年 i 部门的物质消耗强度；S^t_i 为产业结构，为 i 部门在 t 年的经济产值占比；R^t 为第 t 年的人均总产值；P^t 为第 t 年的人口数。

因此，从基准年（0）到目标年（t）的物质消耗量变化为

$$\Delta M_{\mathrm{tot}} = M^t - M^0 = \Delta M_{\mathrm{MS}} + \Delta M_{\mathrm{MI}} + \Delta M_{\mathrm{S}} + \Delta M_{\mathrm{R}} + \Delta M_{\mathrm{P}} \tag{4-5}$$

式中，ΔM_{tot} 为 0 ~ t 年物质消耗量的变化量；M^0 为基准年的物质消耗量；ΔM_{MS}、ΔM_{MI}、ΔM_{S}、ΔM_{R} 和 ΔM_{P} 分别为物质消耗结构、物质消耗强度、产业结构、人均 GDP 和人口规模对城市物质消耗量变化的影响程度。

对各因素分解如下：

$$\Delta M_{\mathrm{MS}} = \sum_{ij} \frac{M^t_{ij} - M^0_{ij}}{\ln M^t_{ij} - \ln M^0_{ij}} \ln\left(\frac{\mathrm{MS}^t_{ij}}{\mathrm{MS}^0_{ij}}\right) \tag{4-6}$$

$$\Delta M_{\mathrm{MI}} = \sum_{ij} \frac{M^t_{ij} - M^0_{ij}}{\ln M^t_{ij} - \ln M^0_{ij}} \ln\left(\frac{\mathrm{MI}^t_i}{\mathrm{MI}^0_i}\right) \tag{4-7}$$

$$\Delta M_{\mathrm{S}} = \sum_{ij} \frac{M^t_{ij} - M^0_{ij}}{\ln M^t_{ij} - \ln M^0_{ij}} \ln\left(\frac{S^t_i}{S^0_i}\right) \tag{4-8}$$

$$\Delta M_{\mathrm{R}} = \sum_{ij} \frac{M^t_{ij} - M^0_{ij}}{\ln M^t_{ij} - \ln M^0_{ij}} \ln\left(\frac{R^t}{R^0}\right) \tag{4-9}$$

$$\Delta M_{\mathrm{P}} = \sum_{ij} \frac{M^t_{ij} - M^0_{ij}}{\ln M^t_{ij} - \ln M^0_{ij}} \ln\left(\frac{P^t}{P^0}\right) \tag{4-10}$$

式中，M^0_{ij} 为部门 i 在基准年所消耗的 j 类物质量；ΔM_{MS}、ΔM_{MI}、ΔM_{S}、ΔM_{R} 和 ΔM_{P} 可反映各影响因素对物质消耗的贡献程度，正值表示因素促进物质消耗增长，负值则表示因素阻碍物质消耗的增长，数值越大表示贡献程度越大，其背后的潜在生态风险越值得重视。

2）关键物质代谢路径识别

识别和分析区域内各城市之间的物质转移情况，将对区域物质代谢过程调控和风险识别具有重要意义。将区域内参与物质代谢过程的各个部门视为节点，节点间的物质转移视

为路径，可以构建城市和区域的物质代谢网络。表4-6展示了各部门（即各网络节点）之间、网络系统与外部区域之间可能存在的物质转移路径。

表4-6　各路径上的物质转移类别

路径	物质	路径	物质
外部区域—农业	农业相关的工业产品	采掘业—工业	金属矿物、非金属矿物
外部区域—采掘业	金属矿物、非金属矿物	能源转换—农业	化石燃料
外部区域—能源转换	化石燃料	能源转换—工业	化石燃料
外部区域—工业	生物质、工业产品或半成品	能源转换—采掘业	化石燃料
外部区域—居民消费	生物质、工业产品	能源转换—居民消费	化石燃料
外部区域—建筑业	木材、矿物、工业产品	能源转换—建筑业	化石燃料
外部区域—交通运输业	工业产品（交通工具）	能源转换—交通运输业	化石燃料
农业—外部区域	生物质	工业—环境	污染物
采掘业—外部区域	金属矿物、非金属矿物	工业—农业	工业产品
能源转换—外部区域	化石燃料	工业—循环加工	污染物
工业—外部区域	工业产品	工业—居民消费	工业产品
环境—农业	生物质	工业—建筑业	工业产品
环境—采掘业	矿物、化石燃料	循环加工—环境	污染物
农业—环境	污染物、耗散性物质	循环加工—工业	再生资源
农业—工业	生物质（工业原料）	居民消费—环境	污染物
农业—居民消费	生物质（食品）	居民消费—循环加工	污染物
农业—建筑业	生物质（木材）	交通运输业—环境	污染物
采掘业—环境	污染物	建筑业—环境	污染物
采掘业—能源转换	化石燃料		

根据物质类别的部门归属关系，采用物质流核算方法可以汇总得到部门之间的物质传递量，从而建立起区域代谢的直接流量矩阵 $\boldsymbol{F}$，矩阵中的元素 f_{ij} 为节点 j 向节点 i 的物质转移量。在此基础上，可以有效识别网络中转移量较大的路径，进而反映生态风险较大的物质代谢过程。

3）风险评估体系构建

从物质代谢的视角出发，城市或区域的生态风险可以通过城市承受的资源消耗压力及出现资源供应缺口的可能性来评估，并通过资源需求、社会经济压力和物质消耗三方面的指标来表征。其中，资源需求是从物质代谢方面给城市带来生态风险的最直接因素，资源需求量过大时，城市的可获取资源可能会影响城市的正常代谢水平，进而产生潜在的生态风险；社会经济压力是城市生态风险的驱动性因素，是对城市的人类活动强度的量化表征，较为剧烈的人类社会经济活动往往给城市的正常运转带来更大的潜在风险；物质消耗则可视为可能造成城市生态风险的结构性因素，反映城市的不同代谢主体对物质的消耗，以及城市对不同类型物质的消耗状况，从而表征城市代谢系统出现资源缺口的可能性。将这三个方面作为三个准则层，共22个指标，建立基于物质代谢的城市生态风险评估指标体系（表4-7）。体系中的正向指标代表在一定范围内，指标值越大，城市所面临的生态风险越大；负向指标则相反。

表4-7 基于物质代谢的城市生态风险评估指标体系

准则层	指标层	指标性质
资源需求 A	物质消耗总量（A1）	+
	本地开采量（A2）	+
	区域内调入量（A3）	+
	区域外调入量（A4）	+
	国外进口量（A5）	−
社会经济压力 B	人均物质消耗（B1）	+
	单位 GDP 物质消耗（B2）	+
	人口（B3）	+
	GDP（B4）	+
	人均 GDP（B5）	+
物质消耗 C	农业物质消耗（C1）	+
	工业物质消耗（C2）	+
	建筑业物质消耗（C3）	+
	居民物质消耗（C4）	+
	交通物质消耗（C5）	+
	采掘业物质消耗（C6）	+
	生物质消耗（C7）	+
	金属矿物消耗（C8）	+
	非金属矿物消耗（C9）	+
	工业产品消耗（C10）	+
	化石燃料消耗（C11）	+
	固废循环利用率（C12）	−

注：区域内调入量是指城市所在区域的其他城市输入该城市的物质量；区域外调入量是指城市所在区域之外的其他城市输入该城市的物质量。在开展城市群等多城市区域的生态风险评估时，仅考虑区域外调入量指标。

选取熵权法确定各指标权重，其基本思路是根据指标变异性大小来确定客观权重，从而识别出系统中较为重要的指标（梁彩霞，2018）。设存在 m 个评估对象，n 个评估指标，x_{ij} 为第 i 个评估对象的第 j 个指标值，在此基础上计算对应熵权。

首先将数据指标进行归一化处理，得到 $R = (r_{ij})_{m \times n}$，$r_{ij}$ 为归一化后的指标值。

正向指标为

$$r_{ij} = \frac{x_{ij} - \min(x_j)}{\max(x_j) - \min(x_j)} \tag{4-11}$$

负向指标为

$$r_{ij} = \frac{\max(x_j) - x_{ij}}{\max(x_j) - \min(x_j)} \qquad (4\text{-}12)$$

在对指标进行处理后，计算熵值：

$$H_j = -\frac{1}{\ln m} \sum_{i=1}^{m} f_{ij} \ln f_{ij} \qquad (4\text{-}13)$$

式中，$f_{ij} = \dfrac{r_{ij}}{\sum\limits_{j=1}^{m} r_{ij}}$，$i = 1, 2, \cdots, m$，$j = 1, 2, \cdots, n$。

根据熵值计算结果求各指标权重：

$$w_j = \frac{1 - H_j}{n - \sum\limits_{i=1}^{n} H_j}, j = 1, 2, \cdots, n \qquad (4\text{-}14)$$

指标权重越大，则代表该指标对风险的影响越大。若评估一组对象在不同年份中的风险，则宜将每一年份的数据重复多次使用熵权法计算指标权重。此时每一年所有指标的权重之和为 1，但同一指标的历年权重会有所不同。

最后可由此计算城市生态风险综合得分为

$$F_i = \sum_{i=1}^{n} w_j r_{ij}, i = 1, 2, \cdots, n \qquad (4\text{-}15)$$

式中，$w_i r_{ij}$ 为指标 j 对第 i 个城市或年份所贡献的风险值。

城市生态风险得分越高，则城市所面临的物质利用相关生态风险越大。某个指标的风险值越大，则代表这一指标对此城市生态风险的贡献越大，应成为风险规避的重点关注因素。此方法可用于不同城市同一年份的比较，从而找出所关注的城市中面临风险较大的城市，也可用于同一城市长时间序列上的风险水平变化评估。

4.1.3.2 基于投入产出的生态风险评估

社会经济转型是城市或区域生态系统的一个重要干扰因素。本部分基于投入产出方法，识别社会经济转型过程中主要的风险源，量化并辨别各风险源对生态要素和污染物要素的影响程度及影响方向，并识别其风险传输路径，进而分析各生态受体对社会经济转型风险源的敏感性，从而有效评估社会经济转型中的生态风险大小。

1）生态风险源的识别与量化

基于投入产出分析方法与结构分解分析方法，本书构建了识别生态风险源、量化生态风险源影响的分析技术。研究将社会经济转型过程中工业化和城市化过程作为两大重要风险源，并通过构建反映工业化和城市化过程的八项主要指标，建立量化两大风险源影响的分析框架与方法（图4-3）。其中，反映工业化进程影响的指标包括总产出结构、最终需求结构、生产结构和贸易结构（进口/出口结构）；反映城市化进程影响的指标包括人口结构变化、消费结构变化、消费水平变化和城市基础设施建设。其中，最终需求结构、生产结构、人口结构变化、消费结构变化和消费水平变化指标的计算，运用结构分解分析

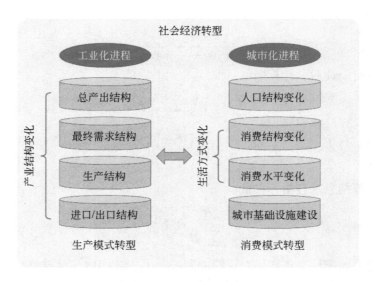

图 4-3　社会经济转型过程风险源主要指标

（structural decomposition analysis，SDA）方法。

　　结构分解分析可用于研究时间变化下各种风险源指标的贡献。基于物质–价值投入产出模型，可以将资源消耗/污染物排放分解如下：

$$\Delta f = \Delta FLy + F\Delta Ly + FL\Delta y \tag{4-16}$$

式中，f 为从产业链累积的资源消耗/污染物排放向量，通常包括直接资源消耗/污染物排放和间接资源消耗/污染物排放，此处 Δf 则表示不同年份间资源消耗量/污染物排放量的变化量，因此也反映出生态风险变化；F 为资源消耗/污染物排放强度向量，通常是由资源消耗总量/污染物排放总量除以总产出得到；$L=(I-A)^{-1}$ 是列昂惕夫逆矩阵，I 为单位矩阵，A 为直接投入系数矩阵，列昂惕夫逆矩阵的每一个元素 L_{ij} 表示部门 j 生产单位最终产品对部门 i 产品的总需求，因此，列昂惕夫逆矩阵反映了一个经济系统的生产结构；y 为最终需求的列向量。

　　公式右侧 ΔFLy 表示资源消耗强度/污染物排放强度变化带来的影响，主要反映技术水平变化对资源消耗/污染物排放变化的贡献；$F\Delta Ly$ 反映了产业化进程中生产结构变化对资源消耗/污染物排放变化的影响；$FL\Delta y$ 反映了最终需求变化对资源消耗/污染物排放变化的贡献。具体而言，各风险源指标及其计算模型如表 4-8 所示。

表 4-8　社会经济转型过程风险源指标及计算模型

指标	计算模型
总产出结构	$f = F\ (I-A)^{-1}y = FLy$
最终需求结构	$\Delta fy_c = FL\Delta y_c y_1 p$
生产结构	$\Delta fL = F\Delta Ly_c y_1 p$

续表

指标	计算模型
进口/出口结构	$f_{im/ex} = F(I-A)^{-1} y_{im/ex} = FLy_{im}/y_{ex}$
人口结构变化	Δf_{urb}，$\mu = FLy_{urb,c} y_{urb,1} \Delta \mu p$
消费结构变化	Δf_{urb}，$y_{urb,c} = FL\Delta y_{urb,c} y_{urb,1} \Delta \mu p$
消费水平变化	Δf_{urb}，$y_{urb,1} = FLy_{urb,c} \Delta y_{urb,1} \Delta \mu p$
城市基础设施建设	$f_{inv} = F(I-A)^{-1} y_{inv} = FLy_{inv}$

注：y 的下标 im、ex、urb、inv 分别为城市进口、出口、居民消费、固定资产形成等最终需求种类；y_c、y_1 分别为最终需求结构和最终需求水平；$y_{urb,c}$ 和 $y_{urb,1}$ 分别为居民消费结构和居民消费水平；μ 为城市化率；p 为总人口。

2）风险传输路径分析

结构路径分析（structural path analysis，SPA）是基于产业间关联，解析生态风险在产业链中的传递路径和节点的重要方法，能够识别生态过程中的重要产业链。公式如下：

$$f = FLy = FIy + FAy + FA^2 y + \cdots \tag{4-17}$$

式中，$FA'y$ 为生产结构中第 t 层生产活动的影响。

结构路径分析可以反映资源消耗/污染物排放的传输路径。例如，$f_k a_{kj} a_{ji} y_i$ 可以表示第二层生产关系中生态要素/污染物要素从产业 $i-j-k$ 的传输路径，如生产 y_i 规模的汽车，需要消耗钢铁部门 $a_{ji} y_i$ 规模的产品，而生产钢铁部门生产 $a_{ji} y_i$ 规模的产品，则需要采矿部门 $a_{kj} a_{ji} y_i$ 规模的产品，从而在采矿部门直接产生 $f_k a_{kj} a_{ji} y_i$ 规模的资源消耗/污染物排放，即可以识别"汽车—钢铁—采矿"产业链的资源消耗/污染物排放传输路径。因此，结构路径分析通过对生态要素和污染物要素在产业间的传输过程的表征，进而量化生态受体对各产业的敏感性。

生态过程受体的敏感性分析是基于产业间关联，描述和量化生态受体对社会经济转型风险源的敏感性波动的技术。产业间关联可以分为后向关联和前向关联（图4-4）。后向关联是通过消耗其他部门的产品而与上游产业产生的关联，表现为某一部门对其他部门产

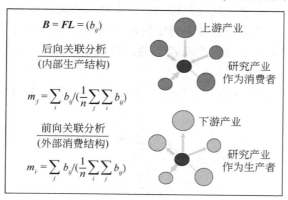

图4-4　后向关联和前向关联分析示意图

品和服务的消费；前向关联是指通过向下游部门提供产品或服务与下游产业产生的关联，表现为某一部门通过生产货物和服务以满足其他部门的需求。

物质–价值投入产出模型可以计算产业在产业链中的前向关联和后向关联，即产业的影响力系数和感应度系数，从而量化各生态要素和污染物要素对该产业变化的敏感性波动，公式为

$$B = FL = F\,(I-A)^{-1} = (b_{ij}) \tag{4-18}$$

$$m_{\cdot j} = \frac{\sum\limits_{i} b_{ij}}{\dfrac{1}{n}\sum\limits_{j}\sum\limits_{i} b_{ij}}, j = 1,2,3,\cdots,n \tag{4-19}$$

$$m_{i\cdot} = \frac{\sum\limits_{j} b_{ij}}{\dfrac{1}{n}\sum\limits_{i}\sum\limits_{j} b_{ij}}, i = 1,2,3,\cdots,n \tag{4-20}$$

式中，B 为考虑生态要素和污染物要素时列昂惕夫逆矩阵；b_{ij} 为 B 中元素；n 为行业数量；$m_{\cdot j}$ 为部门 j 的前向联系，即影响力系数，$m_{\cdot j} > 1$ 表示该行业最终需求每增加一个单位引起的资源消耗/污染物排放高于平均水平；$m_{i\cdot}$ 为行业 i 的后向联系，即感应度系数，$m_{i\cdot} > 1$ 表示其他行业对该行业的最终需求每增加一个单位引起的资源消耗和污染物排放高于平均水平。

当影响力系数和感应度系数均大于 1，表示该行业为关键行业，具有高于经济体平均水平的产业关联，因此这些行业相对较小的变化可能对整体资源消耗和污染物排放产生较大影响，生态受体对该行业的生产和需求变化的敏感度更高，该行业的生产波动会带来更大的生态风险波动。

3）生态风险综合评估

人类社会–经济系统所面临的生态风险压力主要包含两方面内容：一是社会–经济系统对自然资源（如水、能源、矿产和土地等）的需求量超过自然系统所能承受的输出阈值从而带来的风险和压力；二是社会–经济系统向自然环境中排放大量的污染物，超过了环境要素所能受纳的阈值从而带来的风险和压力。而在如今跨区域贸易频繁的背景之下，资源消耗和污染物排放隐含在商品和服务流转中实现了在多区域之间的转移，使得生产地和消费地并非一一对应，仅关注本地生产或者本地消费难以全面、综合评估社会–经济系统所面临的生态风险。

在这一背景下，以水资源为例，构建了基于不同核算方法下的生态风险程度评估指数：

$$\varepsilon^r = \frac{\sum\limits_i p_i^r}{w^r} \tag{4-21}$$

$$\delta^r = \frac{\sum\limits_i c_i^r}{w^r} \tag{4-22}$$

$$p_i^r = \sum\limits_{s,j,m} F_i^r L_{ij}^{rs} y_j^{sm} \tag{4-23}$$

$$c_i^r = \sum_{s,j,m} \boldsymbol{F}_i^r \boldsymbol{L}_{ij}^{rs} y_j^{sm} \tag{4-24}$$

式中，ε^r 和 δ^r 分别为 r 地区生产侧和消费侧水资源风险值；p_i^r 和 c_i^r 分别为 r 地区 i 部门生产侧和消费侧水资源消耗量；w^r 为 r 地区多年平均地表水资源总量；$\boldsymbol{F}_i^r$ 为 r 地区 i 部门水资源消耗强度；$\boldsymbol{L}_{ij}^{rs}$ 为列昂惕夫逆矩阵中 r 地区 i 部门至 s 地区 j 部门的元；y_j^{sm} 为由 s 地区 j 部门至 m 地区的最终需求。

$\varepsilon^r > 1$ 表示 r 地区处于生产侧水资源高风险状况，即当地生产活动的水资源需求量已严重超过该地区地表水资源所能承受的阈值，反映该地区当前社会经济活动对本地水资源形成的巨大压力；$\delta^r > 1$ 表示 r 地区处于消费侧水资源高风险状况，即当地消费活动的水资源需求量严重超过该地区地表水资源所能承受的阈值，反映该地区当前社会经济活动潜在面临着巨大的水资源风险。其他资源消耗或污染物排放所带来的风险同样适用于上述公式，将相应的总量和强度同理替换即可。

4.1.4 基于空间格局的生态风险评估方法

以行政单位为边界的生态风险评估无法有效服务于城市或区域的精细化管控。基于空间格局的生态风险评估方法可打破这种局限，以景观格局和生态服务等损失指标评估生态风险，可实现风险空间分布的精细化模拟。

4.1.4.1 基于景观格局的生态风险评估

城市土地利用类型和方式会呈现不同的景观格局，景观损失指标可以反映城市不合理的土地利用所造成的潜在生态风险。本小节所提出的基于景观格局的生态风险评估方法构建干扰度指数和生态风险指数，在空间上评估和表征生态风险。

1）景观格局指数

研究从景观单个单元特征、景观组分空间构型特征和景观整体多样性特征三个角度选取斑块密度、周长-面积分维数（PAFRAC）、景观分割度（DIVISION）三种景观格局指数，综合衡量研究区景观格局。

在遥感影像数据基础上，提取划分地表类型，再将土地利用数据转化为栅格数据，空间粒度大小选择为 30m。各景观指数计算公式和生态学含义如下（Schindler et al.，2015）：

（1）斑块密度 PD。反映景观总体的斑块分化程度或破碎化程度，计算公式为

$$PD = \frac{n_i}{A}(10000)(100) \tag{4-25}$$

式中，n_i 为整个景观中第 i 种类型所包含斑块总数；A 为该景观总面积。

（2）周长-面积分维数 PAFRAC。反映景观复杂程度，计算公式为

$$PAFRAC = \frac{2/\left[n_i \sum_{j=1}^{n} (\ln p_{ij} \times \ln a_{ij}) - \left(\sum_{j=1}^{n} \ln p_{ij} \right) \left(\sum_{j=1}^{n} \ln a_{ij} \right) \right]}{\left(n_i \sum_{j=1}^{n} \ln p_{ij}^2 \right) - \left(\sum_{j=1}^{n} \ln p_{ij} \right)^2} \tag{4-26}$$

式中，a_{ij} 为第 i 行 j 列斑块的面积；p_{ij} 为对应斑块的周长；n_i 景观中 i 类斑块的总数。PAFRAC 的取值范围为 [1，2]，当该类型的斑块边界比较简单（如正方形）时，PAFRAC 接近 1；而当该类型的斑块具有较高复杂性时，PAFRAC 接近 2。周长-面积分维数越小，景观越趋于规则，表明人类活动对景观的干扰越大。

（3）景观分离度指数 DIVISION。反映一个区域中同一土地利用类型的不同斑块个体的分布情况，计算公式为

$$s_i = \left[1 - \sum_{j=1}^{n} \left(\frac{a_{ij}}{a} \right)^2 \right] \tag{4-27}$$

式中，s_i 为第 i 种土地利用类型的分割度；a_{ij} 为第 i 类土地利用类型 j 的斑块数；a 为土地总面积。分离度指数在 [0，1] 区间，体现景观被分割的程度。

2）景观格局生态风险评估模型

基于景观格局的生态风险评估主要采用了下述模型（Galic et al.，2012）。对研究区生态风险进行计算，可得到全区域的生态风险分布结果。

（1）干扰度指数。

$$R_i = aC_i + bN_i + cD_i \tag{4-28}$$

式中，C_i、N_i 和 D_i 分别为景观破碎度指数、景观分离度指数和周长-面积分维数。其中景观破碎度指数 C_i 用斑块密度 PD 表示，景观分离度指数 N_i 用景观分割度指数 DIVISION 表示，周长-面积分维数 D_i 即 PAFRAC；a、b、c 分别为 C_i、N_i 和 D_i 的权重，取值分别为 0.5、0.3、0.2。

（2）生态风险指数 ER。

$$ER = \sum_{i=1}^{n} \frac{A_i}{A} R_i \tag{4-29}$$

式中，ER 为采样区的生态风险指数；A_i 为采样区内第 i 类景观类型面积；A 为采样区面积；R_i 为干扰度指数，基于景观格局指数计算，可表征景观格局指数对人为干扰的响应。

4.1.4.2 基于生态服务的城市生态风险评估

生态系统服务是生态风险评估的理想终点。本小节在计算不同空间单元的生态系统服务指标值的基础上，采用胁迫-效应关系分析、单指标风险概率和多指标复合风险概率及相对风险指数法量化城市化过程对生态系统服务产生的不良影响，从而在空间上对城市或区域生态风险进行分级和评估。

1）胁迫-效应关系分析

依据压力-状态-响应（pressure-status-response，PSR）模型，构建基于生态系统服务的生态风险评估（ecological risk assessment，ERA）框架见图 4-5，该框架包括了一系列基于土地覆盖与利用类型的生态指标，这些指标能够用来量化生态系统的压力、状态和响应。首先，压力指标包括人工地表比例和夜间灯光指数，人工地表比例能在很大程度上反映城市生态系统的半自然和半人工程度，是生态系统变化的最主要物理胁迫；而夜间灯光指数通常用来反映人类活动强度的指标，在某种程度上反映了人类对生态系统服务的需求

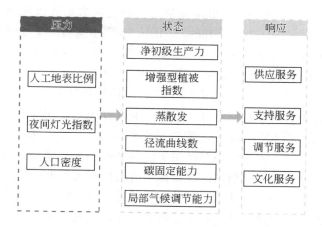

图 4-5　基于生态系统服务的生态风险评估框架

强度。其次，本书围绕生态系统结构、过程和功能服务之间的联系，构建了由净初级生产力（net primary production，NPP）、增强型植被指数（enhanced vegetation index，EVI）、蒸散发（evapotranspiration，ET）、径流曲线数（curve number，CN）、碳固定能力和局部气候调节能力等六个指标组成的状态指标。其中，NNP 定义了生态系统中所有植物产生净有效化学能的速率及能力强度，与生态系统供应和支持服务有着密切的联系；EVI 用来监测植被空间分布和时间持续的状态情况，与生态系统服务提供服务、支持服务和调节服务有着直接的关系；碳固定能力被认为是碳循环及调节的一个重要过程及环节，有助于全球气候调节和碳支持服务，这是由于大部分生态系统都能发挥不同能力大小的碳汇，可为全球碳储存从时空上作出相应的贡献；蒸散发可用于估算区域或局部尺度水分和能量平衡、监控土壤水分状况，可为区域水循环供给服务，以及水环境调节提供关键信息；CN 可以用来评估区域生态水文过程的调节能力，反映了单一降雨事件下某特定土壤类型及其相应土壤水文特征下的径流大小调节能力，与区域生态系统水调节和支持服务密切相关；而局部气候调节能力是由区域生态系统内评估对象与区域内水体和植被覆盖区域地表温度的比值，在一定程度上能够反映出局地气候调节的能力。最后，以供应服务、支持服务、调节服务和文化服务等四大生态系统服务的响应作为评估终点。

基于生态系统服务的生态风险评估框架，以及城市化对生态系统服务的效应评估模型在时空尺度上都极具复杂性，因此，耦合机器学习和级联模型的分析方法可被认为是一种用来分析城市化与生态系统服务之间胁迫-效应关系的理想的手段。具体步骤包括：①对评估框架下的所有包括压力、状态和响应的指标根据各自的属性进行均一化处理；②对所有指标进行水平分级；③利用机器学习方法模拟各项指标已知年份的状况，根据训练好的模型来预测各项 PSR 指标目标年份的水平；④利用空间统计模型进行空间异质性分析，并建立城市化指标与生态系统服务之间的回归模型。

在区域尺度上的胁迫-效应关系分析方法依据区域空间单元的划分方式略有区别，主要包括两种类型，即行政单元或者空间网格单元。行政单元一般为县级尺度，空间网格单元则根据评估区域复杂性划分为 1~5km 栅格。空间网格数据通常从美国国家航空航天局的 EarthDATA 获取，如 MOD17A3（Terra/MODIS 年度净初级生产力产品，结合 BIOME-BGC 模型获取）、MOD16A3（MODIS 每年全球蒸散生产）、MOD13A3（月度植被指数产品）和 MOD11A3（MODIS 地表温度和发射率八天产品）等（http：//ladswed.nascom.nasa.gov），该系列产品分辨率均为 1km。具体过程如下。

在以行政单元作为空间单元划分时，首先，采用 K-Means 均值聚类法通过 n 次中心迭代，对 PSR 的三个部分所有指标进行一定数量水平的最优分类；然后，在分类基础上，基于高斯核函数的径向基神经网络模型对已知年份的 PSR 指标与水平进行仿真模拟和测试优化；最后，利用训练神经网络模型对区域目标年份的指标水平进行评估。

在空间异质性分析中采用局部莫兰指数法，首先，对区域内所有的空间网格单元的标准差值和空间滞后值进行统计，然后对上述两个值在区域内各区（县）进行空间统计分析（主要考虑到周边区域生态风险等级的相互作用），并将区域内邻近关系划分为四种类型，即高值-高值生态风险等级区域、高值-低值生态风险等级区域、低值-高值生态风险等级区域和低值-低值生态风险等级区域。在风险等级分类的基础上，极高生态风险等级的比例以区（县）为评估单元统计；假定研究范围内各区（县）极高生态风险等级的比例符合泊松分布，利用空间泊松分布检验模型对期望风险值与实际风险值进行置信区间的检验分析；结合贝叶斯（Bayes）经验理论公式进行区（县）生态相对分析的评估，给出置信区间高于 95% 的区（县）对象，这些地区可看作研究区域内高生态风险发生概率较高的区域。最后采用泊松分布对已知年份和目标年份的风险期望值和实际值进行评价检验。

在以 1km² 栅格尺度进行空间划分时，则采用包括 K-Means 均值聚类和随机森林（random forest，RF）两种机器学习方法对指标进行等级分类划分和规则的制定。依据研究区域的面积以及 1km² 分辨率决定指标等级数量。其中，由基于质心距离 n 次迭代次数优化的 K-Means 均值聚类法是一种无监督样本分类方法。

针对 1km² 栅格尺度空间划分情景下生态系统服务指标的空间异质性分析，一般采用 Anselin 局部莫兰指数分析各个指标的空间格局及其与邻近单元的关系，并将区域生态风险邻近关系划分为四种主要的类型。皮尔逊相关系数法能够用来定量分析各类指标与人工地表率之间的线性关系。空间自逻辑回归模型以最大似然估计理论为基础，拟合空间概率逻辑斯蒂回归模型，在考虑空间自相关的作用下，研究生态系统压力、响应和状态之间的空间相互作用概率关系。该模型可解释在空间自相关作用下，不同指标水平的等级相对应的发生概率，高概率即代表高风险，而低概率则代表低风险等级：

$$p_i = P\big[\,(y_i = 1 \mid W_{yi})\,\big] = \frac{e^{\alpha + X_i \beta + \gamma W_{yi}}}{1 + e^{\alpha + X_i \beta + \gamma W_{yi}}} \tag{4-30}$$

式中，β 为外生变量的参数向量，可理解为生态系统压力、状态和响应的矩阵；γ 为 y 的空间滞后值的估算参数；W 为连通矩阵。该模型精度可由伪 R^2 和 Akaike 信息标准进行标准判别。

2）单指标风险概率和多指标复合风险概率

通过蒙特卡罗模拟和 Copula 模型分别计算单指标风险概率和多指标复合风险概率，是一种改进的风险概率的计算方法。将基于蒙特卡罗模拟计算出的单指标风险概率值代入合适的 Copula 方程中，从而近似计算出多指标复合风险概率，计算过程如图 4-6 所示。

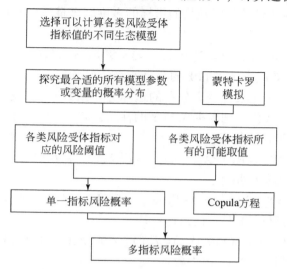

图 4-6 单指标风险概率和多指标复合风险概率的计算过程

单指标风险概率（SRP）计算：假设 EI 代表某一类生态效应指标，EI_c 是其风险阈值，如果 EI 是正向指标，则这一指标对应的单一指标风险概率为

$$SRP = P(EI < EI_c) = F(EI_c) \tag{4-31}$$

若 EI 是负向指标，则计算公式为

$$SRP = P(EI > EI_c) = 1 - F(EI_c) \tag{4-32}$$

式中，$F(EI)$ 为指标 EI 对应理论上的概率累积分布函数。本书建议不需要使用效应指标的理论概率分布，而使用 EI 的生态模型及其重要变量或参数的概率分布（Liu et al., 2020）：

$$EI = f(\theta_1, \cdots, \theta_k, S_1, \cdots, S_l) \tag{4-33}$$

式中，$f(\cdot)$ 为计算 EI 的模型或公式；θ_k 为第 k 个模型参数；S_l 为第 l 个输入自变量。

蒙特卡罗模拟可以充分地利用这些参数的不确定性，通过从这些参数或变量的概率分布中重新抽样，尽可能地计算出 EI 所有可能的结果。蒙特卡罗模拟过程如下：假设执行了 n 次蒙特卡罗模拟，从所有的参数概率分布中随机抽样，则可以计算出 n 个不同的 EI 的模拟值，假设其中有 m 个数值超出了风险阈值，那么 EI 所对应的单指标风险概率就能通过以下公式近似地计算出来：

$$SRP = m/n \tag{4-34}$$

蒙特卡罗模拟次数越多，SRP 的模拟结果就越准确（Ghersi et al., 2017）。

多指标复合风险概率（MRP）计算：MRP 是指所有的单个风险指标同时超过风险阈值的概率，它可以用来评估复合生态风险。然而，由于不同效应指标对应的风险受体不同，如果不同的效应之间是相互独立的，则所有指标的风险阈值不需要重新调整；如果不同效应之间存在交互作用，则需要对单个效应的风险阈值进行放大或缩小（Brzoska and Moniuszko-Jakoniuk，2001）。

Copula 模型可以用于计算任意数量的指标的多维联合概率（Salvadori and De Michele，2007），计算过程如下：

$$F_{X,Y}(x,y) = P(X<x,Y<y) = C[F_X(x),F_Y(y)] \tag{4-35}$$

式中，$F_{X,Y}(x,y)$ 为效应指标 X 和 Y 的联合概率分布函数；$F_X(x)$ 和 $F_Y(y)$ 分别为 X 和 Y 的累积概率分布函数（联合概率分布的边际分布函数）。假设 Xm_t 和 Ym_t 分别是效应指标 X 和 Y 对应的风险阈值，则根据 X 与 Y 的性质，MRP 的计算将分为以下四种情况。

（1）若 X 与 Y 均为正向指标：

$$\text{MRP} = P(X<X_{mt},Y<Y_{mt}) = C[F_X(X_{mt}),F_Y(Y_{mt})] \tag{4-36}$$

（2）若 X 与 Y 均为负向指标：

$$\text{MRP} = P(X>X_{mt},Y>Y_{mt}) = 1-F_X(X_{mt})-F_Y(Y_{mt})+C[F_X(X_{mt}),F_Y(Y_{mt})] \tag{4-37}$$

（3）若 X 是正向指标，Y 是负向指标：

$$\text{MRP} = P(X<X_{mt},Y>Y_{mt}) = F_Y(Y_{mt})-C[F_X(X_{mt}),F_Y(Y_{mt})] \tag{4-38}$$

（4）若 X 是负向指标，Y 是正向指标：

$$\text{MRP} = P(X>X_{mt},Y<Y_{mt}) = F_X(X_{mt})-C[F_X(X_{mt}),F_Y(Y_{mt})] \tag{4-39}$$

我国对概率法风险评估的等级划分为五个等级《风险管理风险评估技术》（GB/T 27921—2011），美国国家环境保护局（US Environmental Protection Agency，USEPA）则划分为四个等级（USEPA，2014）（表4-9）。根据 USEPA 的标准当风险概率不超过5%时，即认为无风险；风险概率大于50%即为高风险水平；根据我国国家标准，低于10%为极低风险，而高于70%的概率则为高风险水平。

表 4-9　基于风险概率的生态风险等级划分

USEPA		中国	
风险等级	风险概率范围/%	风险等级	风险概率范围
无风险	0~5	极低	0~10
低风险	5~10	低	10~30
中等风险	10~50	中等	30~70
高风险	50~100	高	70~90
		极高	90~100

3）相对风险指数

相对风险指数法是一种半定量的生态风险评估方法，适用于特定区域的生态风险评估，还可用于包含多指标的综合生态风险评估（Kang et al.，2018；Li et al.，2016；Alessandro et al.，2008）。在用于城市生态风险评估时，总体上包括两个步骤。

（1）目标区域评估单元的综合效应指数计算。

综合效应指数计算通常采用欧氏距离法，具体计算方法如下：

①计算 m 个研究单元的 n 类生态效应指标的空间分布，提取所有空间样本构建生态效应矩阵 $\boldsymbol{EV} = (ev_{ij})_{mn}$。

$$\boldsymbol{EV} = \begin{bmatrix} ev_{11} & ev_{12} & \cdots & ev_{1n} \\ ev_{21} & ev_{22} & \cdots & ev_{2n} \\ \vdots & \vdots & \vdots & \vdots \\ ev_{m1} & ev_{m2} & \cdots & ev_{mn} \end{bmatrix} \tag{4-40}$$

②对生态效应矩阵 $\boldsymbol{EV}$ 进行归一化处理，计算加权样本矩阵 $\boldsymbol{Y} = (y_{ij})_{mn}$。

$$r_{ij} = \frac{\max(ev_{.j}) - ev_{ij}}{\max(ev_{.j}) - \min(ev_{.j})} \tag{4-41}$$

式中，r_{ij} 为空间样本 i 的第 j 种生态效应指标值的归一化数值；$\max(ev_{.j})$ 为第 j 种生态效应在所有样本中的价值最大值；$\min(ev_{.j})$ 为第 j 种生态效应在所有样本中的价值最小值。

$$\boldsymbol{Y} = \begin{bmatrix} y_{11} & y_{12} & \cdots & y_{1n} \\ y_{21} & y_{22} & \cdots & y_{2n} \\ \vdots & \vdots & \vdots & \vdots \\ y_{m1} & y_{m2} & \cdots & y_{mn} \end{bmatrix} = \begin{bmatrix} \omega_1 r_{11} & \omega_2 r_{12} & \cdots & \omega_n r_{1n} \\ \omega_1 r_{21} & \omega_2 r_{22} & \cdots & \omega_n r_{2n} \\ \vdots & \vdots & \vdots & \vdots \\ \omega_1 r_{m1} & \omega_2 r_{m2} & \cdots & \omega_n r_{mn} \end{bmatrix} \tag{4-42}$$

式中，y_{ij} 为空间样本 i 的第 j 种生态效应的加权归一化数值；ω_j 为第 j 种生态效应的权重，对不同生态效应的赋权体现了在生态风险评估中对不同评估终点的侧重不同。一般采用熵权法对区域内不同评估终点进行赋权，该方法依据一定区域内的数据分布特征确定权重，相比专家打分等主观性方法，熵权法较为客观。

③计算正理想样本和负理想样本。

$$y^+ = \begin{bmatrix} \max(y_{.1}) & \max(y_{.2}) & \cdots & \max(y_{.n}) \end{bmatrix} \tag{4-43}$$

$$y^- = \begin{bmatrix} \min(y_{.1}) & \min(y_{.2}) & \cdots & \min(y_{.n}) \end{bmatrix} \tag{4-44}$$

式中，y^+ 为正理想样本，即所有类型的生态效应值均达到最大值的理想样本点；y^- 为负理想样本，即所有类型的生态效应值均达到最小值的理想样本点；$\max(y_{.j})$ 为生态效应 j 在所有空间样本中加权归一化最大值；$\min(y_{.j})$ 为生态效应 j 在所有空间样本中加权归一化最小值。

④计算欧氏距离距离。

$$D_i^+ = \sqrt{\sum_{j=1}^{m} [\max(y_{.j}) - y_{ij}]^2} \tag{4-45}$$

$$D_{\max}^+ = \sqrt{\sum_{j=1}^{m} [\max(y_{.j}) - \min(y_{.j})]^2} \tag{4-46}$$

式中，D_i^+ 为样本 i 与正理想样本之间的欧式距离，此距离越大说明相应的区域的不良生态效应越大；$D_{\max}^+$ 为正理想样本与负理想样本之间的欧式距离，即在当前所有样本下，表示评估区域不良生态效应最大的距离。

⑤计算综合生态风险指数。

$$R_i = \frac{D_i^+}{D_{\max}^+}$$ （4-47）

式中，R_i 为空间样本 i 的综合生态风险指数，数值为 0~1。越接近于 0 说明区域 i 的不良生态效应越小，即风险越小；越远离 0 说明区域 i 的不良生态效应越大，即风险越大。

⑥划分风险等级。由于综合生态风险指数法通常缺乏风险阈值，因此常用聚类分析进行风险水平的分级。但由于计算所得风险指数是单一属性列表，无法满足聚类分析所用样本的多属性列表的条件，本书采用高斯混合模型（Gaussian mixture model，GMM）对数据进行训练，如果风险指数是多峰分布，则采用高斯混合模型对单一属性的风险指数样本进行聚类，从而找到相应的分类界线，这些分类界线可以作为风险等级划分的界线。若不服从正态分布，则使用 Jenks 自然断点法进行风险等级划分（图 4-7）。

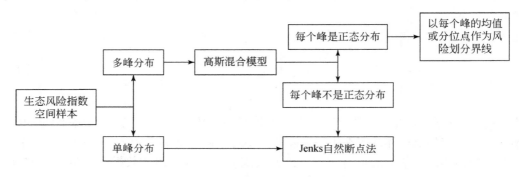

图 4-7 基于生态风险指数分布特征的风险等级划分步骤

（2）评估结果的不确定性分析。

本书采用以下三种基于蒙特卡罗模拟结果的统计指标来估算模型运算的不确定性。

①变异系数（CV）。

$$CV = \frac{\mu}{s} \times 100\%$$ （4-48）

式中，μ 为样本均值；s 为样本标准差。变异系数是衡量一系列数据变异性的常用指标，适用于任何概率分布，变异系数越大，说明数据越离散，变异性越大；反之，变异性越小。

②最大变异范围。如果数据服从正态分布，则其最大变异范围为 $[\mu-3s, \mu+3s]$，99.7% 的数据在此范围内。因此，最大变异范围越小，说明数据越集中，数据的变异性越小。

③相对变异指数（relative variation index，RVI）。如果数据不服从正态分布，尤其是偏态分布时，往往以中位数（Q_{50}）附近作为数据的集中区域，相对变异指数定义为半内四分位数范围和中位数的比值，即 $(Q_{25}-Q_{50})/Q_{50}$，$(Q_{75}-Q_{50})/Q_{50}$，Q_{25} 和 Q_{75} 分别是数据的 25% 分位点和 75% 分位点，50% 的数据集中于此范围。变异率越小，说明数据越集中，不确定性越小。

敏感度是参数敏感性分析中的常用指标，即设定每个参数在实际取值的基础上提高5%，分别计算出相应模型的运算结果（Sieber and Uhlenbrook，2005）。敏感度的计算公式如下：

$$S(p_i) = \frac{|f(1.05 \times p_i) - f(p_i)|}{\sum |f(1.05 \times p_i) - f(p_i)|} \tag{4-49}$$

式中，$S(p_i)$ 为参数 i 的敏感度，以具体某个参数变化导致模型运算结果的变化量占所有参数变化导致模型运算结果的变化量的总和的比例来表示；p_i 为参数 i 的实际取值；$f(\cdot)$ 为模型运算公式。

4.1.4.3 基于损失与概率的生态风险评估

基于生态服务的生态风险评估方法侧重于受体角度的评估，在此基础上可以将风险源纳入考虑，建立基于风险源发生概率与生态服务价值损失的风险评估模型，在数据可获取的情况下，可以结合两种方法综合评估生态风险的大小和分布。模型综合考虑了人为源和自然源的影响，从自然地形、人为胁迫、生态系统恢复水平及景观生态学角度定量测度风险发生的概率，以生态系统调节服务水平的退化作为损失的表征指标；最终基于损失与概率累乘的评估范式，定量描述不同偏好情景下的生态风险。此方法具体指标和基本公式见表 4-10。

表 4-10　基于生态系统服务价值的生态风险评估体系

指标	表征	核算项目
损失指数（LOSS）	生态服务价值损失	太阳能固定
		气体调节
		温度调节
		土壤保持
概率指数（PROB）	生态风险概率	地形坡度
		不透水面比例
		植被覆盖度
		景观损失指数
风险评估结果	RISK = LOSS×PROB	

1）生态服务价值损失指数

引入生态服务价值，以生态服务价值损失作为风险评估终点和表征指标。需要考虑的价值损失一般包括温度调节、太阳能固定、土壤保持和气体调节四个方面，汇总得到生态服务价值损失量。生态服务价值总量由所有生态系统类型提供的服务功能价值相加求得，其公式为（耿冰瑾等，2020）

$$EA = V_{om} + V_{gr} + V_{ac} + V_{tr} \tag{4-50}$$

式中，EA 为生态系统服务价值总量；V_{om} 为温度调节；V_{ac} 为太阳能固定；V_{ac} 为土壤保持；

V_{tr} 为气体调节。

（1）有机物生产价值。采用能量替代法，以净初级生产力来表示生态系统最终产生的有机物质量，与市场上有机物价格相换算，即用 NPP 的结果和单位质量有机物质的价值（元/gC）相乘计算得到研究区生态系统有机物生产的价值（郭伟，2012）：

$$V_{om} = \sum NPP(x) \times P_{OM} \tag{4-51}$$

$$P_{OM} = NPP(x) \times 1.474g \times 10^3 （元/m^2） \tag{4-52}$$

式中，NPP（x）为点位 x 处的 NPP；P_{OM} 为有机物质的价格，其计算采用能量替代法，将 NPP 的生物碳含量换算成有机物质量，再转化为标准煤价格。

（2）土壤保持价值。将水土保持价值定为减少泥沙淤积价值和保持土壤肥力价值两部分价值之和，评估公式为（贾振宇等，2020；欧阳志云等，1999）

$$V_{ac} = V_{ef} + V_{en} \tag{4-53}$$

式中，V_{ac} 为水土保持价值；V_{ef} 为保持土壤肥力部分价值；V_{en} 为减少泥沙淤积价值，计算均基于土壤侵蚀值。

N、P、K 等有机物质是土壤重要的营养物质，水土流失让这些土壤物质大规模流失，导致土壤肥力下降。因此需要施加化肥来恢复土壤肥力，保持土壤生产力。故土壤中 N、P、K 的损失折合为施用化肥代替的费用，以此来表示土壤有机质损失价值（贾振宇等，2020）：

$$V_{ef} = \sum A_c(x) \times C_i \times P_i \tag{4-54}$$

式中，A_c（x）为土壤保持量；C_i 为土壤养分（氮、磷、钾）含量；P_i 为氮、磷、钾的单位市场价格。

根据我国主要流域的泥沙运动规律，土壤侵蚀中有 24% 的泥沙淤积于水库、江河、湖泊中（郭伟，2012）。根据机会成本法，减少泥沙淤积价值为

$$V_{en} = [A_c(x) \times 24\%] / \rho \times C_{ds} \tag{4-55}$$

式中，A_c（x）为土壤保持量；ρ 为土壤容重；C_{ds} 为建成的成本花费。

（3）气体调节价值。从产氧和固碳两方面估算生态系统的气体调节价值损失，分为吸收和释放两部分：

$$V_{gr} = \sum 1.62 \times NPP(x) \times P_{CO_2} + \sum 1.2 \times NPP(x) \times P_{O_2} \tag{4-56}$$

根据光合作用和呼吸作用的反应方程式可以推算每 1g 干物质的生成，需要吸收 1.62g CO_2，同时释放 1.2g O_2。P_{CO_2} 为碳税率的价格，一般取值为 7.39×10^{-4}（元/gC）；P_{O_2} 为工业制氧的价格，一般取值为 8.8×10^{-4}（元/gC）。可以采用碳税法或工业制氧法计算不同生态系统的固碳释氧价值。国际上为削减温室气体排放制定了碳税率，为 1200 元/t。工业制氧法价格采用中华人民共和国卫生部网站（http://www.moh.gov.cn）中 2007 年春季氧气平均价格，为 1000 元/t。

（4）温度调节价值。温度调节价值用能量替代法计算：

$$V_{tr} = \frac{(A_i \times E_i \times \rho \times H_e)}{Q_c} \times P_c \tag{4-57}$$

式中，V_{tr} 为温度调节价值；A_i 为生态系统 i 的面积；E_i 为实际蒸散量；ρ 为水的密度；H_e 为汽化热；Q_c 和 P_c 为标煤的热值与价格。

2）生态风险概率指数

综合考虑人为、自然胁迫的影响，从地形坡度、不透水面比例、植被覆盖度和景观损失指数四个角度定量测度风险源大小，综合计算风险发生的概率（曹祺文等，2018）。采取地形坡度指标表征自然地形条件产生的风险，以反映区域地形对滑坡、泥石流等地质灾害发生的影响；以不透水面指数表征城市土地开发建设、地表覆被改变等人类活动对生态系统的胁迫；植被覆盖度与生态系统恢复力关联密切，故用植被覆盖度变化反映绿色植物空间分布动态变化特征，侧面反映人类活动对生态恢复力影响与干扰产生的风险；用景观损失指数反映人类活动对景观格局影响与干扰产生的风险。风险概率指标的分辨率皆为 1km×1km，待各指标值确定并归一化处理指标后，采用熵值法对各指标赋权重。

（1）地形坡度。基于算法的数字高程模型（digital elevation model，DEM）计算坡度常采用拟合曲面法。

拟合曲面法一般采用二次曲面，即 3×3 的窗口（图 4-8）。每个窗口中心为一个高程点。点 e 的坡度求解公式如下（魏雪梅，2012）：

$$slope = \tan\sqrt{slope_{we}^2 + slope_{sn}^2} \qquad (4\text{-}58)$$

式中，slope 为坡度；$slope_{we}$ 为 X 方向上的坡度；$slope_{sn}$ 为 Y 方向上的坡度。

$$slpoe_{we} = \frac{(e_8 + 2e_1 + e_5) - (e_7 + 2e_3 + e_6)}{8 \times cellsize} \qquad (4\text{-}59)$$

$$slpoe_{sn} = \frac{(e_7 + 2e_4 + e_8) - (e_6 + 2e_2 + e_5)}{8 \times cellsize} \qquad (4\text{-}60)$$

式中，cellsize 为 DEM 的网格间隔。

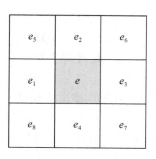

图 4-8　二次曲面

（2）不透水面指数。利用不透水面在热红外波段的辐射率很高，但在近红外波段的反射率却很低这一特性，进一步消除土壤、沙地和水体在热红外和近红外波段处相似特性的影响，创建出一种复合波段的比值指数，从而将透水面与不透水面的差异加大，并得到区分（徐涵秋，2008）：

$$NDISI = \frac{TIR - (VIS_1 + NIR + MIR_1)/3}{TIR + (VIS_1 + NIR + MIR_1)/3} \tag{4-61}$$

式中，NDISI 为归一化不透水面指数；NIR、MIR_1 和 TIR 分别为影像的近红外、中红外和热红外波段；VIS 为可见光中的某一波段。公式可以保证不透水面信息呈正值，沙土、植被和水体信息这些易在提取过程中产生干扰的地物类型呈负值，达到增强不透水面信息和其他信息的差异。

表 4-11 为公式项对应选取的遥感影像波段。

表 4-11　公式项对应的遥感影像波段选择

公式项	TIR	VIS	NIR	MIR
Landsat 5 TM	Band6	Band2	Band4	Band5
Landsat 8 OLI	Band10	Band3	Band5	Band6

在式（4-61）基础上，为减少水体的噪声，引入原始光谱波段衍生的水体指数波段来消除这一问题：

$$NDISI = \frac{TIR - (MNDWI + NIR + MIR_1)/3}{TIR + (MNDWI + NIR + MIR_1)/3} \tag{4-62}$$

在 NDISI 基础上，得到改进型归一化水体指数（MNDWI）：

$$MNDWI = \frac{green - MIR_1}{green + MIR_1} \tag{4-63}$$

该波段也需要进行 0～255 级的线性拉伸，式中 green 为绿光波段，对应 TM 传感器的第二波段及 OLI 传感器的第三波段。

（3）植被指数。P_v 是植被比例，通过下式计算，其中 NDVI 通过 MODIS 植被产品获取：

$$P_v = \left(\frac{NDVI - NDVI_{min}}{NDVI_{max} - NDVI_{min}} \right)^2 \tag{4-64}$$

通过对 NDVI 值进行前期处理及归一化计算、年合成后，可形成 NDVI 影像图用于后续评估。

（4）景观损失指数。从形状、分布等角度选取斑块密度、周长面积分维数（perimeter area fractal dimension，PAFRAC）、景观分割度三种景观格局指数，从景观单个单元特征、景观组分空间构型特征和景观整体多样性特征三个角度来综合衡量研究区景观格局。以干扰度指数 R_i 反映各土地利用类型的景观损失，通过面积比例加权求和得到总的景观损失因子，即生态风险指数，代表地表景观的损失程度。各景观指数计算公式和生态学含义如前所述。

3）生态风险概率权重

生态风险概率指标的分辨率皆为 1km×1km，将各指标值确定后，对指标进行归一化处理，采用熵值法对添加的生态胁迫因子赋权重。

风险概率指标共考虑了 n 个土地类型，m 个指标，则 x'_{ij} 为第 i 个地类的第 j 项指标数值。首先对指标进行标准化，此次研究所涉及的指标有正向指标和负向指标，标准化处理如下。

正向指标：

$$x'_{ij} = \frac{x_{ij} - \min\{x_{1j}, \cdots, x_{rj}\}}{\max\{x_{1j}, \cdots, x_{nj}\} - \min\{x_{1j}, \cdots, x_{rj}\}} \qquad (4\text{-}65)$$

负向指标：

$$x'_{ij} = \frac{\max\{x_{1j}, \cdots, x_{rj}\} - x_{ij}}{\max\{x_{1j}, \cdots, x_{nj}\} - \min\{x_{1j}, \cdots, x_{rj}\}} \qquad (4\text{-}66)$$

计算第 j 项指标下第 i 个地类占该指标的比例：

$$P_{ij} = \frac{x_{ij}}{\sum\limits_{i=1}^{n} x_{ij}}, i = 1, \cdots, n; j = 1, \cdots, m \qquad (4\text{-}67)$$

计算熵值：

$$e_j = -k \sum_{i=1}^{n} P_{ij} \ln(P_{ij}) \qquad (4\text{-}68)$$

其中 $k = 1/\ln(n)$，满足 $e_j \geq 0$。

计算信息熵冗余度：

$$d_j = 1 - e_j \qquad (4\text{-}69)$$

计算各项指标的权值：

$$w_j = \frac{d_j}{\sum\limits_{j=1}^{m} d_j} \qquad (4\text{-}70)$$

4）不同偏好情景下的生态风险评估

基于有序加权平均（ordered-weighted average，OWA）方法，引入决策系数修正生态风险值，形成"忽视""正常"及"重视"三种风险情景。通过 OWA 方法变换主观偏好、降低评估不确定性，可以满足不同发展思路下的城市开发布局需求，从而为城市景观发展空间权衡提供决策支持。位序权重可与主观权重赋值法相结合，如层次分析法、专家打分法，也可与客观权重赋值法相联系，如本书中所采用的熵值权重法。OWA 算法表达式如下：

$$\mathrm{OWA}_i = \sum_{j=1}^{n} \left(\frac{u_j v_j}{\sum\limits_{j=1}^{n} u_j v_j} \right) Z_{ij} \qquad (4\text{-}71)$$

式中，Z_{ij} 是第 i 个像元上第 j 个指标的属性值；u_j 为准则权重，v_j 为位序权重。

准则权重计算后，依据指标属性值的大小对指标属性值和准则权重进行排序，得到排序后的指标属性值及其对应的准则权重。采用 Yager（1988）提出的模糊量化模型，根据风险决策系数计算位序权重。表达式如下：

$$V_k = \left(\sum_{k=1}^{j} W_k \right)^{\alpha} - \left(\sum_{k=1}^{j-1} W_k \right)^{\alpha} \qquad (4\text{-}72)$$

式中，α 为决策风险系数，依据决策者对评估结果的态度取值（范围在 0 及以上）；W_k 为指标值的重要性等级。W_k 的表达式如下：

$$W_k = \frac{n - r_k + 1}{\sum\limits_1^k (n - r_k + 1)} (k = 1, 2, \cdots, n)$$ （4-73）

式中，n 为指标个数；r_k 为依据指标值的大小对重要性等级进行取值，最大取 1，次大取 2，最小取 n。

4.2 基于物质代谢的京津冀城市群生态风险评估

京津冀地区已成为中国人口和经济活动最为集中的地区之一，社会经济的快速发展使得该地区的资源生产无法满足发展需求，因此在物质利用方面面临着尤为突出的生态风险。本节以识别物质利用过程所产生的生态风险为目的，选择 4.1.3.1 节中所述的评估方法，首先在核算和分析京津冀 13 个城市物质消耗总量与结构的基础上，通过因素分解方法探寻可能引发物质代谢风险的社会经济因素；其次通过物质代谢网络的建立，分析各城市内部、13 个城市之间的物质交换和利用状况，并识别关键代谢路径，从而有效诊断风险产生和传输的关键环节；最后构建基于物质代谢的城市生态风险评估体系，量化评估不同城市由于物质利用所带来的生态风险，为风险等级和安全阈值确定，以及风险管理与调控指明方向。

4.2.1 城市及城市群物质消耗特征

京津冀物质消耗核算结果表明，2000～2017 年京津冀城市群的 DMC 总体呈现上升趋势（图 4-9）。2000～2011 年以 15.4% 的年均变化率持续增长；2011 年后平稳波动，年均变化率为 -0.3%。其中，唐山、邯郸和天津的 DMC 对城市群整体物质消耗量贡献较大，所占比例始终大于 12%；北京和石家庄也有一定贡献，前者占比不断下滑（由 12.6% 降至 2.7%），后者变化不大（由 8.8% 变为 8.6%），而其余城市占比始终不足 10%。同时，承德和天津 DMC 增长明显（首末增幅分别为 7.4 倍和 9.0 倍），二者占比在研究期间均实现了翻倍增长（分别由 4.0% 增至 7.1%、由 15.5% 增至 32.7%），在城市群中的作用日益重要。

4.2.1.1 物质消耗类别分析

2000～2017 年，非金属矿物消耗量始终占据着京津冀城市群物质消耗量的最大比例（不低于 34.2%），一直保持着 24.3% 的年均增速，仅最后两年稍有回落，是影响城市群 DMC 变化的决定性因素（图 4-10）。同时，金属矿物消耗量所占比例也有明显增长，除 2008～2012 年的波动外，其余年份的年均增速大致为 59.6%，所占比例也总体呈现增长趋势（从 12.8% 增长至 28.4%），对城市群 DMC 增长起到一定促进作用。化石燃料、工业产品、生物质和再生资源的消耗量虽然有所增长，但因增幅较小或初始占比不大，导致

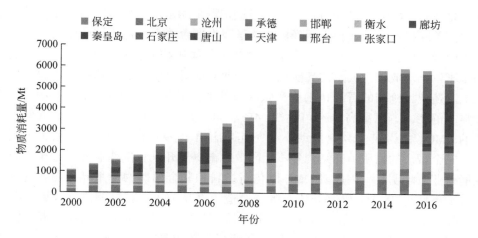

图 4-9　京津冀城市群物质消耗量及各城市贡献

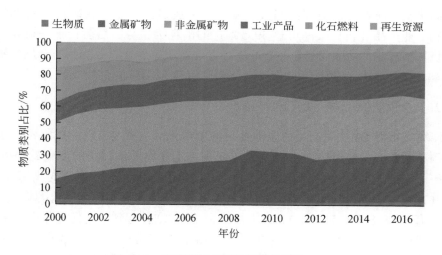

图 4-10　京津冀城市群物质消耗结构

其在整体 DMC 中的占比不断减少（末年低于 16%），但影响作用较为有限。

　　京津冀所有城市 DMC 的变化也受到非金属矿物消耗的有力驱动。研究期间，天津、石家庄、保定、沧州、邯郸、廊坊、邢台和张家口 DMC 呈现出先增后减的趋势，这与城市群 DMC 变化态势大致对应。除张家口（非金属消耗量低于 28%）和沧州外（非金属消耗量低于 33%），其余五个城市非金属矿物占比始终不低于 30%，与城市群相当。不同的是，这些城市中的天津、邯郸、廊坊和邢台 DMC 增长不仅依赖于非金属矿物，还依赖于金属矿物的消耗，因为这些城市大力发展先进制造业，有效承接了从北京转移出的产业，形成了各具特点的支柱产业，包括天津的汽车制造业、邯郸的装备制造业、廊坊的金属加工和装备制造业，以及邢台的装备制造业。金属矿物在四个城市的消耗占比最高分别可达

35.7%、33.6%、44.4%和34.1%，略高于城市群平均水平，且研究期间前三城市金属矿物消耗比例不断提高，而邢台不断降低，这是因为邢台着力进行传统产业的改造提升，要求钢铁工业做专做精做洁，在一定程度上放缓了金属矿物消耗量的增长；石家庄、保定、沧州和张家口已形成较为成熟的高能耗密集产业，如石家庄的纺织和制药产业，保定的汽车和机电制造业，沧州的石油化工业和张家口的能源和机械制造业，因此DMC还依赖于化石燃料的消耗，占比最高分别可达30.4%、44.5%、46.1%和44.1%。承德、秦皇岛和唐山的DMC除个别年份略有波动外（尤其是唐山2009~2011年），大致呈现逐年增长态势。这三个城市的物质消耗结构各不相同，承德煤炭开采和洗选业和非金属矿物制品业等高耗能行业贡献明显，因此其DMC以化石燃料和非金属矿物为主导，二者占比均不断增长，分别不低于25.7%和16.6%；装备制造、食品加工、玻璃制品、金属冶炼是秦皇岛四大支柱产业，其DMC则更多依赖于非金属矿物的变化，尽管其占比不断下降，但始终不低于38.3%；唐山拥有钢铁、石化、高端装备制造等重化工业，其DMC变化则很大程度上取决于非金属矿物和金属矿物，前者占比始终不低于30%，后者增长迅速，2017年最终达37.7%，与城市群DMC物质组成较为类似。此外，北京与衡水DMC始终处于剧烈的波动状态，前者人口众多，制造业发展较为成熟，以非金属矿物（占比始终不低于35%）和工业产品（占比最高可达49.5%）的消耗为主导，后者产业基础良好，主导产业包括装备制造业、功能材料业、食品医疗业和纺织家居业，故受到非金属矿物（占比最高可达44.2%）和化石燃料消耗量（占比最高可达37.4%）的影响较大。

4.2.1.2　物质消耗的部门特征分析

京津冀城市群DMC受工业物质消耗量的影响最大（图4-11），始终不低于58%，其所占比例不断扩大，最高接近80%。具体而言，工业物质消耗量的变化趋势以2011年为界，经历了先加速后平稳的变化趋势，前期（2000~2011年）年均变化率高达53.4%，而后期（2012~2017年）年均变化率仅为0.7%。建筑业和循环加工业的物质消耗量占比次之（最高为18.8%和15.8%），也对城市群DMC增长起到一定促进作用。

北京建筑业部门在DMC中占比不低于40%，最高可达85%，是北京DMC变化的绝对主导力量，这是因为北京对非首都功能进行疏解，将高消耗的制造业转移至津、冀两地，同时对原有设施进行改建、扩建等以满足日益增长的人口需要。除北京外的其余城市，DMC主要由工业部门贡献，这与城市群的规律一致。其中，承德、邯郸、秦皇岛、石家庄和唐山这五个传统加制造业城市的工业物质消耗量占比不断扩大，且占比始终不低于50%。与此同时，承德着力于重点发展文化旅游、健康养老等产业，秦皇岛不断开发具有滨海、生态、旅游特色的第三产业，邯郸和唐山的支柱产业钢铁业本身具有相较其他产业更高的高污染特性，因此这四个城市较为注重循环加工业的培育与发展，其物质消耗也对城市DMC增长有一定影响（最高分别为27.4%、15.7%、14.3%和24.3%），相当于城市群循环加工业占比最高水平的1.7倍、1倍、0.9倍和1.3倍。此外，廊坊区位优势明显，紧邻京、津两地，着力提升非首都功能疏解和京津产业转移承接能力，工业增长迅猛，虽然首年工业物质消耗占比仅为14.5%，但末年达到了91.1%。廊坊和秦皇岛致力

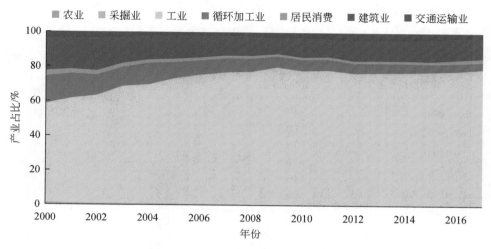

图 4-11　城市群物质消耗的部门贡献

于突出交通地位、加快转型升级，近年来开展了一系列基础设施建设，导致建筑业物质消耗量同样拥有一定占比（最高分别为 66.4% 和 32.9%），有力促进了城市 DMC 增长，相当于京津冀城市群建筑业占比最高水平的 3.5 倍和 1.5 倍。由此可知秦皇岛市与城市群部门消耗特征较为相似。

保定与天津的工业物质消耗占比先增后减，二者贡献量分别不低于 30% 和 50%，不同的是，保定因具有相对优越的区位优势，与京津成三足鼎立之势，致力于全国性综合交通枢纽和城市群"1 小时通勤圈"，故其 DMC 受交通运输业消耗（最高 35%）影响较大；而天津由于建立了渤海新区，承载了来自北京的大量人口，因此建筑业部门（最高 28%）也对城市整体物质消耗产生一定影响。工业部门物质消耗在沧州和邢台变化不大，这两个城市虽然正经历产业的转型升级与集成，但工业总体的消耗量较为稳定，前者在后期略有下降，后者则在后期呈现先减后增的波动，在两城市中所占比例始终高于 54% 和 74%，而其余部门占比始终不超过 25% 和 15%。衡水资源丰富、增长潜力较大，尽管第二产业已取得长足发展，但农业基础雄厚，故工业物质消耗在 DMC 中的占比相较其他城市略低，但始终不低于 34%，呈现减—增—减的趋势，同时衡水 DMC 还受到循环加工业（占比不断下降，最高 34.4%）和建筑业（占比不断上升，最高 32.6%）影响。张家口经济水平在河北省内相对较弱，近年来持续发展能源和机械制造业，工业物质消耗占比始终不低于 60%，呈现出增—减—增的趋势，情况与衡水正好相反，其余部门占比始终不高于 22%。

4.2.1.3　物质消耗的影响因素识别

依据规划执行期，将每五年视为一个阶段，分析各阶段城市群物质消耗的影响因素（图 4-12）。第一阶段是中国加入 WTO 后的首个五年（2000～2005 年），城市群 DMC 整体增幅高达 1.3 倍；第二阶段（2005～2010 年）是 2008 年北京奥运会召开前后的五年，DMC 整体增幅虽然相较第一阶段有所减缓，但依然接近 1 倍（95%）；第三阶段（2010～

2015 年）加速推进京津冀协同发展，但城市群 DMC 增速较前两阶段相比较慢，整体增幅仅为 20.2%。

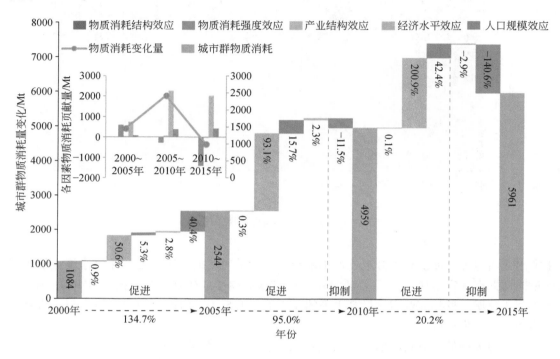

图 4-12　京津冀城市群物质消耗变化及各因素贡献量

人均 GDP 是京津冀城市群物质消耗增长的首要驱动力，贡献量呈先增后减趋势，贡献率均在 50% 以上，并在三个研究时段始终为正向促进作用。人口规模是人均 GDP 之后的第二驱动因素，贡献量不断增加，在三个时段同样起到正向促进作用，其第一阶段贡献率占比较小（仅为 5.3%），第二、三阶段则有较大提升（分别占 15.7% 和 42.4%），约分别为第一阶段水平的 3 倍和 6 倍。物质消耗强度虽然在第一阶段表现为促进作用（占比 40.4%），但在后两阶段已转为抑制作用（−11.5% 和 −140.6%），成为抑制城市群 DMC 增长的最主要因素。产业结构和物质消耗结构对城市群 DMC 变化的贡献作用较为有限，始终不超过 3% 和 1%。

京津冀 13 个城市 DMC 增长同样主要由人均 GDP 驱动。除沧州第一阶段外，人均 GDP 在其他城市的各阶段均起到正向促进作用，约 3/4 的城市驱动规律与城市群类似，包括天津、保定、承德、邯郸、衡水、秦皇岛、石家庄、唐山和张家口，贡献量均呈先增后减趋势。上述九个城市的人均 GDP 贡献率始终大于 54%，其中五个城市与城市群规律一致，在第三阶段均不断上升，而天津与保定的人均 GDP 贡献率变化呈先增后减趋势，秦皇岛先减后增，承德不断下降。其余四个城市人均 GDP 贡献率呈现出不同的变化趋势，北京、邢台贡献量不断下降，前者贡献率先增后减，后者不断增长；廊坊贡献量不断上升，贡献率先增后减，但后两个阶段差别不大（分别为 67.7% 和 63.6%）；沧州第一阶段人均 GDP 贡献率也呈上升趋势。

人口规模效应对 DMC 增长也具有一定的正向促进作用。除衡水前两个阶段呈抑制作用外，人口规模在其他城市各阶段均起到正向促进作用。一半城市人口规模效应与城市群类似，包括天津、保定、沧州、承德、邯郸、廊坊和唐山，三个阶段人口规模贡献量不断增长。人口规模的贡献率除保定呈先增后减趋势外，在上述七个城市的三个阶段皆持续上升。其余城市人口规模的贡献量均呈先增后减趋势，不同的是，北京与衡水贡献率与贡献量趋势基本一致；其余四个城市的贡献率不断上升。

物质消耗强度效应较为多样。天津、沧州、邯郸、石家庄和唐山与城市群趋势相似，均由促进转为抑制作用。其中，沧州后两阶段（贡献率分别为 −174.2% 和 −202.7%）、石家庄和唐山第三阶段（贡献率分别为 −144.2% 和 −2777.2%）的物质消耗强度贡献量相对较强，能够部分或全部抵消人均 GDP 等因素的促进作用，为影响 DMC 变化的第二因素，在唐山第三阶段更成为首要驱动因素。其他八个城市中，承德的物质消耗强度的贡献与城市群规律相反，由抑制转为促进作用；而北京和保定呈现先促进再抑制后促进的变化规律，衡水和张家口呈现先抑制再促进后抑制的变化规律；邢台始终呈抑制作用，秦皇岛和廊坊则始终呈促进作用。其中，衡水第三阶段（贡献率为 −271.1%）、张家口第三阶段（贡献率为 −706.8%）、保定第二阶段（贡献率为 −33.3%）和邢台全部三阶段（贡献率分别为 −232.5%、−190.9% 和 347.2%）的物质消耗强度抑制作用较为明显，而承德第三阶段（贡献率为 44.0%）物质消耗强度呈现明显的促进作用。

各城市产业结构的贡献相较于城市群更为突出，保定、承德、邯郸、衡水、邢台和张家口与城市群趋势相似，由促进转为抑制作用，贡献率均高于 3%。其余城市中，北京产业结构效应与城市群相反，呈现由抑制转为促进的趋势，贡献率最高可达 38.3%；沧州先抑制再促进后抑制，后两阶段贡献率数值接近，但方向相反（分别为 49.4% 和 −49.7%）；廊坊（始终不超过 8%）、石家庄（最高可达 55%）和唐山（最高可达 865.6%）则先促进再抑制后促进；天津（始终不超过 −9%）、秦皇岛（最高可达 −148.6%）三阶段始终为抑制作用。北京、唐山和石家庄这三个城市的第三阶段的产业结构贡献尤为突出（贡献率分别为 23.0%、865.6% 和 55.0%）；邯郸第三阶段产业结构对 DMC 贡献率（−154.7%）超过了物质消耗强度（−96.9%），为影响 DMC 变化的第二因素；保定、承德和秦皇岛三个城市的第三阶段，产业结构对于 DMC 抑制作用较为突出（贡献率分别为 −22.1%、−30.0% 和 −148.6%），尤其是秦皇岛产业结构抵消了人均 GDP 促进作用的 3/4。

与城市群类似，物质消耗结构效应对 DMC 变化的贡献作用较为有限，除廊坊第一阶段达到 18.2% 外，其余城市始终未超过 ±6%。

4.2.2 城市及城市群关键代谢路径

4.2.2.1 各城市关键代谢路径

在城市物质利用过程中，物质转移较多或增幅显著的路径往往潜藏着较大的生态风险。城市物质代谢的关键路径识别可以定位到可能产生风险的物质消耗过程，从风险产生的具体环节减小风险，指导针对性调控措施的制订。筛选各城市内部流量较大的前三条路径作为关键路径，分析其流量的变化幅度（表 4-12）。各城市关键路径转移量在 2000 ~ 2017 年大部分呈现上升，增幅最小为 23%（唐山环境—采掘），最大达到 30.4 倍（秦皇岛工业—循环），而也有部分关键路径的转移量出现下降，最大降幅为沧州工业—环境（76%）。

表 4-12　京津冀 13 城市关键路径类型识别　　　　　　　　　（单位:%）

城市	关键路径	变化幅度	城市	关键路径	变化幅度
北京	环境—建筑	187	衡水	环境—采掘	-15
	工业—环境	-13		工业—环境	-64
	交通—环境	263		采掘—能源	-34
天津	工业—环境	226	廊坊	环境—采掘	-20
	环境—采掘	313		工业—环境	170
	环境—建筑	93		采掘—工业	1312
石家庄	工业—环境	352	秦皇岛	工业—循环	3035
	能源—工业	352		环境—采掘	-21
	环境—采掘	-10		采掘—工业	-10
保定	交通—环境	1368	唐山	工业—环境	137
	环境—采掘	-4		环境—采掘	23
	能源—交通	1368		循环—工业	903
沧州	工业—环境	-76	邢台	工业—环境	843
	环境—采掘	469		能源—工业	843
	交通—环境	171		环境—采掘	-30
承德	工业—环境	1094	张家口	工业—环境	335
	能源—工业	1094		能源—工业	335
	交通—环境	529		交通—环境	378
邯郸	工业—环境	274			
	交通—环境	266			
	能源—工业	274			

注：工业、建筑、采掘、环境、能源等为城市经济部门的各个行业。

除保定外，其他城市的关键路径均与工业有关，这是由于京津冀城市的支柱产业类别多为物耗、能耗和污染物排放较为密集的产业，如天津的汽车制造产业，石家庄的纺织和制药产业，廊坊的金属加工和装备制造业，沧州的石油化工业，以及唐山高度集中的钢铁产业，表明工业部门的材料或能源使用，以及污染物处理排放已成为京津冀地区最为关键的一类代谢过程。工业—环境为除保定、秦皇岛外所有城市共有的关键路径，其中工业过程的大气污染物排放，尤其是 CO_2 等温室气体向环境的排放过程尤为突出，表明工业大气污染物排放已经成为京津冀大部分城市需关注的物质代谢过程，未来发展中需要采取政策和技术措施力图减小其背后的生态风险。存在工业—环境关键路径的城市中，仅北京、沧州和衡水三市此路径上的转移量有所下降，2017 年分别为 2000 年的 87%、24% 和 36%，表明三者的工业污染物排放风险已经得到了一定的疏解或控制。而其他八个城市转移量呈现上升趋势，应成为工业污染排放过程调控的重点关注对象。但不同城市的增长幅度差异明显，其中，唐山的增幅最小（1.4 倍），而承德的增幅最大（10.9 倍），这是由于唐山的此路径转移量在研究期首年已达到较高水平（9635 万 t），因此研究期内虽然有较大的数额增长但增幅相对较小，而承德研究期首年的转移量较小（2742 万 t），相比之下转移量增长带来的增幅更为明显。因此在实际的物质代谢调节和生态风险防控工作中，对于工业污染物排放已相对稳定在较高水平的城市要尽快突破技术和管理瓶颈，争取工业污染物的减量化，而对于这一过程上的转移量仍处于迅猛上升阶段的城市，尽快降低工业污染物排放的增长速度，使其早日实现与经济增长的脱钩成为当务之急。除了工业—环境这一关键路径外，能源—工业也成为石家庄、承德、邯郸、邢台、张家口五市的关键路径，因此这些城市在未来的发展中要更加注重工业生产过程对化石燃料的减量、高效利用，并积极推进清洁能源的替代使用。秦皇岛和廊坊的采掘—工业也是围绕工业延伸的关键路径，这是由于二者分别以建材制造、金属加工等作为支柱工业类型，对金属和非金属矿物的需求巨大。同时，作为唯一未以工业—环境作为关键路径的城市，秦皇岛的工业—循环成为一条特有的关键路径，这是由于其工业生产中的固体废弃物的迅速增长所致（首末年增幅高达 37.6 倍），但同时秦皇岛的固废综合利用率并未因为工业固废的增长而产生明显变化（在 0.6 左右波动），因此还需进一步加强工业固废的减量化和循环化，以降低最终固体废弃物向环境排放所带来的潜在生态风险。

京津冀城市群中东部的天津、石家庄、保定、沧州、衡水、廊坊、秦皇岛、唐山、邢台九市关键路径中包含了环境—采掘，这是由于采掘业从环境中获取金属、非金属矿物，且矿物单价质量相对较大，此代谢过程往往涉及较大的物质转移量。天津、沧州和唐山的此路径转移量整体呈现增长，增幅分别为 313%、469% 和 23%，天津和沧州是由于快速发展的汽车、五金、机电等制造业极大拉动了金属和非金属矿物需求，从而导致了开采规模的扩大；而唐山则是因其传统优势的钢铁行业带来了一定的矿产资源和化石燃料需求，虽然后期的调控政策和产业技术升级导致了本地开采规模的小幅度回落，但仍未恢复到初期水平。其他六个城市的环境—采掘路径上的转移量呈现下降趋势，但降幅均未超过30%。北京、保定、沧州、承德、邯郸、张家口六个城市的关键路径包含了交通—环境，且转移量均呈现较大的上升态势（增幅超过 2.6 倍），保定甚至呈现超十倍的增幅，表明交通污染物排放也应成为这些城市的生态风险防控的重点。

4.2.2.2 城市群关键代谢路径

13 个城市之间也存在着物质转移过程，因此同样也需要对城市群代谢网络中的关键路径进行识别，从而找到对城市群整体生态风险影响较大的代谢过程。构建京津冀 13 个城市 117 节点的物质转移网络，从而模拟重现物质在城市群内各部门间的代谢过程。网络共有 2265 条转移路径，其中转移量大于 50Mt 的路径被定义为关键路径（表 4-13）。这些关键路径数量仅为转移路径数量总和的 1.5%，但其传递的物质转移量却占到了网络物质转移总量的 61.5%（3829.6Mt），因此这些路径可体现城市群内部的重要代谢过程。

表 4-13 2012 年京津冀城市群部门间物质转移网络关键路径

城市群关键路径	转移量/Mt	占比/%	城市群关键路径	转移量/Mt	占比/%
石家庄工业—石家庄环境	361.07	5.8	邯郸能源—邯郸工业	89.31	1.4
邯郸工业—邯郸环境	269.72	4.3	天津环境—天津采掘	84.86	1.4
承德工业—承德环境	234.68	3.8	承德能源—承德工业	77.71	1.2
唐山工业—唐山环境	214.40	3.4	邯郸环境—邯郸采掘	77.61	1.2
邯郸交通—邯郸环境	175.76	2.8	石家庄环境—石家庄采掘	76.87	1.2
天津工业—天津环境	167.18	2.7	衡水环境—衡水采掘	76.87	1.2
张家口工业—张家口环境	152.72	2.5	天津环境—天津建筑	76.83	1.2
唐山交通—唐山环境	141.63	2.3	唐山能源—唐山工业	70.99	1.1
保定交通—保定环境	141.63	2.3	沧州工业—沧州环境	66.20	1.1
北京环境—北京建筑	141.16	2.3	邯郸采掘—邯郸工业	62.70	1.0
唐山环境—唐山采掘	125.07	2.0	石家庄采掘—石家庄工业	56.62	0.9
石家庄能源—石家庄工业	119.56	1.9	天津能源—天津工业	55.36	0.9
邢台工业—邢台环境	116.38	1.9	天津采掘—天津能源	53.93	0.9
唐山循环—唐山环境	101.77	1.6	邯郸能源—邯郸交通	53.53	0.9
唐山工业—唐山循环	97.27	1.6	保定工业—保定环境	52.52	0.8
唐山循环—唐山工业	94.98	1.5	张家口能源—张家口工业	50.57	0.8
唐山采掘—唐山工业	92.12	1.5			

城市群的关键代谢过程路径集中于城市内部，但各城市分布不均。其中，唐山的关键路径数量最多（8 条），其次分别为邯郸（6 条）、天津（5 条）和石家庄（4 条），廊坊、秦皇岛未出现关键路径。与唐山、邯郸和石家庄相关的关键路径转移量在网络中占比最大，分别约占全部关键路径物质转移总量的 24.5%、19.0% 和 16.0%，因而这三个城市中的部分代谢过程在对城市群的生态风险具有突出影响。天津虽然关键路径数量多于石家庄，但转移量却不及后者，在全部关键路径物质转移总量中占比为 11.4%。其余城市的关键路径转移量均小于 10%。石家庄、邯郸、承德和唐山的工业—环境这四条城市内路径流量均超过关键路径物质转移总量的 5%（即网络总转移量的 3%），成为京津冀地区部门间流量最大的路径，其中，燃料燃烧和其他工业过程排放的 CO_2 是路径上的主要代谢物质，因此，生态风险防控工作的重点应是温室气体的排放过程。石家庄应进一步关注制药和纺织两大产业的清洁化生产；以钢铁制造等重工业为主的邯郸和唐山，则可通过技术革新和

清洁能源的使用力图减少温室气体的排放；而承德还需继续大力建设清洁能源、现代旅游、特色农业等新兴产业，在保证经济发展的同时，通过推进传统工业的升级来降低大气污染物的排放。

归类城市群关键代谢路径发现，工业—环境类型路径出现数量为九条，转移量占城市群总量的 26.3%，其中绝大多数城市工业部门所产生的大气污染物排放是城市群内部的关键代谢过程。此外，交通—环境类型路径虽然仅出现三条，但其占比高达 21.4%，成为除工业—环境外转移量占比最高的路径类型，一定程度上表明京津冀地区对交通污染物排放过程进行调控的紧迫性。能源—工业路径出现六次，转移量占总量的 12.1%，该路径主要代表能源转换业向工业提供化石燃料的过程，因此工业生产能耗也在一定程度上成为值得关注的问题。环境—采掘路径出现五次，转移量占总量的 11.5%，这是由于采掘业从环境中开采城市生产和建设所必需的原材料（包括金属和非金属矿物），是城市群不可忽视的重要代谢过程。其余关键路径类型均不超过三条，且转移量占比均在 6% 以下。

由于城市间物质转移量相对较小，13 个城市与城市群的关键路径类型呈现出高度的一致性（表4-14）。保定、廊坊、唐山、承德、邯郸、张家口、石家庄、邢台八个城市的全部三条关键路径均与城市群的关键路径重合，其他城市也至少有一条关键路径与城市群重合。除衡水和秦皇岛外，其余 11 个城市的关键路径均包括工业—环境，其中承德的此路径转移量高达城市内部路径总转移量的 56.2%，石家庄、邢台、张家口三市的此路径转移量占比也均超过 30%，因此无论是城市、城市群尺度，工业污染物的排放过程均潜藏着较大的生态风险。北京、保定、承德、邯郸、廊坊、唐山、张家口七市的关键路径中包含交通—环境，此路径转移量占比保定最大，为 33.0%。石家庄、承德、邯郸、邢台、张家口五市的关键路径中包含能源—工业路径，其中占比最大的城市为承德（18.6%）。保定、沧州、衡水、廊坊、秦皇岛、石家庄、唐山、天津、邢台九市的关键路径中包含环境—采掘，其中此路径在衡水占比最大（37.2%），在其余城市中占比均未超过 16%。因此，城市、城市群代谢方面风险防控工作的重点应为交通污染物排放、工业生产能耗以及自然资源的开采。

表 4-14 城市群及 13 个城市部门间关键路径

城市/城市群	路径	转移量/Mt	占比/%	城市/城市群	路径	转移量/Mt	占比/%
城市群	工业—环境	1634.86	26.2	邯郸	工业—环境	269.72	29.9
	交通—环境	459.03	13.2		交通—环境	175.76	19.5
	能源—工业	463.50	7.4		能源—工业	89.31	9.9
	环境—采掘	441.28	7.1				
北京	环境—建筑	141.16	36.3	衡水	环境—采掘	76.86	37.2
	工业—环境	41.09	10.6		采掘—工业	25.21	12.2
	交通—环境	40.55	10.4		采掘—能源	20.25	9.8

续表

城市/城市群	路径	转移量/Mt	占比/%	城市/城市群	路径	转移量/Mt	占比/%
天津	工业—环境	167.17	27.9	廊坊	环境—采掘	28.79	16.0
	环境—采掘	84.86	14.2		交通—环境	27.37	15.2
	环境—建筑	76.83	12.8		工业—环境	23.39	13.0
石家庄	工业—环境	361.07	46.3	秦皇岛	工业—循环	21.60	19.8
	能源—工业	119.56	15.3		环境—采掘	14.51	13.3
	环境—采掘	76.86	9.9		循环—工业	12.55	11.5
保定	交通—环境	141.63	33.0	唐山	工业—环境	214.39	20.1
	工业—环境	52.51	12.2		交通—环境	141.63	13.3
	环境—采掘	45.03	10.5		环境—采掘	125.07	11.7
沧州	工业—环境	66.19	21.8	邢台	工业—环境	116.37	42.8
	环境—采掘	45.03	14.8		能源—工业	38.53	14.2
	采掘—工业	33.82	11.2		环境—采掘	28.79	10.6
承德	工业—环境	234.67	56.2	张家口	工业—环境	152.71	39.7
	能源—工业	77.70	18.6		能源—工业	50.56	13.1
	交通—环境	30.82	7.4		交通—环境	35.26	9.2

4.2.3 城市及城市群生态风险评估

4.2.3.1 生态风险指标权重变化

基于熵权法计算2000~2017年京津冀城市群的生态风险评估指标权重（表4-15），结果显示采掘业物质消耗是权重最大的指标（0.0723），而固废循环利用率指标的权重最小（0.0342）。这是由于京津冀13个城市之间采掘业规模差距较大，因此采掘业的物质消耗水平存在较大差异，而各城市之间的固废循环利用率差距相对较小。权重排序靠前的指标中与物质消耗相关的指标数量较多，排序前二的指标采掘业物质消耗、居民物质消耗均为物质消耗指标。在平均权重排名前50%的11个指标中，有7个指标属于物质消耗指标，比例大于物质消耗指标在全部指标中的占比（54.5%），反映了调整物质消耗指标对降低城市代谢所带来的生态风险的重要意义。除了GDP以外，社会经济压力的其他指标排序较为靠后，均属于平均权重位于后50%的指标，说明相比于其他社会经济因素，人类经济创造活动带来的城市生态风险更大。资源需求指标权重排序较为分散，其中区域内调入量是这一准则层下权重最高的指标，而本地开采量在该准则层权重最低，一定程度上说明外部资源需求显著影响着京津冀城市群的生态风险水平。

表 4-15 京津冀城市群生态风险评估指标历年权重（×10⁻²）

指标	2000年	2001年	2002年	2003年	2004年	2005年	2006年	2007年	2008年	2009年	2010年	2011年	2012年	2013年	2014年	2015年	2016年	2017年	平均值
物质消耗总量	4.49	4.53	4.56	4.76	4.50	4.23	4.47	4.36	4.53	4.76	4.65	4.61	4.32	4.30	4.19	4.17	4.16	4.18	4.43
本地开采量	3.74	3.78	4.09	3.41	3.16	3.23	3.40	3.29	3.30	3.29	3.64	3.33	3.40	3.67	3.55	4.25	3.79	3.57	3.55
区域内调入量	6.12	6.02	5.94	5.95	5.76	5.67	5.63	5.67	5.59	5.37	5.41	5.34	5.51	5.52	5.43	5.41	5.32	5.34	5.61
区域外调入量	5.86	5.77	5.69	5.70	5.51	5.43	5.39	5.43	5.35	5.15	5.18	5.12	5.27	5.29	5.20	5.18	5.09	5.11	5.37
国外进口量	5.39	5.30	5.23	5.24	5.07	4.99	4.96	5.00	4.92	4.73	4.77	4.70	4.85	4.86	4.78	4.76	4.68	4.70	4.94
人均物质消耗	3.30	3.32	3.35	3.67	3.93	4.05	4.08	3.93	4.13	4.68	4.58	4.47	4.42	4.34	4.31	4.26	4.23	4.29	4.08
物质消耗/GDP	4.42	4.12	3.98	4.20	4.56	4.08	3.58	3.48	3.49	3.48	3.56	3.45	3.53	3.57	3.56	3.63	3.72	3.99	3.80
人口	3.74	3.74	3.71	3.74	3.64	3.62	3.61	3.67	3.65	3.58	3.69	3.68	3.78	3.78	3.81	3.81	3.78	3.78	3.71
GDP	5.02	5.09	5.13	5.20	5.24	5.44	5.52	5.92	5.59	5.43	5.55	5.39	5.59	5.75	5.75	5.53	5.73	5.88	5.49
人均GDP	4.35	4.29	4.27	4.29	4.50	5.12	4.74	4.74	4.61	4.42	4.34	4.18	4.22	4.17	4.24	4.27	4.12	4.34	4.40
农业物质消耗	3.54	3.30	3.71	3.49	3.91	3.49	3.32	3.12	3.56	3.35	3.46	3.79	3.74	3.74	3.42	3.50	3.33	3.22	3.50
工业物质消耗	3.71	3.91	3.85	4.09	3.73	3.81	3.68	4.24	4.00	3.83	3.98	3.40	4.49	4.24	5.66	4.61	4.76	4.64	4.26
建筑业物质消耗	4.03	4.17	4.19	4.42	4.53	4.51	4.90	4.87	5.07	5.35	5.24	5.09	4.85	4.75	4.66	4.65	4.86	4.73	4.71
居民物质消耗	5.44	5.29	5.90	5.62	5.42	5.33	5.08	5.44	5.34	5.05	4.91	5.69	6.18	5.81	5.67	5.90	6.52	6.72	5.63
交通物质消耗	3.56	3.75	3.64	3.65	3.64	3.70	3.47	3.43	3.82	3.73	3.94	4.04	4.38	4.48	4.45	4.42	4.31	3.76	3.90
采掘业物质消耗	8.56	7.89	7.67	7.53	7.42	7.52	7.33	7.33	7.15	7.00	6.92	6.62	6.92	7.03	6.87	7.09	6.63	6.73	7.23
生物质消耗	3.54	3.69	3.69	3.80	4.60	4.10	4.25	4.38	4.13	4.19	3.99	3.74	3.87	4.39	4.43	4.47	4.17	3.77	4.07
金属矿产物消耗	4.88	5.03	4.81	5.10	4.99	4.88	5.39	5.18	5.34	6.09	5.89	5.61	5.13	4.90	4.94	4.88	5.10	5.19	5.19
非金属矿产物消耗	4.49	4.75	4.82	4.50	4.46	4.35	4.65	4.40	4.58	4.64	4.51	4.55	4.52	4.54	4.46	4.41	4.45	4.59	4.54
工业产品消耗	4.35	5.39	5.28	5.16	4.73	4.55	4.60	4.48	4.71	4.51	4.53	4.78	4.44	4.49	4.44	4.47	4.44	4.52	4.66
化石燃料消耗	4.01	3.68	3.45	3.45	3.40	3.59	3.59	3.60	3.57	3.34	3.38	3.39	3.48	3.52	3.39	3.31	3.57	3.67	3.52
固废循环利用率	3.45	3.20	3.06	3.04	3.31	4.33	4.35	4.05	3.56	4.04	3.89	3.04	3.12	2.87	2.77	3.02	3.23	3.29	3.42

大部分指标权重的历年变化均无较大起伏，超半数的指标首末年间波动不超过 10%。采掘业物质消耗虽然平均权重较大，但呈现明显的逐年下降趋势，2017 年降至 2000 年的 78.6%，成为权重下降最快的指标；而同为平均权重较大指标的人均物质消耗则呈现权重上升的状态，增幅达到 23.6%，成为权重增长最快的指标，说明随着京津冀各城市的差异化发展，各城市的人均物质消耗差距逐渐拉大。在全部的 22 个指标中，有 11 个指标的权重呈现上升趋势，其中有 72.7% 的指标属于物质消耗准则层，说明物质消耗指标对京津冀城市群生态风险产生了越来越重要的影响。在呈现下降趋势的指标中，出现最多的是资源需求指标，占比为 45.5%，而在全部 22 个指标中，只有 22.7% 的指标属于资源需求指标。由此可见，资源需求对生态风险的影响趋于减小，进而在一定程度上说明合理化调整物质消耗将比直接缩减城市的资源需求更为有效。

4.2.3.2 城市生态风险量化

基于指标权重计算京津冀城市单因子生态风险指数，再加和可得到不同城市历年不同准则层风险指数和总风险指数（图 4-13）。唐山的生态风险指数在 13 个城市中最大，其历年平均综合风险指数约为排序最低的衡水的 8.6 倍。唐山不仅面临着较大的生态风险，且风险值仍呈现波动增加的态势（整体增幅 5.5%），这主要是受到社会经济压力和物质消耗的影响（增幅分别为 22.9% 和 18.3%）。虽然目前唐山的总风险增幅很小，但也应注意优化物质消耗结构，提升物质利用效率，以求早日实现风险的降低。承德虽然平均风险值仅位列第八位，但 2010 年出现缓慢的持续回升，导致研究期内产生了 26.8% 的增幅，这是由资源需求指数 93.2% 的增幅、社会经济压力指数 31.5% 的增幅和物质消耗指数 12.9% 的增幅共同导致，因此需要注意加强多角度的干预和调控，以期尽快恢复到 2010 年前的风险水平。除唐山和承德外，其他 11 个城市的总风险指数均呈现不同程度的下降，其中降幅最大（61.2%）的城市为邢台。而秦皇岛首末年间仅出现了 1.5% 的下降幅度，成为 11 个城市中总风险指数下降最少的城市，因此仍需推进城市物质代谢的优化工作以期实现城市风险水平的更显著降低。

各城市的资源需求指数差距较大，指数最高的唐山市为指数最低的廊坊市的 24.6 倍；社会经济压力指数最高的城市为北京市，是指数最小的衡水市的 11.8 倍；而物质消耗指数在各城市之间的差距相对较小，最大的邯郸市与最小的衡水市之间的倍数差距仅为资源需求指数差距的 1/4。唐山在三个准则层的指数中均排名在前两位，由于唐山是京津冀城市群重要的工业中心，同时也是本地区物质消耗最突出的城市，为维持该城市第二产业的经济发展，对本地资源开采及区域外物质调入量均有较大依赖性，因此使得唐山的三个准则层指数均处于较高水平。社会经济压力指数最高的城市为北京，它是全国政治、经济、文化和科技中心，也是京津冀城市群的发展核心，其高速增长的经济水平和不断涌入的人口带来巨大的资源消耗和环境压力，导致北京社会经济压力指数远高于其他城市。物质消耗指数最大的城市是邯郸，其物质消耗类别集中于金属矿物和工业产品，消耗物质的多样性和可替代性较低，因此城市物质代谢状态容易受到本地生产和外部物质供应风险冲击。

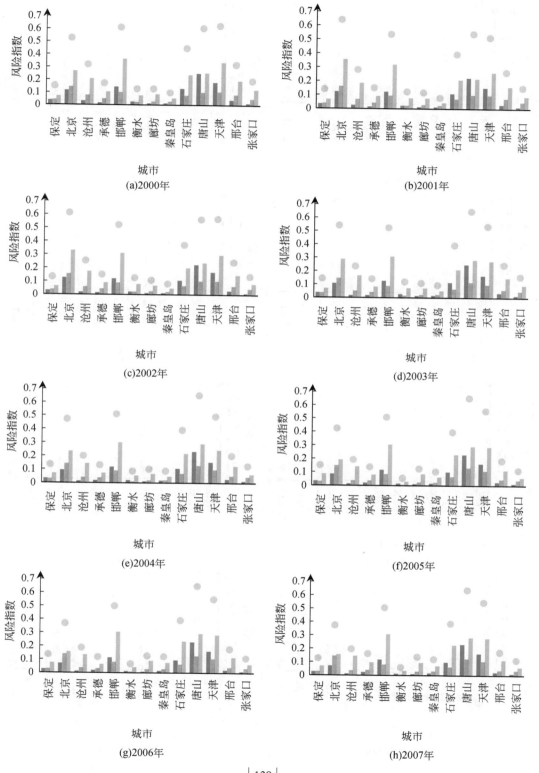

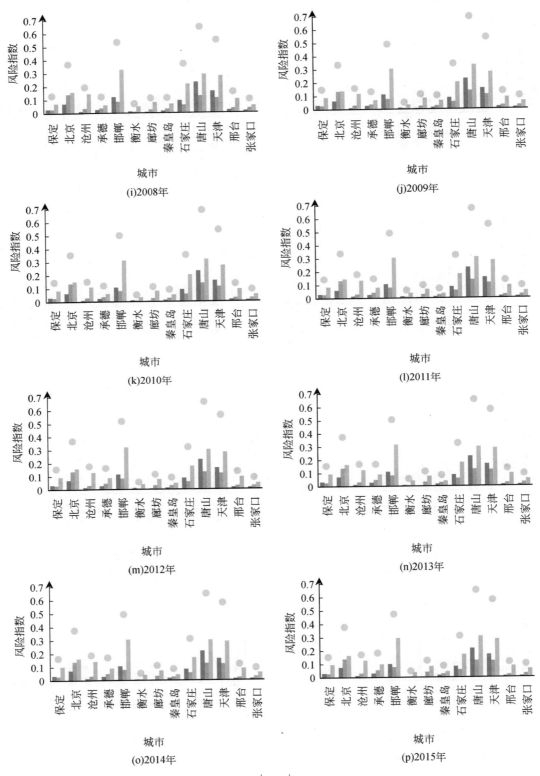

(i)2008年

(j)2009年

(k)2010年

(l)2011年

(m)2012年

(n)2013年

(o)2014年

(p)2015年

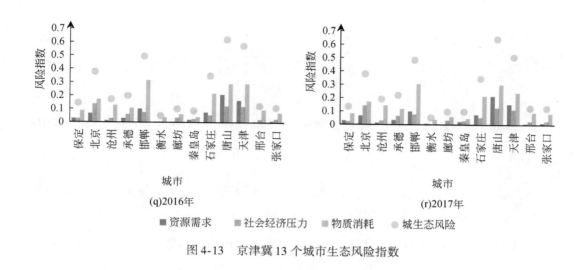

图 4-13   京津冀 13 个城市生态风险指数

4.2.3.3   城市群生态风险的空间分布

将生态风险指数用等分法划分出五个等级，所划分的区间从高值到低值分别为高风险、中高风险、中风险、中低风险和低风险，相应的生态风险依次下降。城市群历年的生态风险水平分布见图 4-14。

高生态风险和中高生态风险城市大多在京津冀城市群中部核心功能区，该区域人口规模最大、综合经济实力最强。此外，京津冀最南部的邯郸和作为河北省会的石家庄，也长期处于高风险和中高风险水平，主要由较为单一的物质消耗结构造成。邯郸历年超过半数（50%～68.4%）的物质消耗集中在金属和非金属矿物，而石家庄则主要依赖于非金属矿物和化石燃料（60.0%～74.9%），且二者的工业消耗占比巨大（分别为 71.9%～88.3%、69.8～85.6%），一旦高消耗物质供应不足或城市内工业生产出现问题，将难以借助其他物质或其他部门替代性地维持物质代谢系统正常运转，城市生态系统短期内将面临极大风险。除邯郸和石家庄外，生态风险等级整体呈现由中部腹地向南北两侧递减的趋势，但南部的生态风险指数整体高于北部。

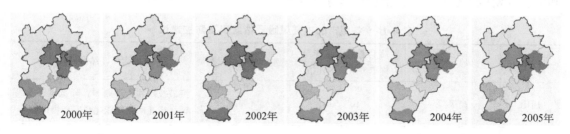

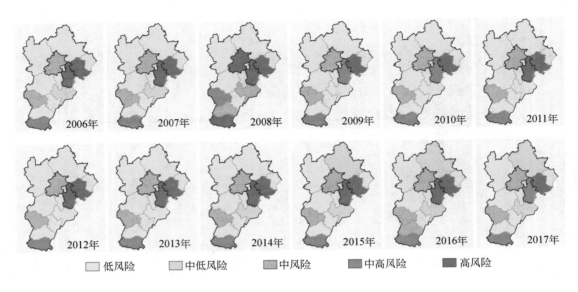

图4-14　京津冀13个城市生态风险水平分布

　　京津冀城市群各城市生态风险等级差异明显，经济较发达、工业占比较大，物质消耗较大的城市生态风险指数普遍偏高，而经济欠发达、工业薄弱、物质消耗量小的城市生态风险指数则明显偏低。长期处于高风险和中高风险等级的城市有三个，分别为唐山、天津、邯郸；中等风险占主导的城市为北京和石家庄，且研究后期二者均由高风险或中高风险降至中风险；而剩余的河北城市均长期处于低风险和中低风险等级。

　　基于各城市的风险水平、变化趋势（末年与首年风险值的比值）和突出风险指标类型，结合城市关键代谢路径和产业特征，给出具有针对性的防控建议（表4-16），各城市风险防控工作的重点主要集中在控制工业生产物耗能耗、工业和交通污染物排放等方面。总体来看，京津冀13个城市的生态风险评估结果存在较大差异，未来疏解城市群中心的物质消耗压力，适当将向外围城市转移，降低生态风险在个别城市的集中性，将是有效疏解和降低京津冀城市群生态风险的工作重点。可以考虑通过产业转移、在合适的外围城市和低度开发城市建立生态产业园区等途径实现。

表4-16　各城市的主要风险评估结果及防控建议

城市	风险水平	变化趋势（末年与首年风险值的比值）	突出风险指标类型	防控建议（结合路径）
唐山	高风险	105.50	资源需求	突破技术和管理瓶颈，降低钢铁等高消耗产业的物耗能耗和废弃物排放
天津	中高风险–高风险	80.60	资源需求	提升汽车、装备制造等支柱工业的资源利用效率，降低温室气体排放

续表

城市	风险水平	变化趋势（末年与首年风险值的比值）	突出风险指标类型	防控建议（结合路径）
邯郸	中高风险-高风险	78.79	物质消耗	提升重工业化石燃料的减量、高效利用，积极推进清洁能源的替代使用
北京	中风险-高风险	71.49	社会经济压力	控制外来人口增长带来的建筑业和基础设施建设压力，推进产业转移
石家庄	中风险-中高风险	76.92	资源需求	进一步关注制药和纺织两大产业的清洁化生产和资源循环利用
沧州	低风险-中风险	59.81	物质消耗	控制石油化工产业的废气排放，维持工业污染物的低水平排放
邢台	低风险-中风险	38.80	物质消耗	提升全行业能源利用效率，推进清洁能源的替代使用
承德	低风险-中低风险	126.76	社会经济压力	大力建设清洁能源、现代旅游、特色农业等新兴产业
张家口	低风险	64.09	社会经济压力	提升全行业能源利用效率，推进清洁能源的替代使用
衡水	低风险	41.28	物质消耗	提升资源开采效率，减少资源在开采中的浪费和能源能耗
保定	低风险	89.08	物质消耗	推进交通运输部门污染治理与防控，提升其清洁能源的使用比例
廊坊	低风险	75.03	物质消耗	提升生产技术，降低金属加工等重点产业的物质消耗
秦皇岛	低风险	98.49	社会经济压力	加强工业固废的循环利用，减少固体废弃物向环境的最终排放

参 考 文 献

曹祺文, 张曦文, 马洪坤, 等. 2018. 景观生态风险研究进展及基于生态系统服务的评价框架: ESRISK. 地理学报, 73 (5): 843-855.

耿冰瑾, 曹银贵, 苏锐清, 等. 2020. 京津冀潮白河区域土地利用变化对生态系统服务的影响. 农业资源与环境学报, 37 (4): 583-593.

郭伟. 2012. 北京地区生态系统服务价值遥感估算与景观格局优化预测. 北京: 北京林业大学.

贾振宇, 高艳妮, 刘学, 等. 2020. 2000—2015 年三江源区土壤保持功能及其价值时空变化分析. 环境生态学, 2 (5): 35-42.

梁彩霞. 2018. 基于熵权法的肇庆市区域水资源短缺风险评价. 广西水利水电, 5: 45-47, 51.

欧阳志云, 王如松, 赵景柱. 1999. 生态系统服务功能及其生态经济价值评价. 应用生态学报, 10 (5): 635-640.

魏雪梅. 2012. 基于 DEM 的土地坡度计算研究. 安徽地质, 22 (3): 226-228.

徐涵秋. 2008. 一种快速提取不透水面的新型遥感指数. 武汉大学学报: 信息科学版, (11): 1150-1153.

郑有飞, 尹炤寅, 吴荣军, 等. 2012. 1960—2005 年京津冀地区地表太阳辐射变化及成因分析. 高原气象, 31 (2): 436-445.

Alessandro D, Susanna S, Francesco D, et al. 2008. A "weight-of-evidence" approach for the integration of environmental "triad" data to assess ecological risk and biological vulnerability. Integrated Environmental Assessment and Management, 4 (3): 314-326.

Ang B W, Zhang F Q, Choi K H. 1998. Factorizing changes in energy and environmental indicators through decomposition. Energy, 23 (6): 489-495.

Ascione M, Campanella L, Cherubini F, et al. 2009. Environmental driving forces of urban growth and development: An emergy-based assessment of the city of Rome, Italy. Landscape & Urban Planning, 93 (3-4): 238-249.

Barles S. 2009. Urban metabolism of Paris and its region. Journal of Industrial Ecology, 13 (6): 898-913.

Brzoska M M, Moniuszko-Jakoniuk J. 2001. Interactions between cadmium and zinc in the organism. Food and Chemical Toxicology, 39 (10): 967-980.

Davies J H. 2013. Global map of solid Earth surface heat flow. Geochemistry, Geophysics, Geosystems, 14 (10): 4608-4622.

Eurostat. 2001. Economy-wide material flow accounts and derived indicators: Methodological guide. Luxembourg: Statistical Office of the European Communities.

Eurostat. 2013. Economy-Wide Material Flow Accounts (EW-MFA) Compilation Guide. Luxembourg: Statistical Office of the European Communities.

Eurostat. 2016. Economy-Wide Material Flow Accounts (EW-MFA) Manual. Luxembourg: Statistical Office of the European Communities.

Galic N, Schmolke A, Forbes V, et al. 2012. The role of ecological models in linking ecological risk assessment to ecosystem services in agroecosystems. Science of the Total Environment, 415: 93-100.

Ghersi D, Parakh A, Mezei M. 2017. Comparison of a quantum random number generator with pseudorandom number generators for their use in Molecular Monte Carlo simulations. Journal of Computational Chemistry, 38 (31): 2713-2720.

Huang Y, Liu G, Chen C, et al. 2018. Emergy-based comparative analysis of urban metabolic efficiency and sustainability in the case of big and data scarce medium-sized cities: A case study for Jing-Jin-Ji region (China). Journal of Cleaner Production, 192: 621-638.

Kang P, Chen W, Hou Y, et al. 2018. Linking ecosystem services and ecosystem health to ecological risk assessment: A case study of the Beijing-Tianjin-Hebei urban agglomeration. Science of the Total Environment, 636: 1442-1454.

Lee J M, Braham W W. 2017. Building emergy analysis of Manhattan: Density parameters for high-density and high-rise developments. Ecological Modelling, 363: 157-171.

Li B, Chen D, Wu S, et al. 2016. Spatio-temporal assessment of urbanization impacts on ecosystem services: Case study of Nanjing city, China. Ecological Indicators, 71: 416-427.

Liu C, Chen W, Hou Y, et al. 2020. A new risk probability calculation method for urban ecological risk assessment. Environmental Research Letters, 15 (2): 024016.

Odum H T. 1971. Environment, Power and Society. New York: John Wiley & Sons.

Odum H T. 1988. Self-organization, transformity, and information. Science, 242: 1132-1139.

Odum H T. 1996. Environmental Accounting, Emergy and Decision Making. New York: Wiley.

Qi W, Deng X, Chu X, et al. 2017. Emergy analysis on urban metabolism by counties in Beijing. Physics Chemistry of the Earth Parts, 101: 157-165.

Salvadori G, De Michele C. 2007. On the use of copulas in hydrology: Theory and practice. Journal of Hydrologic Engineering, 12 (4): 369-380.

Schindler S, Wehrden H V, Poirazidis K, et al. 2015. Performance of methods to select landscape metrics for modelling species richness. Ecological Modelling, 295: 107-112.

Sieber A, Uhlenbrook S. 2005. Sensitivity analyses of a distributed catchment model to verify the model structure. Journal of Hydrology, 310 (1-4): 216-235.

Sweeney S, Cohen M, King D, et al. 2007. Creation of a global emergy database for standardized national emergy synthesis. In: Brown M T. Emergy Synthesis 4: Theory and Application of Emergy Methodology. Gainesville, FL: The Center for Environmental Policy.

Tong K K, Ke-Ming M A. 2011. The relationship between GDP and CO_2 emissions from energy consumption in China. China Environmental Science, 31 (7): 1212-1218.

Trabucco A, Zomer R J. 2010. Global soil water balance geospatial database. CGIAR Consortium for Spatial Information. http://www.cgiar-csi.org. 2017-3-20.

Ulgiati S, Odum H T, Bastianoni S. 1994. Emergy use, environmental loading and sustainability: An emergy analysis of Italy. Ecological Modelling, 73 (3-4): 215-268.

USEPA. 2014. Probabalistic Risk Assessment to Inform Decision Making: Frequently Asked Questions (Washington DC): Risk Assessment Forum, US Environmental Protection Agency. https://www.epa.gov/osa/probabilistic-risk-assessment-inform-decision-makingfrequently-asked-questions. EPA/100/R-14/003.

Yager R R. 1988. On ordered weighted averaging aggregation operators in multicriteria decision making. IEEE Transactions on Systems, Man and Cybernetics, 18: 183-190.

Yu X, Geng Y, Dong H, et al. 2016. Emergy-based sustainability assessment on natural resource utilization in 30 Chinese provinces. Journal of Cleaner Production, 133: 18-27.

Zhang X, Zhang Y, Fath B D. 2019. Analysis of anthropogenic nitrogen and its influencing factors in Beijing. J Clean Prod, 244: 118780.

|第 5 章| 湿地与关键物种栖息地生态空间优化

5.1 京津冀地区湿地景观格局演变
及其对区域生态安全的影响

湿地是极为重要的生态系统之一，因其较高的生物多样性和生产力，在区域发展中扮演着重要的角色（Jiang et al., 2017；白军红等，2005）。随着城市化进程加快、人类活动的加剧，以及气候变化的影响，京津冀地区湿地生态环境面临较大的威胁（蒋卫国等，2005）。因此，重建湿地景观格局演变过程、了解湿地受损驱动因素、评估湿地生态风险变化，有助于湿地的保护和恢复，同时对建设区域生态安全格局具有重要意义。

5.1.1 京津冀地区湿地景观格局演变

近年来，随着京津冀地区的快速发展，其人口数量和经济水平均不断激增，使得湿地遭到了过度且不合理的占用，威胁到区域生态安全（李强等，2016）。而京津冀地区协同发展已经成为国家三大战略之一，也对区域内的生态环境提出了更高的要求。因此，重建京津冀地区湿地景观格局的演变过程十分重要。

以20世纪80年代末（本章简称1980s末）、1990年、1995年、2000年、2005年、2010年和2015年七个时期的100m分辨率的京津冀地区土地利用数据为基础（刘纪远等，2014），利用转移矩阵、景观指数、离散粒子群优化光谱比较水体提取算法（Jia et al., 2018），分析区域内湿地面积和类型变化，以及湿地类型和景观水平上的结构变化，重建京津冀地区区域景观格局演变过程。此外，利用主成分分析法，选取了年降水量（mm）、年气温值（℃）、年蒸散发量（mm）、总人口数（万人）、粮食产量（t）、GDP（亿元）、人均 GDP（元）、第一产业值（亿元）、第三产业值（亿元）等九个指标，探讨湿地变化的驱动因素（吕金霞等，2018）。

5.1.1.1 京津冀地区湿地面积变化时空特征

按照《湿地公约》与陆健健（1996）划分的中国湿地类型，本章将水田、水库坑塘、湖泊、河渠、滩涂、滩地、沼泽地七种土地类型纳入京津冀地区湿地范围，并划分为人工湿地和天然湿地，人工湿地包括水田和水库坑塘，天然湿地包括湖泊、河渠、滩涂、滩地、沼泽地，其中滩涂中人工盐沼、虾池、蟹池已经解译为水库坑塘。由于人工渠道面积较小，主要为河流面积，因此把河渠列为天然湿地范畴。

京津冀地区 1980s 末～2015 年（近 30 年）湿地类型分布和面积变化如图 5-1、图 5-2 所示，近 30 年来京津冀地区湿地面积逐渐减少，共减少了 2695.05km²，较 1980s 年减少了 20.08%。从不同湿地类型来看，人工湿地中，水田的面积减少了 2037.55km²，水库坑塘的面积增加了 834.86km²。天然湿地五种类型中，湖泊和河渠面积在增加，滩涂、滩地和沼泽地的面积都在减少，其中湖泊和河渠分别增加了 26.22km² 和 317.39km²，滩涂、滩地和沼泽地分别减少了 15.77km²、1334.94km²、485.26km²。

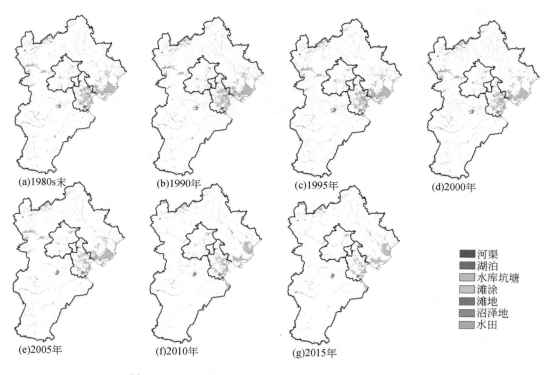

图 5-1　1980s 末～2015 年京津冀地区湿地类型分布图

京津冀地区近 30 年湿地变化较大，各地的变化也各不相同（图 5-3）。湿地总面积变化呈现略微增长到快速减少的趋势，近几年减少趋势略有减缓。其中，河北湿地面积减少最多，且主要为天然湿地，其次分别为天津和北京，天津湿地面积的减少以人工湿地为主。河北 11 个地级市中，湿地减少最多的是唐山和张家口，秦皇岛和沧州湿地面积增加。唐山和张家口多为人工湿地面积减少，石家庄、保定和衡水则主要是天然湿地面积减少，秦皇岛湿地面积的增加主要是由于人工湿地面积的增加。

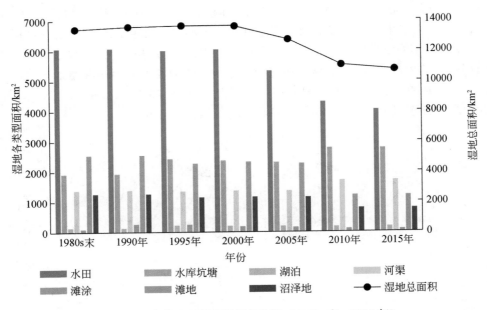

图 5-2　京津冀地区湿地面积变化图（1980s 末～2015 年）

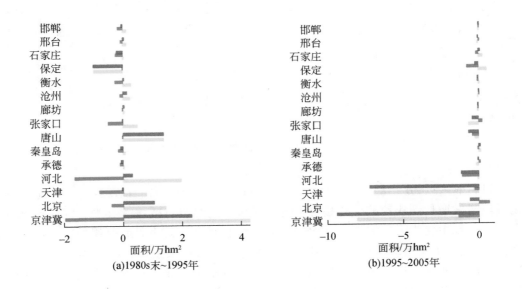

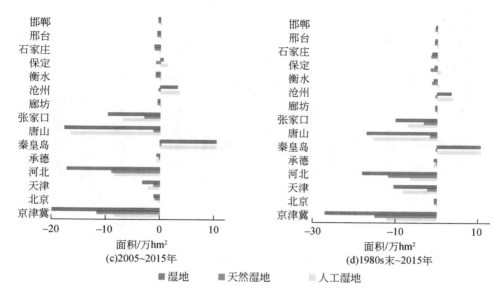

图 5-3　1980s 末～2015 年京津冀地区湿地变化

　　1980s 末～2015 年，各湿地类型变化较大，面积均出现不同程度的减少（图 5-4）。分阶段来看，1995～2005 年，主要是水田和滩涂的变化，湖泊存在一定程度的退化，沼泽地有 13.53% 的比例转化为水库坑塘，被用于人工养殖。2005～2015 年为快速减少时期，水田、滩涂、河渠和水库坑塘面积下降。总体来看，近 30 年水田、滩涂的变化最为显著，主要转化为非湿地；河渠和水库坑塘相互转化；滩地和沼泽地变化不大，主要表现为湿地类型内部的转换，湖泊主要转化为滩地和沼泽地，有一定退化。

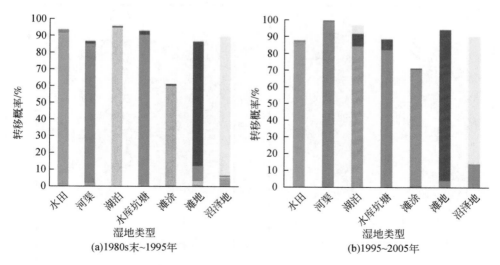

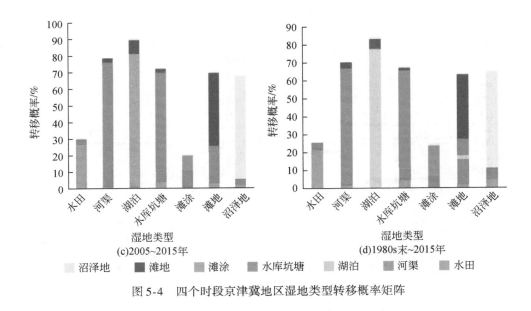

图 5-4　四个时段京津冀地区湿地类型转移概率矩阵

　　从京津冀地区湿地损失空间分布图可以得出（图 5-5），1980s 末～2015 年湿地损失较为严重的区域主要分布在环渤海区域、北京和河北的张家口及唐山区域，其余地市均存在不同程度的湿地面积减少。同时各地区湿地受损的空间格局也存在时间尺度上的差异，1980s 末～1995 年京津冀地区湿地损失较小，主要分布在环渤海区域，以及河北的石家庄和保定；1995～2005 年，湿地损失较前十年略有增多，主要是天津大部分区域，以及保定的白洋淀地区；2005～2015 年，湿地损失分布不均，其中河北的唐山、秦皇岛和张家口三个区域损失程度明显加强，而北京、天津和河北的沧州、保定损失程度略有减缓，说明近

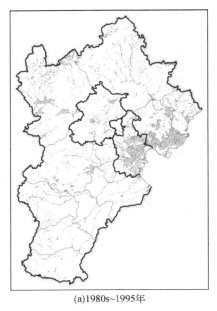

(a)1980s~1995年

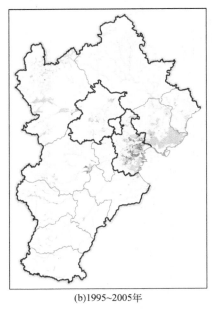

(b)1995~2005年

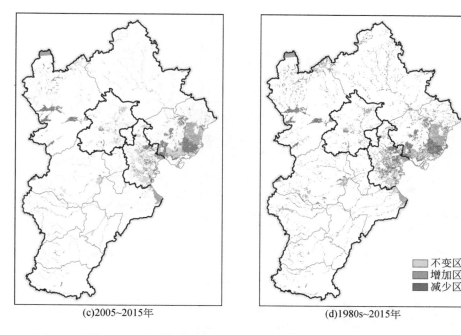

(c)2005~2015年   (d)1980s~2015年

图 5-5　1980s 末～2015 年京津冀地区湿地损失空间分布图

不变区
增加区
减少区

十年京津冀地区对湿地生态环境的治理和保护力度逐渐加强。

5.1.1.2　京津冀地区湿地景观变化时空特征

在类型水平上选择最大斑块指数（largest patch index，LPI）、平均斑块面积（mean patch size，MPS）、面积加权平均斑块分维数（area-weighted mean patch fractal dimension，FRAC_AM）和聚集度指数（patch cohesion index，COHESION）四个指数，在景观水平上选择斑块个数（number of patch，NP）、斑块密度、最大斑块指数、周长面积分维数、聚集度和香农多样性指数五个指数分析湿地景观时刻变化特征。

1）类型水平上湿地景观变化特征

图 5-6 显示了斑块类型水平上各时期景观格局指数的变化趋势。最大斑块指数反映了各景观类型最大面积斑块占景观总面积的比例，是优势度的一种度量方式。1980s 末～2015 年，水田的最大斑块指数最大，其次是水库坑塘。在一定程度上说明京津冀地区水田和水库坑塘构成的人工湿地是优势景观类型，而天然湿地类型不占据优势类型。水田的平均斑块面积最大，其次为沼泽地。湖泊、河渠、滩地的平均斑块面积较小，分布零散。面积加权平均斑块分维数反映了斑块的形状复杂性，河渠的面积加权平均斑块分维数指数最高，景观斑块的形状最复杂，其次是水田、滩地。聚集度度量景观中不同斑块类型的聚集程度，值越大反映同一景观类型斑块的高度聚集。1980s 末～2015 年，水田、沼泽地的聚集度较大，且走势平缓，变化不大；2005～2015 年，河渠、滩涂的聚集度指数呈下降趋势，说明空间破碎化程度提高；湖泊的聚集度最低，说明空间分布离散，破碎化程度高，

连通性低。

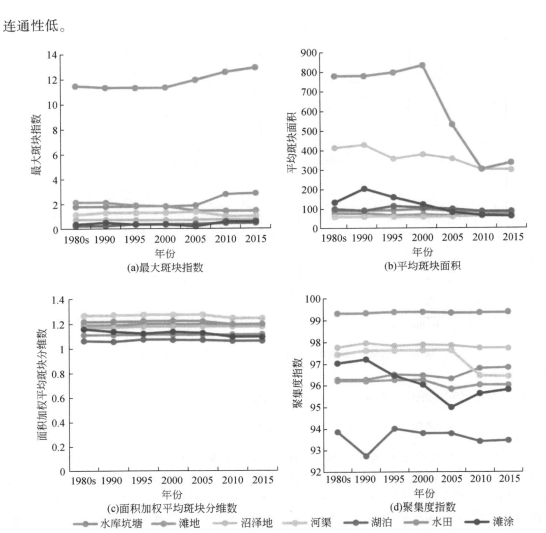

图 5-6 1980s 末 ~ 2015 年京津冀地区湿地系统斑块类型水平上景观格局指数变化特征

2) 景观水平上湿地景观格局变化特征

通过多期景观斑块数量和斑块密度比较，可以看出景观破碎化程度的变化情况：斑块密度越大，斑块越小，景观破碎度越高。因此，通过计算景观指数，定量地展示京津冀地区 1980 ~ 2015 年景观水平结构特征的变化。

图 5-7 为不同时期京津冀地区景观水平上的景观指数。1980s ~ 2015 年，斑块数量整体呈先增加后减少的波动变化趋势，其中 2005 年斑块数量达到最大值（9843）。斑块密度整体呈现增加趋势，2015 年斑块密度相对于 20 世纪 80 年代增加了 0.19。斑块数量和斑块密度在 2000 ~ 2010 年发生急剧变化，主要是由于人类活动强度增加，城市化速度加剧；

而 2010 年之后，由于生态环境保护政策的实施和保护力度的增强，景观破碎度下降。最大斑块指数呈先减少后增加的趋势，2000 年后呈增加趋势，说明最大斑块类型的优势度在整个景观中的地位在上升；周长面积分维数基本处于 1.5 附近，说明京津冀地区湿地的景观结构不稳定，易受人类活动影响。聚集度呈先下降后升高的趋势，最大值出现在 2010 年为 86.2，空间分布均匀。香农多样性指数呈增加趋势，说明各景观类型所占比例趋于均衡化，景观异质性增加，其波动过程与聚集度相反。1980s ~ 1990 年香农多样性指数较小，说明京津冀地区斑块类型单一，景观丰富度低，1995 年之后香农多样性指数升高，说明景观逐渐丰富。

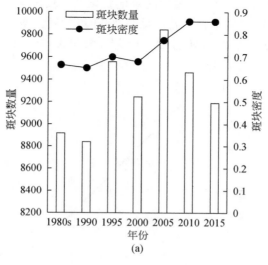

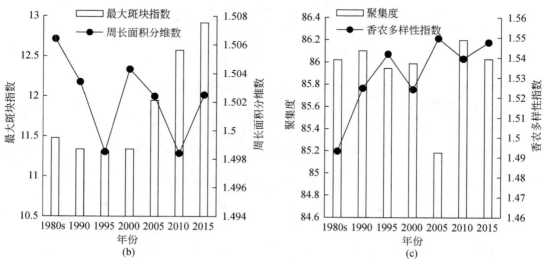

图 5-7　1980s 末 ~ 2015 年京津冀地区湿地系统在景观水平上的景观指数变化

5.1.1.3 京津冀地区湿地景观变化驱动因素分析

湿地景观变化的驱动因素包括自然和人为驱动因子，考虑京津冀地区发展迅速，城市化进程较快，故选取了包括气候、人口、农业和经济在内的九个指标，分析结果表明第一主成分解释了总变量的 71.44%，第二主成分解释了总变量的 12.13%。人均 GDP、总人口数、第一产业值、粮食产量和第三产业值在第一主成分上的载荷较大，这些因子反映了经济社会和农业发展水平，因此第一主成分可以认为是人口和社会经济的代表；降水量和温度在第二主成分上的载荷较大，因此第二主成分被认为是气候因素的代表。

人口和社会经济发展是影响京津冀地区湿地变化的主要因素。1980s 末～2015 年，京津冀地区人口和人均 GDP 持续增长，尤其是在 2000 年之后，增长速度更加显著。根据人口和社会经济对湿地面积的影响分析可知，总人口数与人均 GDP 对湿地面积变化的解释率 R^2 分别为 0.79 和 0.94（图 5-8）。

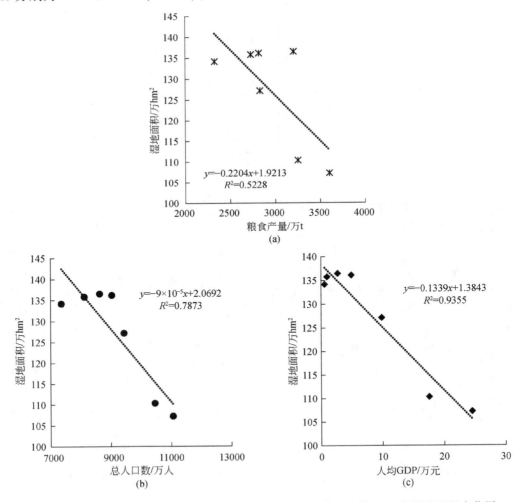

图 5-8　1980s 末～2015 年京津冀地区粮食产量、总人口数和人均 GDP 与湿地面积变化图

随着人口数量与产业结构调整，城市建设用地面积、道路等用地规模增大，城市扩张侵占京津冀地区原有的湿地，侵占面积为 1584.17km²，占据湿地退化面积的 22.50%，仅次于旱地侵占，表现最明显的区域为北京市中心城区和天津滨海新区等城市化发展快速区域。湿地退化为旱地的面积为 4874.55km²，占据湿地退化面积的 69.24%，主要体现在张家口市万全区、宣化区周围区域和唐山市，占据湿地区域进行农业开发，造成湿地资源破坏。根据线性相关关系，粮食产量对湿地面积变化的解释率为 0.52，粮食产量的增加对水资源需求量增加，影响湿地面积的变化，同时对水资源的需求量也会增大，破坏湿地生态环境，增加生境压力，对区域生态安全造成影响。湿地生态环境受到城市扩张和农业发展的影响，还受到气候因素的影响（图 5-9）。

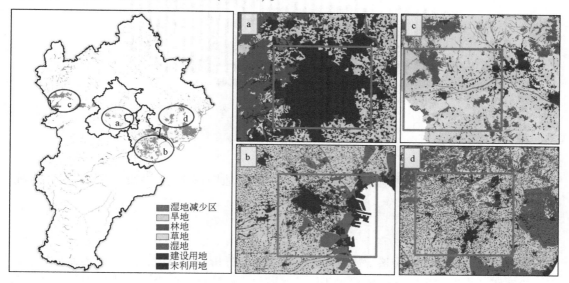

图 5-9　湿地受损区域的两种主要方式

从图 5-10 可以看出，1980s 末 ~ 1995 年，年均降水量呈现显著增长趋势，而 1995 ~ 2002 年均降水量略微减少，2002 年后年均降水量有所增加，1980s 末 ~ 2015 年年均降水量总体变化不大。同时在 2000 年湿地面积达到最大值，而此阶段降水量较少，但由于前两年降水量较多，此时湿地的蓄水量可以使湿地保持平衡状态。而地面温度的升高，也促进湿地水面蒸散发，对湿地景观格局有一定的影响。在降水量变化较小、蒸散发量减少的趋势下，湿地面积退化更多的是人类活动的破坏和城市化的快速发展等因素所造成的。

5.1.2　京津冀地区湿地生态风险评估及变化分析

由于京津冀地区湿地的特殊地理位置，致使其面临着各种各样的风险，因此对其进行了综合生态风险评价。主要基于生态风险评估框架，利用土地利用数据、气象站点数据、

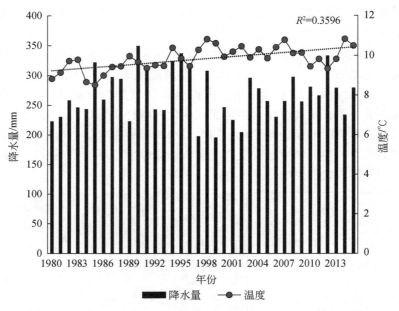

图 5-10　京津冀地区降水量和温度距平值

统计数据等，构建了包含胁迫度和脆弱度的京津冀地区湿地生态风险评估模型（Jiang et al., 2017；Li et al., 2020）。

5.1.2.1　湿地生态风险评估模型

生态风险评估框架方法基于数学和概率论等风险分析技术手段，对生态系统及其组成部分的破坏可能性和程度进行预测和评价。本书主要计算自然压力和人为压力胁迫度及湿地本身的脆弱度，并将两者相乘得出结果。

湿地受自然因素影响较大，因此选择降水量和温度作为自然胁迫的指标（Muro et al., 2018）。然而，由于城市化进程的加快，人为活动对湿地的影响更大，尤其是建设用地的扩大和耕地的侵占，另外人口密度和 GDP 的增加使得湿地面临着较大威胁。

从面积、结构和功能三个方面对脆弱度进行评价。面积为湿地占总面积的比例；结构选择斑块数量、斑块密度、破碎化和聚集度四个景观指标，利用 Fragstats 4.2 来计算。功能则从调节服务（气体调节、气候调节、净化环境、水文调节）、供给服务（食物供给、原料供给、水资源供给、土壤保持）、支持服务（土壤保持、维持水分循环、生物多样性）、文化服务（美学景观）四个方面选择了 12 项指标。其中，湿地功能以生态系统服务价值计算，基于谢高地等提出的生态系统服务价值当量因子计算不同土地利用类型的不同生态系统服务功能的价值（谢高地等，2015）。因此，依据京津冀地区的实际情况，利用各城市不同粮食作物产量、播种面积、全国平均价格，对生态系统服务价值当量因子进行修正，计算粮食作物的经济价值，而后得到湿地价值（荔琢等，2019）。所有湿地生态风险评估指标的权重如表 5-1 所示。

表 5-1 指标权重

因素	评价指标	指标权重
胁迫度	自然 (0.25)	降水量 (0.67)、温度 (0.33)
	人为 (0.75)	建设用地扩张 (0.31)、农田侵占 (0.15)、人口密度 (0.44)、GDP (0.10)
脆弱度	面积 (0.43)	湿地面积 (1.00)
	结构 (0.14)	斑块数量 (0.32)、斑块密度 (0.11)
		破碎度 (0.38)、聚集度 (0.19)
	功能 (0.43)	调节服务 (0.47)
		供给服务 (0.16)
		支持服务 (0.28)
		文化服务 (0.09)

5.1.2.2 胁迫度的时空变化

图 5-11 (a) 为 1990~2015 年自然胁迫度、降水量和温度的总体变化率。总体来看，京津冀地区湿地自然胁迫度呈北低、中高、南低的趋势，但大部分县指标变化波动较小。同时，由于气候变化和人为活动对气候的影响，京津冀地区大部分地区降水减少，而气温升高，特别是西部地区。降水的减少和温度的升高可能导致湿地水量的减少，致使京津冀地区湿地面临更大的威胁。建设用地面积的增加、人口密度的增加、GDP 的增加和耕地的减少，使得人为胁迫度在空间上有明显的差异 [图 5-11 (b)]。西部和西北部地区人为胁迫度增加，中部、东部和南部地区人为胁迫度降低。虽然下降的县更多，但多集中于中部、东部和南部地区，湿地面积较小，且区域较发达，人为胁迫度高，但是下降速度较慢。西部和西北部地区拥有大量的自然湿地资源，人为胁迫度却在不断加剧，使湿地面临更多的威胁。

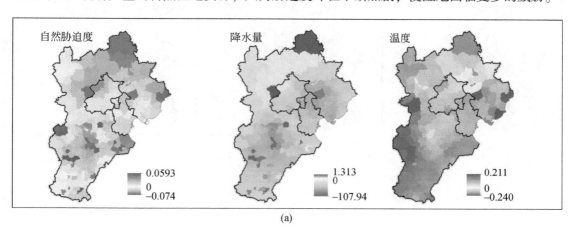

(a)

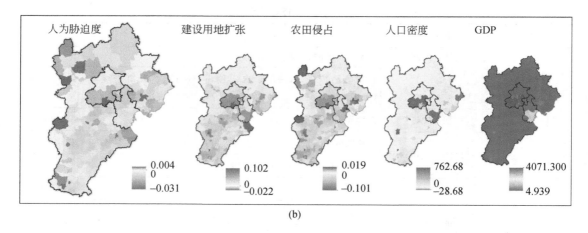

(b)

图 5-11　1990～2015 年各指标的变化斜率

　　从自然和人为两个方面对湿地的胁迫度进行了评价，其结果分为五个等级：低、中低、中、中高、高，如图 5-12 所示。总体来看，1990～2015 年，京津冀地区湿地的胁迫度呈现先上升后下降的趋势，即从 1990 年的 0.327 上升到 1995 年的 0.353，再下降至2015 年的 0.323。从空间上看，湿地的胁迫度呈现西北低、中部高、东部中等的趋势，西北部湿地大多处于低胁迫或中低胁迫等级，东南部平原的大部分湿地处于中等胁迫或中高胁迫等级，而高胁迫的县域较少。1990～2015 年低胁迫、中低胁迫等级变化不是很大，但是中高胁迫的区域有所增加，并在 2015 年达到最高值。

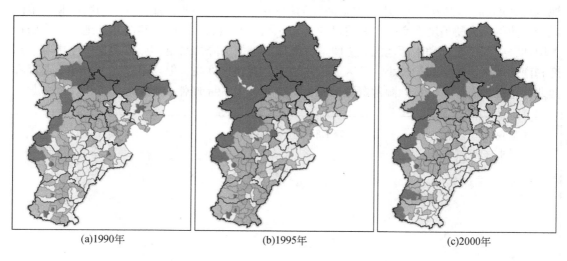

(a)1990年　　　　　　　　　(b)1995年　　　　　　　　　(c)2000年

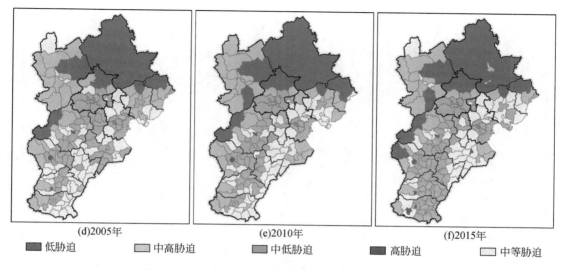

| (d)2005年 | (e)2010年 | (f)2015年 |

■ 低胁迫　　　　　□ 中高胁迫　　　　　■ 中低胁迫　　　　　■ 高胁迫　　　　　□ 中等胁迫

图 5-12　1990～2015 年京津冀地区湿地胁迫度的变化

5.1.2.3　湿地脆弱度的时空变化

京津冀地区湿地分布较为分散，大部分集中于渤海湾附近和北部山区。1990～2005 年湿地面积变化不大。但 2005 年以后，发生了较大变化，并主要集中在渤海湾和南部地区。从图 5-13（a）可以看出，大部分地区面积有所减少，但一些县的湿地面积也有增加，如承德、北京、秦皇岛、沧州等地。京津冀地区湿地结构的平均值如图 5-13（b）所示，湿地斑块数、斑块密度和破碎度呈上升趋势，聚集度呈下降趋势。特别是 2010 年和 2015 年，破碎度和聚集度有较大幅度的变化。因此毋庸置疑的是，无论是人为因素还是自然因素都导致了湿地逐渐破碎和分散。

湿地 11 项生态系统服务功能的价值及 1990～2015 年各县湿地功能的总体变化率如图 5-13（c）所示，湿地价值呈现出了先上升后下降的趋势，湿地价值在 1995 年达到最大值，并以 2000 年为转折点开始下降，2015 年湿地价值比 1990 年增长 4.41%。从功能上看，供水和水文调节功能价值增加，其他功能价值下降。从县域尺度来看，半数以上的县域湿地价值呈上升趋势，但幅度较小。天津、沧州等地部分县出现明显增长，生态服务价值减少的县主要分布在张家口、北京、衡水、廊坊等地。

湿地的脆弱度从湿地的面积、结构和功能三个方面来考虑，并将湿地脆弱度结果分为五个等级。总体而言，京津冀地区湿地脆弱度呈上升趋势，从 1990 年的 0.473 上升到 2015 年的 0.476（图 5-14）。1995 年最低，而 2010 年最高，且空间差异不明显。大多数县的湿地脆弱度处于中高等级，只有少数县处于低或高脆弱等级。1990～2015 年，高脆弱度县主要分布在南部地区，包括保定的蠡县和博野县、石家庄的辛集和栾城县等，低脆弱县主要分布在东部沿海地区，包括秦皇岛的昌黎县和卢龙县、唐山的唐海县和乐亭县等。此外分析得出，湿地可提供的价值略有增加，但湿地面积大大减少，结构不断破碎分散，

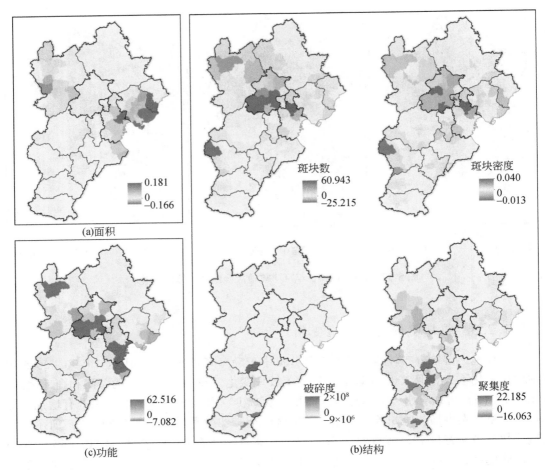

(a)面积

斑块数

斑块密度

(c)功能

破碎度

聚集度

(b)结构

图5-13 1990～2015年湿地面积和功能的变化斜率以及四个结构指标的总体变化率

(a)1990年

(b)1995年

(c)2000年

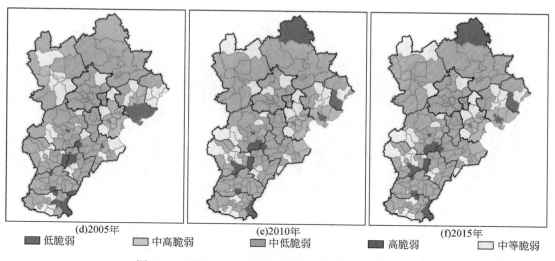

(d)2005年   (e)2010年   (f)2015年

■ 低脆弱   □ 中高脆弱   ■ 中低脆弱   ■ 高脆弱   □ 中等脆弱

图 5-14   1990~2015 年京津冀地区湿地脆弱度的分布

这种现象导致了高脆弱湿地的增加和低脆弱湿地的减少。因此，湿地恢复与保护政策更应关注到湿地本身的问题。

5.1.2.4 湿地生态风险的时空变化

湿地生态风险结果的空间分布与胁迫度的结果非常接近，具有非常明显的空间分布差异，且京津冀地区湿地面临的风险仍然需要密切关注。总体而言，京津冀地区湿地风险呈现先上升后下降的趋势。风险值在 1995 年达到最大值，在 2005 年达到最低值，2015 年的结果与 1990 年非常接近，略有下降。低、中低风险等级和中、中高风险等级的地区各占一半左右。从空间上看，研究区湿地风险水平由中部和南部向周边逐渐降低，北部和沿海地区湿地风险较低。此外，结果表明，市辖区湿地风险普遍高于该市的其他区域，尤其是邯郸、邢台、沧州等南部地区（图 5-15）。

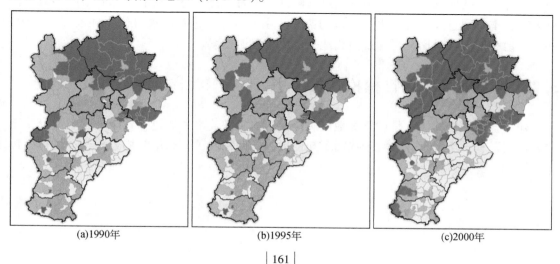

(a)1990年   (b)1995年   (c)2000年

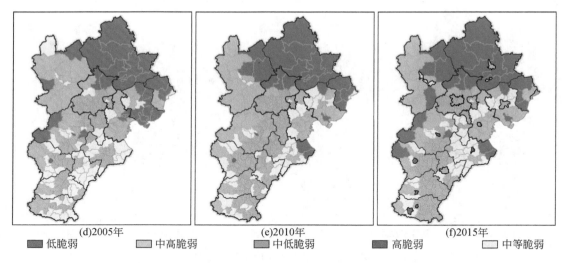

图 5-15　1990～2015 年京津冀地区湿地生态风险的变化

　　1990～2015 年，风险值较高的区域包括邯郸、廊坊、邢台等，承德湿地风险最低。沧州、秦皇岛和北京的湿地生态风险呈显著下降趋势，而其他城市在 2005 年这个转折点后的风险值显著上升。与 1990 年相比，2015 年湿地风险值更高的城市有保定、承德、邯郸、衡水、石家庄、唐山和天津。其中一些城市的湿地面积很小，所以湿地的保护和恢复会更加困难。

5.2　湿地景观空间优化配置

　　湿地作为水域与陆地之间的特殊生态交错区（崔丽娟等，2011），对维持生态系统平衡有重要意义。面对京津冀地区湿地逐渐减少的现状（吕金霞等，2018），确定可优化湿地空间分布，获取京津冀地区中可优化湿地方案尤为重要。为了获取京津冀地区湿地可优化方案，本书通过湿地可优化性模拟的指标体系的构建，进行湿地可优化性模拟及评价，并与土地利用现状对比，得到京津冀地区可优化湿地方案。

5.2.1　湿地可优化性模拟指标选取

　　建立合理的指标体系是进行湿地可优化模拟的关键。本书通过综合中外学者研究，选取气候因子、土壤因子、人类干扰因子与地形因子四种因子，利用结构方程模型进行指标体系筛选。

5.2.1.1 数据来源

1) 气候因子

气候因子会通过影响水文与化学物质循环的方式影响湿地的分布（Burkett and Kusler，2000）。经常使用的气候因子包括年总降水量、年均温度、年均湿度、年均最高气温、年均最低气温、最小相对湿度、年总蒸发量等，均通过国家气象科学数据共享服务平台（http://data.cma.cn）获得。

2) 土壤因子

土壤因子会通过影响湿地营养物质从而影响湿地分布。经常使用的土壤因子包括土壤黏粒、沙粒、有机质、全氮及土层深度数据，均通过中国土壤属性栅格数据获得（http://www.issas.ac.cn/kxcb/zgtrxxxt）。

3) 人类干扰因子

人类活动对湿地的干扰以短时直接为主（陈柯欣等，2019），人类干扰因子包括各区县人口、GDP、农业种植面积、湿地到城区中心距离、湿地到道路距离等，从京津冀地区的统计年鉴及行政区划中获得。

4) 地形因子

地形也是湿地分布重要的影响因子。地形因子主要通过地形指数来表征，包括海拔、地形粗糙指数（terrain ruggedness index，TRI）、坡度，从数字高程模型（digital elevation model，DEM）中提取（http://www.gscloud.cn）。

5.2.1.2 指标体系筛选

1) 研究方法

湿地可优化模拟指标选取采用结构方程模型（structural equation modeling，SEM）的方法。它不仅能研究变量间的直接作用，还可以研究变量间的间接作用（陈琦等，2004）。近年来，由于结构方程模型的系统性特征，被应用到越来越多的生态学问题中（Grace et al.，2010）。本书使用 1980 年、1995 年、2005 年与 2015 年的京津冀地区湿地分布数据，利用结构方程模型进行拟合，挑选出路径显著的指标构成湿地可优化性模拟指标体系。

2) 指标体系筛选模型构建

湿地可优化模拟指标筛选时，选取 R 语言编程中 Lavvan 程序包进行京津冀地区湿地分布结构方程模型的构建（Rosseel，2012）。构建指标体系与湿地的关系后，选取路径系数显著的指标，组成京津冀地区湿地优化的指标体系。

3) 模型评价

对京津冀地区湿地分布结构方程模型进行评价时，选取了拟合指数评价的方法（Hu and Bentler，1999；温忠麟等，2004）。该方法提供了多种拟合指数及其阈值，当所拟合的模型获得的拟合指数均在阈值范围内时，认为模型合理可行。本书选取了 GFI、CFI、TLI、SRMR 及 RMSEA 五个拟合指数，模型评价结果如表 5-2 所示。可以看出，所有模型的拟合指数均在阈值范围内，确定模型可用。

表 5-2　模型评价指标及阈值

指标	阈值	1980 年	1995 年	2005 年	2015 年
GFI	>0.90	0.992	0.987	0.987	0.989
CFI	>0.90	0.996	0.992	0.993	0.995
TLI	>0.90	0.985	0.974	0.976	0.978
SRMR	<0.05	0.028	0.048	0.042	0.042
RMSEA	<0.05	0.042	0.049	0.048	0.049

4）湿地可优化性模拟指标体系

结构方程模型结果中，Capital P 值小于 0.05 的路径视为指标对京津冀地区湿地分布影响显著。影响不显著的指标删除后，所得到的指标体系及其路径系数如表 5-3 所示。因此，选取这 18 个因子构建湿地可优化模拟的指标体系，进行京津冀地区湿地景观空间优化模拟。

表 5-3　湿地可优化性模拟指标体系

分类	指标	1980 年	1995 年	2005 年	2015 年
气候因子	年均温度	0.1672	0.1394	0.0597	0.0075
	年均湿度	0.1360	0.1390	0.0389	0.0195
	年总降水量	0.0761	0.0933	0.0109	0.0045
	年总蒸发量	−0.0115	−0.0491	−0.0571	−0.0351
	年均最大温度	0.1684	0.1218	0.0645	0.0342
土壤因子	土壤黏粒	0.1025	0.0617	0.0705	0.0041
	土壤沙粒	0.0372	0.0367	0.0013	0.0010
	土壤深度	−0.0973	−0.0326	−0.0450	−0.0059
	土壤氮含量	0.1963	0.0977	0.0793	0.0138
	土壤含盐量	−0.1037	−0.0267	−0.0132	−0.0038
	土壤有机质含量	0.2086	0.0956	0.0801	0.0122
地形因子	海拔	−0.1706	−0.0197	−0.0057	−0.0045
	坡度	−0.1596	−0.0136	−0.0045	−0.0056
	地下水位	−0.0380	−0.0210	−0.0004	−0.0039
人类活动因子	GDP	−0.0474	−0.0242	−0.0112	−0.0228
	人口	−0.0626	−0.0183	−0.0112	−0.0343
	农业种植面积	0.0228	0.0119	0.0015	−0.0310
	湿地到城市的距离	0.0081	0.0030	0.0061	0.0084

5.2.2 京津冀地区湿地景观空间可优化性模拟

由于人类活动的影响，湿地的实际分布与湿地的理论分布存在差异。许多适宜湿地分布的地区，实际不存在湿地。为了找出京津冀地区湿地的可优化区域，使用数据挖掘模型，结合 5.2.1 节的指标体系筛选结果，对京津冀地区湿地进行空间可优化模拟。

5.2.2.1 数据来源

京津冀地区湿地景观空间的优化模拟数据仍然选用 1980 年、1995 年、2005 年与 2015 年的京津冀地区湿地分布数据，结合所筛选出的空间优化模拟指标体系，进行可优化性模拟。

5.2.2.2 湿地可优化性

1）研究方法

选取三种模型进行湿地优化。

（1）多元适应回归样条函数（multivariate adaptive regression splines，MARS），是由斯坦福大学著名统计教授 Friedman 于 1991 年提出的一种针对高维数据的算法（Friedman，1991）。该算法的解释变量在不同的级别参数优化程度不同，这使其优于一般的线性模型。同时，MARS 的样条结点是通过算法自动优化生成的，使模型更加精准。

（2）引导聚集算法（bootstrap aggregation），又称装袋算法，是由 Breiman 于 1996 年提出的一种团体学习算法（Breiman，1996）。该算法可与其他分类或回归算法相结合，通过降低结果方差的方式，避免过度拟合，提高模型的准确性。

（3）随机森林算法，是 Breiman 于 2001 年提出的一个组合分类器的算法（Breiman，2001）。该算法通过大量的分类树计算，综合各分类树的模型结果进行投票，得到最终的结果，使其误差率更加稳定。

2）湿地可优化性模拟

湿地可优化性模拟均在 R 语言编程中完成。利用湿地分布实际数据与指标，采用 1/3 数据作为训练集，另 2/3 数据作为验证集的方式，在模型相应的包中进行可优化性模拟。多元适应回归样条函数模型，引导聚集算法模型及随机森林模型在 R 语言编程中采用的包分别为 mda、ipred 与 randomForest（Liaw and Wiener，2002）。同时，采用接受者操作特性（receiver operating characteristic，ROC）曲线分析法检验模型精度。ROC 曲线下面积（area under curve，AUC）值越大，表明模型模拟效果越好。

5.2.2.3 湿地可优化性模拟结果

将 1980 年、1995 年、2005 年及 2015 年湿地分布及影响因子数据输入上面三种模型中，进行湿地可优化性模拟，获得各模型的 AUC 值与模拟结果。

1）模型评价

使用 AUC 值对模型进行评价。在 R 语言编程中进行三种模型的四个时期的模拟及验证之后，使用 ROCR 包及模型验证结果，进行 ROC 曲线的生成及 AUC 值的计算，结果如表 5-4 所示。

表 5-4　湿地可优化性模型 AUC 值

模型	1980 年	1995 年	2005 年	2015 年
多元适应回归样条函数	0.841	0.835	0.846	0.829
引导聚集算法	0.929	0.924	0.927	0.926
随机森林算法	0.966	0.967	0.969	0.966

由表 5-4 可以看出，三种模型的 AUC 值均在 0.8 以上，说明模拟结果较好，可用于进一步分析。同时可以从 AUC 值中看出，随机森林算法的模拟效果最好，其次为引导聚集算法。

2）模型结果

经模型评价确定模型可用之后，进行模拟结果的分析。每个模型会生成京津冀地区湿地可优化概率及评价阈值，根据模拟结果及阈值，可将京津冀地区划分为可优化湿地区和不可优化湿地区。由此，可得到三个模型四个时期共计 12 种湿地可优化性评定结果，如图 5-16 ~ 图 5-19 所示。

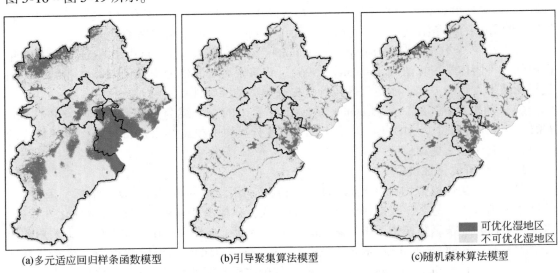

(a)多元适应回归样条函数模型　　(b)引导聚集算法模型　　(c)随机森林算法模型

图 5-16　1980 年京津冀地区湿地可优化模拟结果

由模拟结果中可看出，由于各模型的拟合算法及其优点各不相同，所以三种模型在四个年份的可优化模拟结果均有所差异。因此，进一步选用模型集成的方法，将所有模拟结果融合，获取京津冀地区湿地空间优化配置方案。

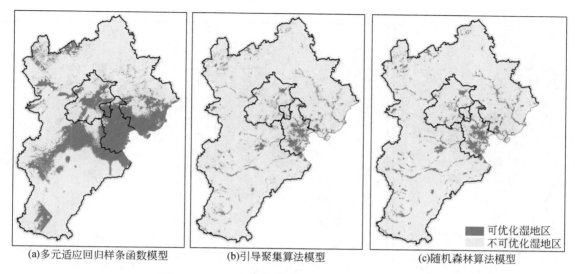

(a)多元适应回归样条函数模型　　　　(b)引导聚集算法模型　　　　(c)随机森林算法模型

图 5-17　1995 年京津冀地区湿地可优化模拟结果

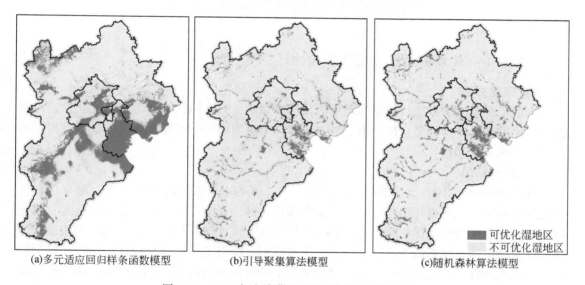

(a)多元适应回归样条函数模型　　　　(b)引导聚集算法模型　　　　(c)随机森林算法模型

图 5-18　2005 年京津冀地区湿地可优化模拟结果

5.2.3　京津冀地区湿地景观空间优化配置方案

根据各模型及各时期的湿地可优化结果，对京津冀地区进行湿地可优化性评价，并结合土地利用现状，获得京津冀地区湿地景观空间优化配置方案。

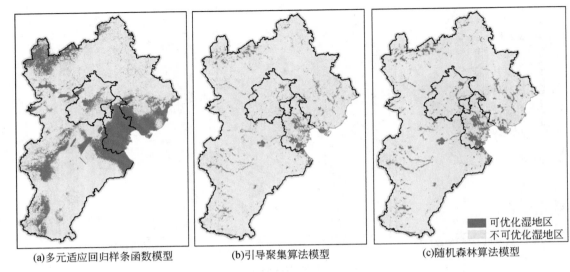

(a)多元适应回归样条函数模型　　　　(b)引导聚集算法模型　　　　(c)随机森林算法模型

图 5-19　2015 年京津冀地区湿地可优化模拟结果

5.2.3.1　京津冀地区湿地可优化性评价

1）研究方法

选取模型集成的方法，根据湿地可优化模拟结果，对京津冀地区湿地可优化性进行评价。对比及集成多个模型模拟结果，将大幅度降低模型模拟的不确定性，提高模型模拟精度（毕迎凤等，2013）。

2）评价结果

按照 1980 年、1995 年、2005 年及 2015 年，每期三个模型的模拟结果，对京津冀地区进行湿地可优化等级评价，可分为①非湿地优化区，即所有模型都不认为该点适宜优化成湿地；②不稳定湿地优化区，即仅有一个模型认为该点适宜被优化成湿地；③重要湿地优化区，即有两个模型认为该点适宜被优化成湿地；④极重要湿地优化区，即三个模型同时认为该点适宜被优化成湿地。将各时期的各个等级湿地通过 ArcGIS 中 union 命令进行融合，可得京津冀地区湿地可优化等级评价图，如图 5-20 所示。同时可得到各等级面积及占京津冀地区面积比例，如表 5-5 所示。

表 5-5　京津冀地区各湿地可优化等级面积

湿地可优化等级	面积/km²	占京津冀地区面积比例/%
非湿地优化区	130439.41	60.59
不稳定湿地优化区	56217.41	26.11
重要湿地优化区	18376.68	8.54

续表

湿地可优化等级	面积/km²	占京津冀地区面积比例/%
极重要湿地优化区	10253.63	4.76
总计	215287.13	100.00

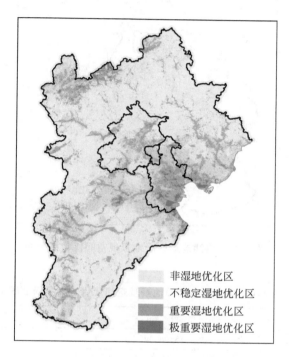

图 5-20 京津冀地区湿地可优化性评价结果

由可优化评价可以看出，京津冀地区中主要为非优化湿地区，重要及极重要湿地优化区所占比例为 13.3%，高于京津冀地区目前湿地比例 4.96%。说明京津冀地区中仍有很大湿地可优化空间。

5.2.3.2 京津冀地区湿地景观空间优化方案

1）研究方法

在 ArcGIS 中使用 identity 功能，将 2015 年土地利用图对核心优化湿地区进行识别，提取土地利用现状为非湿地的重要湿地优化区及极重要湿地优化区，作为京津冀地区湿地优化区，得到京津冀地区湿地空间可优化方案。

2）京津冀地区湿地景观空间优化方案

京津冀地区湿地景观空间优化区分布如图 5-21 所示，同时统计湿地空间优化方案中各等级面积及所占比例，如表 5-6 所示。

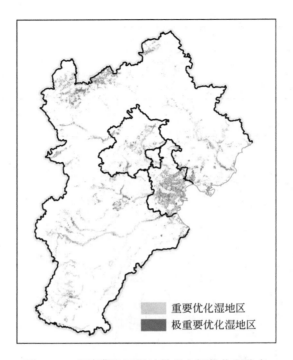

图 5-21 京津冀地区湿地景观空间优化区分布

表 5-6 京津冀地区湿地景观空间优化方案等级面积

湿地可优化等级	面积/km²	占京津冀地区面积比例/%
重要湿地优化区	15598.34	7.25
极重要湿地优化区	6546.35	3.04
总计	22144.69	10.29

在湿地优化时，根据土地利用现状及湿地修复政策，按照极重要、重要的顺序进行湿地优化。由湿地优化方案可以看出，在京津冀地区内极重要湿地优化区面积为6546.35km²，占比为3.04%，在制定相关政策时，需要重点关注。

5.3 湿地关键物种（水鸟）栖息地适宜区模拟

湿地因其便利的水源、丰富的生物资源，为众多野生动物提供各种生命活动场所，而水鸟作为湿地关键物种，在维持湿地生态系统能量流动和稳定性方面起着举足轻重的作用。然而，随着京津冀地区城市化进程的加快，湿地面积和质量、水鸟种群和数量都出现了明显的下降，尤其是濒危水鸟甚至面临灭绝危机。因此，本书从保护濒危水鸟种群数量的角度考虑，利用 GIS 平台和 MaxEnt 模型对京津冀地区濒危水鸟潜在分布区进行模拟，评估濒危水鸟栖息地适宜等级，分析未来不同气候情景下濒危水鸟潜在适宜区分布变化，为评估当前国家自然保护区保护成效和指导其规划提供参考。

5.3.1 关键物种分布模型构建

5.3.1.1 京津冀地区区域濒危水鸟筛选

参考《国家濒危水鸟名录》，结合中国观鸟记录中心和文献调研数据定义，统计 2014~2018 年京津冀地区区域内濒危水鸟种类和"出现点"，确定研究区内七种适用于模型模拟的濒危水鸟及出现点信息（表 5-7）。

表 5-7 京津冀地区区域濒危水鸟主要出现点

物种名称	居留类型	国家保护级别	IUCN受胁等级	地理位置	年份	出现点/个
遗鸥 (*Ichthyaetus relictus*)	夏候鸟	I	易危	115.6947°~119.5064°E 38.6593°~41.6788°N	2015~2018	78
				114.6031°E、41.8305°N	2015	1
青头潜鸭 (*Aythya baeri*)	夏候鸟	无	极危	115.6257°E、37.6209°N	2015~2018	30
				114.6031°E、41.8305°N	2016	1
				117.4540°E、38.4810°N	2016	1
白头鹤 (*Grus monacha*)	夏候鸟	I	易危	117.0193°~118.4319°E 38.9142°~40.5172°N	2015~2016	5
				117.4679°E、38.6389°N	2014	1
				117.4686°E、38.4928°N	2015	1
				116.9428°E、40.55028°N	2015	1
东方白鹳 (*Ciconia boyciana*)	夏候鸟	I	濒危	114.0252°~118.1728°E 38.3332°~40.5451°N	2015~2018	31
				117.4686°E、38.4928°N	2014	1
黑鹳 (*Ciconia nigra*)	夏候鸟	I	无危	113.8679°~117.1557°E 38.2218°~40.6856°N	2014~2018	51
				115.9568°E、39.4640°N	2014	1
				114.9568°E、39.9529°N	2016	1
				115.4403°~115.6761°E 39.6042°~39.6606°N	2015	45

续表

物种名称	居留类型	国家保护级别	IUCN受胁等级	地理位置	年份	出现点/个
大鸨 (*Otis tarda*)	冬候鸟	I	易危	114.2144°~117.3882°E 38.1080~40.4816°N	2015~2018	11
				117.2681°~115.6474°E 42.4757~37.6552°N	2011	14
白尾海雕 (*Haliaeetus albicilla*)	旅鸟	I	无危	115.6500°~117.0611°E 39.6286°~40.5647°N	2015~2018	35

5.3.1.2 模型环境变量选取

根据濒危水鸟居留类型进行定性分析，有针对性地筛选出与水鸟对应的环境变量。京津冀地区濒危水鸟包括夏候鸟（遗鸥、青头潜鸭、白头鹤、东方白鹳和黑鹳）、旅鸟（白尾海雕）和冬候鸟（大鸨）三种居留类型。针对夏候鸟，筛选出3~10月环境变量输入模型；针对旅鸟，筛选出迁徙至京津冀地区月份的环境变量；针对冬候鸟，筛选出11月至次年2月的环境变量，最终综合筛选出65个能够反映气候特征、栖息地和人类影响的环境变量（表5-8）。

表5-8 环境变量类型、描述指标来源、格式

变量类型	描述	来源	格式
气候特征	生物气候（共19个指标）	WorldClim1.4数据库	tiff, 30″分辨率
	月均太阳辐射量（共12个变量）	WorldClim1.4数据库	tiff, 30″分辨率
	月均降雨量（共12个变量）	中国气象数据网	mm
	月均温度（共12个变量）	中国气象数据网	℃
栖息地	到水体距离	中国科学院资源与环境科学数据中心	栅格, 100m分辨率
	到稀疏林地距离	中国科学院资源与环境科学数据中心	栅格, 100m分辨率
	到其他林地距离	中国科学院资源与环境科学数据中心	栅格, 100m分辨率
	海拔	USGS	tif, 30m分辨率
	坡度	USGS	tif, 30m分辨率
	坡向	USGS	tif, 30m分辨率
人类影响	到铁路距离	OpenStreetMap	30″分辨率
	到公路距离	OpenStreetMap	30″分辨率
	到农田距离	中国科学院资源与环境科学数据中心	栅格, 100m分辨率
	到建筑用地距离	中国科学院资源与环境科学数据中心	栅格, 100m分辨率

5.3.1.3 物种分布模型建模与验证

将七种水鸟"出现点"的地理位置和环境变量加载到 MaxEnt 模型中，随机选取 75% 的样本作为训练数据建立每个物种与环境因子的关系模型，剩余 25% 的样本用于模型验证。利用 Jackknife 模块（刀切法）筛选出制约各濒危水鸟的主要影响因子。MaxEnt 基本原理为当熵值最大时，冗余信息被排除，使得未知信息不确定性降低。假设随机变量 a 包含 A_1，A_2，A_3，$\cdots$，n 种可能，则其熵值：

$$H(a) = \sum_{i=1}^{n} p_1 \log \frac{1}{p_i} = -\sum_{i=1}^{n} p_i \log p_i \tag{5-1}$$

式中，p_1，p_2，$\cdots$，p_n 为每种物种出现的概率。利用某物种的分布数据结合分布区环境变量，计算物种分布规律的最大熵值，该物种潜在分布适宜性区划即熵最大时该物种的概率分布。

采用 ROC 曲线分析法检验模型精度。ROC 下方面积 AUC>0.75 时，表示模型具有很好的预测能力。对于每个物种，采用 MaxEnt 模型的自举重复功能运算 10 次，取 ROC 值较大者作为模拟最终结果。

5.3.1.4 濒危水鸟分布适宜区界定

参照 IPCC 第四次评估报告中关于评估可能性的阈值划分方法和相关学者的划分方法，栖息地适宜性划分为四个级别：①不适宜区，$p<0.33$；②低适宜区，$0.33 \leqslant p \leqslant 0.66$；③中适宜区，$0.66<p \leqslant 0.9$；④高适宜区，$p>0.9$。在此分级基础上利用 ArcMap 10.2 对八种濒危水鸟潜在分布适宜性进行制图。

5.3.2 水鸟潜在适宜区分布及影响因素

根据物种分布模型模拟的结果可知，白尾海雕、大鸨、黑鹳、东方白鹳、白头鹤、青头潜鸭及遗鸥七种濒危水鸟模拟结果相应的训练样本和验证样本 ROC 值均大于 0.9，说明影响七种濒危水鸟的环境变量与模型预测地理分布存在较好的相关性。

如表 5-9 所示，黑鹳、东方白鹳和遗鸥三种濒危水鸟在京津冀地区分布面积较大，研究将针对这三种水鸟开展空间分布和驱动因素分析，主要结论如下。

（1）黑鹳潜在分布区域中的高适宜区和中适宜区面积为 735.24km²，占京津冀地区区域总面积的 0.27%。黑鹳中高适宜区主要集中于北京市房山区大石河中游和崇青水库—丁家洼水库—天开水库—拒马河上中游、北京市中部十三陵水库和东北部怀柔水库—雁栖湖—密云水库，以及河北省石家庄市岗南水库—滹沱河干流。影响黑鹳空间分布的五个主要驱动因素按照贡献值大小排序为到水体距离（24.9%）、4 月月均太阳辐射量（16.1%）、到铁路距离（14.8%）、6 月月均降雨量（7.5%）和 DEM（6.8%）。黑鹳空间分布与到水体距离、4 月月均太阳辐射量呈负相关，与 6 月月均降雨量呈正相关，与到铁路距离和海拔则呈先正相关后负相关（拐点为 3002m 和 125m）。黑鹳偏好距水体近、4 月月均太阳辐射量小、6月月均降雨量大和到铁路较远的区域。

（2）东方白鹳高适宜区和中适宜区面积为 2525.8km²，占京津冀地区区域总面积的 0.94%。该物种中高度适宜区主要位于环渤海沿岸（北起唐山市曹妃湖，南至沧州市南大港水库），天津市于桥水库、尔王庄水库—上马台水库、青年湖—团泊洼水库，以及北京市中南部北海—奥森湖—紫竹院湖—团结湖和东北部密云水库。影响东方白鹳空间分布的五个主要驱动因素按照贡献值大小排序为 DEM（19.7%）、坡度（18.7%）、到水体距离（12.9%）、到农田距离（8.2%）和昼夜温差月均值（6.6%）。东方白鹳空间分布与 DEM、坡度、到水体距离和昼夜温差月均值呈负相关，与到农田距离则呈正相关。东方白鹳倾向分布于海拔低、坡度小、距水体近、距农田远和昼夜温差月均值小的区域。

（3）遗鸥高适宜区和中适宜区面积为 1708.74km²，占京津冀地区区域总面积的 0.44%。该物种中高度适宜区主要位于环渤海沿岸（北起唐山市曹妃湖，南至沧州市杨埕水库），天津市于桥水库、北大港水库，以及北京市中部怀柔水库和东北部密云水库。影响遗鸥空间分布的五个主要驱动因素按照贡献值大小排序为等温性（16.5%）、到农田距离（12.4%）、10月月均太阳辐射量（11.3%）、坡度（10.1%）和到水体距离（9.7%）。五个驱动因素中，遗鸥空间分布与等温性、10月月均太阳辐射量、坡度和到水体距离呈负相关，与到农田距离则呈正相关。遗鸥偏好等温性小、距农田远、10月月均太阳辐射量小、坡度小和距水体近的区域。

表 5-9　京津冀地区濒危水鸟分布区各适宜性等级相应面积及占比

物种名称	不适宜		低适宜		中适宜		高适宜	
	面积/km²	占比/%	面积/km²	占比/%	面积/km²	占比/%	面积/km²	占比/%
白尾海雕	261000	97.84	4960	1.86	760	0.29	28.98	0.01
大鸨	263000	98.63	3040	1.14	560	0.21	56.30	0.02
黑鹳	263000	98.63	2790	1.04	660	0.24	75.24	0.03
东方白鹳	255000	95.31	10000	3.74	2520	0.94	5.80	0
白头鹤	267000	99.97	51.33	0.02	31.46	0.01	0	0
青头潜鸭	264000	98.65	2990	1.12	526.57	0.20	78.65	0.03
遗鸥	243000	90.97	22940	8.59	1130	0.42	578.74	0.02

5.3.3　气候变化背景下濒危水鸟潜在分布区变化

基于 BCC_CSM 模型的三种气候模式（RCP 2.6、RCP 4.5、RCP 8.5）数据，模拟 2015 年和 2050 年三种气候模式下濒危水鸟的潜在分布。在 2015 年潜在分布区的基础上，将 2050 年气候情景下的生境划分为稳定生境、获得生境和丧失生境，其中稳定生境表示存在濒危水鸟且与基准情景分布一致，获得生境代表濒危水鸟种类增加，丧失生境则表示濒危水鸟种类减少。

（1）2015 年濒危水鸟潜在分布区主要集中在环渤海沿岸的天津市北大港水库—官港湖和高庄水库，以及北京市密云水库，此外，天津市七里海水库、南大港水库—沙井子水库和杨埕水库也有少量分布。

（2）2050 年 RCP 2.6 情景下濒危水鸟潜在分布区，相较于 2015 年总生境面积增加 96.24%，新增濒危水鸟生境有向西南和东北方向显著扩张的趋势。获得生境的热点区域面积为 76.17km²，多分布于北京市响潭水库—十三陵水库，以及河北省官厅水库—野鸭湖；获得生境非热点地区面积为 7966.51km²，主要集中于北京市中西部和南部，河北省西南部滹沱河和南部东武仕水库，以及河北省东北部；丧失生境的热点区域面积为 77.83km²，主要集中于北京市密云水库和渤海湾沿岸；丧失生境的非热点地区面积为 3781.23km²，主要集中于北京市中南部奥森公园湖—后海—青年湖，北京市东北部密云水库，以及天津市环渤海湾地区。

（3）2050 年 RCP 4.5 情景下濒危水鸟潜在分布区，相较于 2015 年总生境面积增加 103.94%，新增濒危水鸟生境主要向北京西南部和河北东北部扩张。获得生境的热点区域面积为 95.21km²，主要位于北京市野鸭湖—莲花湖、响潭水库、十三陵水库、沙河水库—上庄水库—翠湖；获得生境的非热点地区面积为 6207.95km²，主要集中于北京市西部、中南部和东北部，以及河北省东北部；丧失生境的热点区域面积为 67.89km²，主要集中于北京市密云水库和野鸭湖湿地；丧失生境的非热点地区面积的 3507.18km²，主要集中于环渤海沿岸，以及北京市中南部和东北部。

（4）2050 年 RCP 8.5 情景下濒危水鸟潜在分布区，相较于 2015 年总生境面积增加 65.51%，新增濒危水鸟生境有向北京市西部、河北省西部和天津市东南沿海区扩张的趋势。获得生境的热点区域面积为 64.58km²，主要集中于环渤海沿岸的邓善沽水库周边；获得生境的非热点区域面积为 4752.42km²，主要位于天津市渤海湾沿岸、北京市中南部，以及河北省西部黄壁庄水库和定安河—桑干河周边；丧失生境的热点区域面积为 19.04km²，主要位于北京市密云水库和天津市东丽湖周边；丧失生境的非热点地区面积为 2747.13km²，主要分布于北京市中南部和天津市环渤海沿岸。

5.4 湿地生境斑块的廊道连通性分析

5.4.1 京津冀地区雁鸭类栖息地连接度变化及驱动力分析

生境斑块的连接是生物保护与维持自然生态系统稳定性与整体性的重要因素（Crist et al.，2005），具有促进生物通量（如扩散、基因流等）的生态功能；同时，栖息地斑块间的连接度对物种分布和丰度有着重要作用（Crooks，2002）。近几十年来，京津冀地区湿地面积萎缩，生态功能下降，严重影响了湿地水鸟的栖息地质量及栖息地间的连接。因此，揭示京津冀地区湿地栖息地适宜性及其连接度的变化特征对水鸟的影响，并从自然和人为因子方面分析其对连接度变化的影响。对京津冀地区协同发展中的关键物种（水鸟等）保护具有重要意义。

5.4.1.1　京津冀地区雁鸭类潜在栖息地适宜性及连接度变化

雁鸭类作为湿地生态系统中的重要成员，大多具有季节性迁徙的习性，对湿地变化十分敏感，是表征湿地生态系统稳定的指示物种。沿迁徙路线分布的湿地作为水鸟迁徙过程中的重要节点，其面积大小和质量高低决定了其生态承载能力的大小。采用 MaxEnt 模型，结合雁鸭类出现点及环境因子，反演京津冀地区雁鸭类的潜在栖息地，并分析 1980 ~ 2015 年的动态变化，将 MaxEnt 模型提取出的潜在栖息地作为节点，通过计算连接度指数，分析雁鸭类潜在栖息地连接度及变化。

1）雁鸭类潜在栖息地适宜性变化

利用 MaxEnt 模型提取雁鸭类潜在适宜栖息地，该模型以最大熵理论为基础，利用物种出现点数据和出现点地区的环境特征信息，探索物种出现点地区的环境特征与研究区域的特定关系，分析、处理、归纳并模拟其生态需求，然后将运算结果投射至不同的空间，得出满足一定约束条件（环境特征）的区域，从而预测物种的潜在分布（Phillips et al.，2006）。

雁鸭类出现点位置的确定主要依据 2017 年 5 月、7 月进行的两次京津冀地区重要湿地野外调查，以及湿地保护区及重点湿地公园名录、中国观鸟记录中心数据，并根据实际观察对雁鸭类出现点进行 GPS 定位，结合 Goole Earth 影像共获取雁鸭类出现点 125 个，并将出现点坐标转化为 CSV 格式。

雁鸭类的生境不是由单一类型构成的，而是由具有一定植被覆盖的浅水区域和一定面积的开阔水域组成，是既能提供食物又能提供安全隐蔽场所的特殊地理区域（杨维康等，2000）。结合已有研究成果，以及京津冀地区的自然环境特点，将影响雁鸭类的自然条件（海拔、年降水量、土地利用类型）、干扰因素（建筑用地密度）、生境条件（湖泊河流密度、植被覆盖度）作为环境因子输入模型中，各环境因子的数据处理方法见表 5-10。

表 5-10　环境因子选择

生境选择条件	指标因子	数据处理方法
自然条件	高程	30m DEM 数据
	年降水量	克里金法空间插值
	土地利用类型	30m 土地利用类型图
干扰因素	建设用地密度	ArcGIS 密度分析
食物和荫蔽	湖泊河流密度	ArcGIS 密度分析
	植被覆盖度	像元二分法

按照 MaxEnt 模型要求，在 GIS 平台上将环境因子统一边界，并转换成 ASCII 格式。将 CSV 格式的出现点坐标数据，以及具有相同边界、坐标系统和栅格大小的 ASCII 格式环

境因子导入 MaxEnt 模型，随机选取 75% 的数据用于驱动模型，其余 25% 的数据用于精度验证，在模型运行过程中选择刀切法分析工具来检测环境因子的贡献率。

根据模型预测分值结果将栖息地适宜度从低到高分为四个等级：非适宜区（0～25分）、低适宜区（25～50分）、中适宜区（50～75分）和高适宜区（75～100分）。

从空间上来看，京津冀地区雁鸭类适宜的生境主要分布在渤海湾地区、河北中部平原及北部坝上和主要水库分布区，集中位于自然保护区内，或河流两侧及湖泊周围。

从湿地生境适宜性时间变化上看，京津冀地区雁鸭类适宜生境面积由 1980 年的 6898km² 减至 2015 年的 3764km²，其中低适宜区面积下降最明显，中适宜区减少的幅度最小。

1980～2015 年雁鸭类生境变化主要发生在环渤海地区、京津冀地区西北部及京津冀地区中部平原，具体表现为栖息地的适宜性降低及消失，其中环渤海地区以适宜性降低为主，京津冀地区西北部坝上地区及中部平原地区以部分栖息地消失为主。

2）雁鸭类潜在栖息地连接度变化

基于图论法原理，选用 ECA 指数定量分析雁鸭类潜在栖息地连接度变化趋势。ECA 在实际生境格局中，能提供与可能连接（probability of connectivity，PC）指数有同样作用的斑块（最大连接）。而 PC 指数依赖于研究区的边界，当研究区面积较大时得出的数值极小。ECA 指数的计算需要指定景观中斑块连接的距离阈值，小于或等于阈值时则认为它们是连接的，当斑块之间的距离大于阈值时，认为这两个斑块不连接；斑块连接与否与不同生态过程发生的尺度相关。参考雁鸭类的日飞行距离，设置距离阈值为 1～110km，ECA 指数的计算借助 Conefor Inputs for ArcGIS 10.2 和 Conefor Sensinode 2.6 软件完成。

栖息地适宜性变化会改变生境斑块的空间布局，进而导致潜在栖息地之间的连接度变化，并且水鸟的生境斑块大小对维持景观整体稳定性及连接度有重要影响。

通过距离阈值为 110km 时雁鸭类潜在栖息地斑块连接结构发现，连接密度最大的区域为环渤海地区，其次为北部坝上地区。

从 1980～2015 年不同距离阈值（1～110km）下的 ECA 指数可以看出，在同一距离阈值下，1980～2015 年 ECA 指数总体减少；在不同距离阈值的连接状态下，1980～2015 年京津冀地区雁鸭类潜在栖息地的连接度呈下降趋势（图5-22）。

5.4.1.2 京津冀地区雁鸭类潜在栖息地连接度变化驱动力分析

潜在栖息地面积与连接度下降的主要影响因子来自降水及温度变化引起的湿地面积萎缩，区域的水资源供需失衡导致自然恢复力降低，以及人类活动导致耕地、建筑用地向湿地侵占，而自然保护区的建立及生态补水措施等保护政策的制定，对于湿地及高适宜性雁鸭类潜在栖息地保护有一定的积极作用。

1）气象因子

大气降水是湿地水来源的重要部分，京津冀地区及周边气象台站监测数据统计结果显示，1980～2015 年京津冀地区降水量呈减少趋势，而年均气温整体呈上升趋势。区域气候整体趋暖变干，加速了河流、湖泊等湿地留存水的蒸发，湿地面积逐渐减少。同时根据野

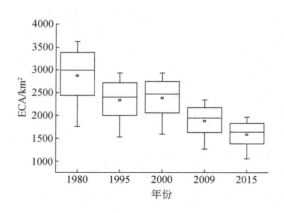

图 5-22　1980～2015 年不同距离阈值下的 ECA 指数

外实际验证，安固里淖、察汗淖、黄盖淖都出现了不同程度的干旱化现象，湿地周边草地退化，土壤出现了沙化迹象。

2）水资源因子

从水资源的供需角度而言，京津冀地区处于海河流域的中心，占海河流域面积的63%，根据 1994～2015 年《海河流域水资源公报》，海河流域水资源总量呈现波动下降，而用水量与引水量变化较为平稳，总可供给水资源（水资源总量及引水量）与用水耗水量之间的差距，造成农业工业及生产生活过分依赖并开采地下水，地下水位的下降对湿地的退化及受损雁鸭类栖息地的自然恢复造成负面影响，湿地斑块的变化进一步会导致栖息地适宜性和连接度的变化。

3）重要水利工程建设

海河流域水利工程集中在河流上游地区，1980～2004 年新增水库 372 个、拦河水闸381 个、拦河大坝 316 个。已有研究表明，水利工程建设对水鸟栖息地造成严重损失，同时导致水鸟丰度下降。河流生态系统受到修筑水坝及其他河网改造、岸边工程等影响，季节性淹没区减少，天然湿地大量丧失，动物洄游通道不畅，各类适生生物的生境、栖息地被大量压缩，导致雁鸭类的停歇点湿地减少及食物链中断，从而影响了雁鸭类潜在栖息地之间的连接。

4）社会经济因素

人口和经济因素对湿地景观格局及水鸟类生境有显著影响，而栖息地斑块自身的变化则会进一步影响栖息地斑块之间的连接度。京津冀地区人口的快速增长加大了对粮食的需求，导致耕地和建设用地不断向湿地扩张。而且，人口增长、农田施肥量和工业发展程度的增加，加速了湿地环境污染，使脆弱的湿地生态系统遭到严重破坏，而雁鸭类对湿地环境较为敏感，湿地环境的变化影响其对栖息地的选择和湿地内的活动范围，进而其适宜栖息地面积缩小，连接度下降。

5）湿地相关生态工程建设

湿地保护工程主要包括湿地保护区建设、湿地恢复示范、湿地水资源调配和管理、湿地水污染防治和近海环境保护等措施的实施。自 2004 年以来，国家林业局发布了《全国湿地保护工程实施规划》，并且整个京津冀地区生态用水总量从 2004 年的 3.48 亿 m^3 增至 2015 年的 18.3 亿 m^3。正是由于湿地保护使得潜在栖息地高适宜区面积从 2000 年后下降趋势有所缓解，1980～1995 年、1995～2000 年、2000～2009 年这三个时段内高适宜区面积下降速率分别为 12.6km^2/a、8.4km^2/a、3.3km^2/a，且 2009～2015 年高适宜区面积略有上升。

5.4.2　京津冀地区典型湿地水文连通性变化及空间演变

水文水系连通性是表征湿地格局和功能稳定性的重要指标，连通性的降低通常意味着湿地生态功能的退化，以及内部能量流动和养分循环的扰乱。本节内容将会对白洋淀和大清河流域两个典型区的水文联通变化开展详细分析。

5.4.2.1　白洋淀湿地水文连通性时空变化分析

白洋淀是京津冀地区最大的湖泊，且位于雄安新区的腹地。由于上游水库、堤坝等水利设施截留了绝大部分地表径流，只有大清河北支拒马河有少量天然入淀水流。到目前很长一段时间，白洋淀水量几乎都是靠人工调水补给来维持。淀区内有大小不等的 143 个淀泊和 3700 多条沟壕，零星分布有 36 个纯水村，常住农村居民达 10 万人以上。河淀相连，村镇田园镶嵌造就了白洋淀湿地独特的风景文化，但是也加剧了其生态缺水、湿地破碎化严重的窘境。因此，研究生态水文连通性对京津冀地区生态安全格局具有重要意义。

1）基于连通指数的 1990～2015 年水文连通性变化

以白洋淀 1990 年、1995 年、2000 年、2005 年、2010 年及 2015 年六期 Landsat TM 影像为数据源，采用整体连通指数（integral index of connectivity，IIC）与可能连通（probability of connectivity，PC）指数对湿地连通性进行整体评价。根据前人研究与白洋淀水体斑块缓冲变化情况，将斑块连通阻力距离阈值分别设置为 0.5km、1km、2km、4km、8km 五个等级。为了让 PC 计算结果与 IIC 具有可比性，将连接可能性设为 0.5。最后通过 Conefor 26 软件对 IIC、PC 指数进行计算（图 5-23）。

距离阻力阈值为两个斑块之间的距离在所选范围内有连接的临界值，两斑块之间距离超过距离阈值则表示不连接，距离阈值越大计算所得的连通指数越大。

结果表明，1990～2015 年，各阶段所选阈值下 IIC 都没有超过 0.1，说明研究区域内整体连通性较差。从时间变化上看，白洋淀水体 PC 与 IIC 值都表现出先降低后增高的变化趋势，白洋淀水体连通性整体表现为 1990 年>2015 年>1995 年>2000 年>2010 年>2005 年。

2）基于形态学空间模式分析的 1990～2015 年水文连通性变化

形态学空间模式分析（morphological spatial pattern analysis，MSPA）是基于数学形态学原理，依赖腐蚀、膨胀、开启、闭合等基本形态学操作，将栅格二值影像的前景像素分为七种互斥类型，即核心、孤岛、边缘、穿孔、桥接、环岛、分支（图 5-24、表 5-11）。

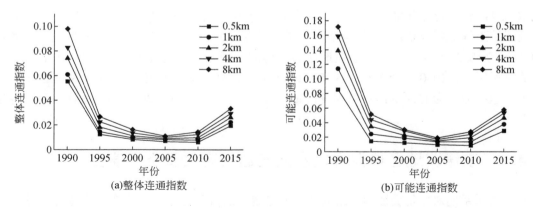

(a)整体连通指数

(b)可能连通指数

图 5-23　1990～2015 年白洋淀湿地不同阈值情况下整体连通指数和可能连通指数变化

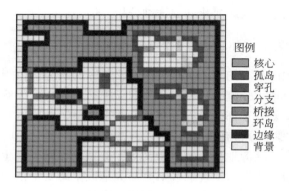

图 5-24　形态学空间格局分析模型分类示意图

根据不同 MSPA 景观分类的定义与特征，判断其在湿地连通性方面的指示意义。

利用 ArcGIS 10.2 在分类好的白洋淀湿地各时期土地利用图中提取出水域部分作为 MSPA 分析的前景，其他部分作为背景。像元大小为 30m，采用 8 邻域算法。考虑到湿地水域平水期与洪水期之间的缓冲范围，故将边缘宽度设为 2 个像元的大小，即 60m。

表 5-11　MSPA 的景观类型及其含义

类型	特征及定义
核心	指大量湿地像元的聚集，且与边界有一定距离
孤岛	指不相连且聚集数量少而不能作为核心类的湿地像元集合
穿孔	位于核心湿地内部，外部为"边缘湿地"
桥接	指连接至少两个不同核心类的非核心湿地像元集，并表现出狭长的廊道特征
环岛	指连接一处核心类的狭长湿地像元集合，同样也具有廊道的特征
分支	指非核心类区域且只有一端与边缘类、桥接类、环岛道类或穿孔类相连的湿地集合
边缘	指核心类和非湿地之间的缓冲区

经过 MSPA 分析得到各时期白洋淀湿地水文连通性功能类型格局。核心湿地是前景湿地中较大的生境斑块，在湿地连通性功能中起着生态源地的作用，其面积的减小及破碎化通常会导致连通性的下降。边缘湿地指核心湿地与非水体区域之间的过渡地带。

图 5-25 显示，1990～2015 年，核心湿地、边缘湿地与前景区呈现出相同的面积变化趋势，皆在前期减少，在 2005 年达到最低点后反呈增加趋势；1990～2015 年核心区占前景区比例先减小后增大，边缘区占前景比例先增大后减小。无论从空间还是面积上，整体指示了核心湿地 1990～2015 年展现出逐步破碎化后又恢复的特征，结合湿地水文连通性变化也可以看出核心湿地的变化对其的主导作用。

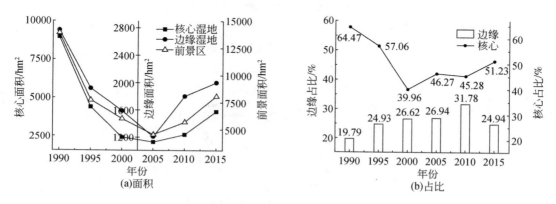

图 5-25　1990～2015 年白洋淀湿地核心及边缘湿地面积及占比统计图

分支、桥接和环岛三种类型在湿地连通性功能中都起着类似廊道的作用。三种类型对水文连通性的贡献为桥接湿地>分支湿地>环岛湿地。在研究的六个年份，分支湿地明显都占有较大的比例，其次为桥接湿地，环岛湿地所占比例最小。1990～2015 年，三种湿地类型面积峰值和尾值所在年份基本一致，都呈现类似 W 形的变化趋势。其中，1990～2005 年，在核心湿地持续减少的背景下，三种廊道类型经历了下降到升高再下降的过程，且核心湿地在退化过程中部分转化为三种廊道湿地，但由于核心湿地的主导作用，廊道湿地的增加并没有导致连通性的增加；而在 2005～2015 年，三种廊道湿地面积与核心湿地同步增加，对水文连通性的升高起到了辅助作用（图 5-26）。

孤岛湿地为相互联系较小的小斑块，在湿地景观中表现为单独的小水洼或池塘，但是其内部物质、能量与外界交流的可能性较小。穿孔湿地为核心湿地内部的边缘地带，在湿地景观中为核心湿地中间包围水中高地的区域，在一定程度上阻碍了核心湿地内部的连通。1990～2015 年，孤岛湿地是唯一面积有所增加的类型，增加了 38.89%，所占前景比例先增大后减小。过多孤岛的出现，增加了斑块个数，导致研究区域内的整体连通性降低。穿孔湿地面积虽然减少了 48%，所占前景比例变化趋势与孤岛呈相反趋势，但穿孔类型占前景比例是最小的，最高不超过 1.15%，对白洋淀湿地水文连通性影响不大（图 5-27）。

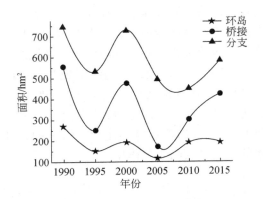

图 5-26 白洋淀湿地廊道类面积变化

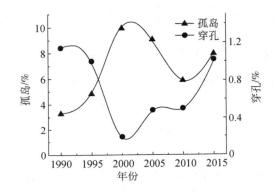

图 5-27 白洋淀湿地孤岛和穿孔湿地占比统计图

3) 水文连通性"消退-恢复"空间形态演变

根据连通性指数与 MSPA 模型的白洋淀水文连通性评价结果,将 1990～2015 年白洋淀湿地的水文连通性空间形态演变分为消退与恢复两个阶段。

(1) 水文连通性消退阶段 (1990～2005 年):①MSPA 各类型面积逐渐减少,首先表现为细小斑块消退,随后较大核心斑块分裂为小型核心斑块或分支、孤岛等类型后继续消退;②消退与分裂的主要类型为核心湿地,形态上有向破碎化、细长化转变的趋势;③在细小核心斑块消退的同时,也伴随着分支、桥接、环岛、孤岛的等类型的减少,在核心湿地斑块分裂期,以上类型又会有所增加;④在核心湿地面积减小的过程中,边缘湿地占前景比例持续增加,反映了核心斑块的不规则化趋势;⑤穿孔个数与面积和核心湿地面积成正比。

(2) 水文连通性恢复阶段 (2005～2015 年):①核心区面积逐渐增大,个数逐渐增多,占前景比例也逐渐增加,形态由细长状向饱和型发展;②环岛逐渐被饱和起来的核心斑块所吞并,分支湿地逐渐向桥接湿地转变;③孤岛面积和个数在恢复前期减少,后期增加;④穿孔和边缘湿地面积逐渐增加,前者占前景比例逐渐增大,后者占前景比例逐渐减少。

5.4.2.2　大清河流域水系结构连通性变化

河流水系是水资源的载体，通畅的河流水系在保障水文调蓄安全性、生境安全及改善水土环境等方面发挥着关键作用，是维持河流生态系统的重要条件。近些年，由于粗放的经济发展模式，加之水利工程的过度开发，河湖水系的布局、连通程度发生了显著的改变，致使一些水生态环境持续恶化的问题发生。研究清水河流域水系结构与功能连通，不仅对大清河水文连通性修复具有指导性作用，而且对整个生态系统的各个生境斑块的连通性修复有着重要意义。

1）大清河流域水系连通指标筛选

首先采用应用最为广泛的归一化水体指数（normalized difference water index，NDWI）来提取大清河流域 1980～2017 年共五期河流湖泊信息，然后，以应用比较广泛的决策树分类法（decision tree classifier），对遥感影像提取进行分类，并计算 NDWI，若所得到的NDWI>0，则将其视为水体；若所得到的 NDWI<0，则将其视为其他地类。将大清河流域水系结构连通性的表征指标分为结构形态指标和连通形态指标两类（表 5-12、表 5-13）。

表 5-12　水系结构形态指标

类型	指标名称	计算公式	意义
结构形态指标	河流长度	L	反映区域水系发育程度指标
	水域面积	A	反映区域水系水量存储能力指标
	河网密度	$D_R = L_R / A$	单位面积上河流的总长度
	水面率	$W_P = \dfrac{AW}{A} * 100\%$	反映区域水域面积大小的指标
	河频率	$R_f = N/A$	表示河流数量发育

表 5-13　水系连通形态指标

类型	指标名称	计算公式	意义
连通形态指标	α 指数	$\alpha = (n-v+1)/(2v-5)$	反映每个节点能量交换水平
	β 指数	$\beta = n/v$	不同节点之间的连接难易度
	γ 指数	$\gamma = n/3(V-2)$	网络的连接度

注：n 为区域中的水系个数；v 为区域中的节点数。

2）水系结构形态指标变化

由图 5-28 可知，大清河流域河流条数整体上是减少的。河流总长度的变化，也呈"先减少、后增加"的波动趋势。大清河流域水域总面积的变化相对复杂，呈"基本不变—减少—增加"的变化趋势。河网密度、水面率及河频率变化趋势分别与河流总长度、水域面积及河流条数变化趋势一致。其中河网密度变化呈反复下降、升高的趋势。河频率也呈现反复下降、升高的波动趋势。

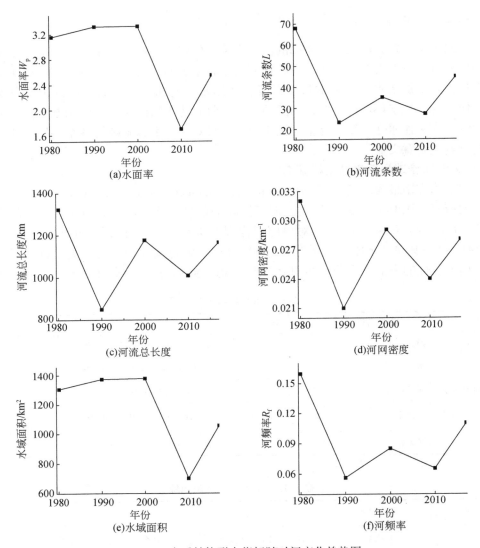

图 5-28 水系结构形态指标随时间变化趋势图

3）连通形态指标变化

基于所提取河网水系信息，利用 GIS 平台统计出大清河流域的水系河网中的河链数和节点数，最后计算出水系环度 α 指数、节点连接率 β 指数和水系连通度 γ 指数。由图 5-29 可知，α、β 与 γ 指数都存在着明显的先降低后增长的趋势，这表明大清河流域的水系结构连通性，经过一段时间的持续变坏之后，近些年又呈现出改善趋势。

4）大清河流域水系功能连通性变化

采用集对分析方法对大清河流域水系功能连通性进行评价，将集对分析的理论应用于

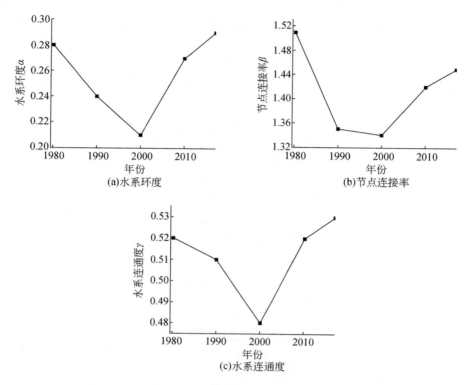

图 5-29　水系连通形态指标年际变化趋势图

水系功能连通性的评价，就是指将大清河流域的水系连通功能的评价指标和制定的评价标准一起构成一个集对，然后再根据集对分析理论流程对水系功能连通性进行判别。具体分析步骤如图 5-30 所示。

依据大清河流域的实际情况，我们确定了适用于大清河流域水系功能连通性的评价指标（表 5-14）。

表 5-14　水系连通功能评价指标体系

目标层	准则层	指标层	指标说明
自然功能	物质能量传递功能	河道断流率	断流的河流占区域水系中河流总数的比例
	水环境净化功能	水质达标率	水质达标率水质达标的河长/区域内河流的总长
社会功能	水资源调配功能	地表水供水比例	总供水中地表水所占的比例
	洪灾防御功能	水库调节能力指数	水库的总库容/多年平均径流量

A. 自然功能指标

统计出各年份大清河流域断流河段长度，并根据文中断流率计算方法，确定 1980 年、1990 年、2000 年、2010 年及 2017 年大清河流域河道断流率分别为 39.7%、56.5%、

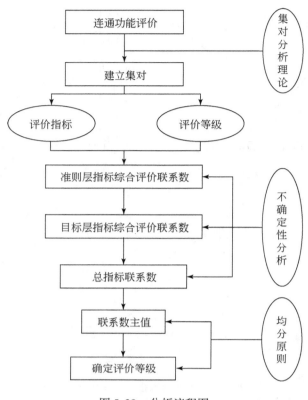

图 5-30　分析流程图

57.1%、44.7%、26.6%。根据《河北省水环境公报》，可确定 1980 年、1990 年、2000 年、2010 年、2017 年大清河流域Ⅲ类以上水质分别为 57.1%、9.5%、60%、56.7%、57.3%（图 5-31）。

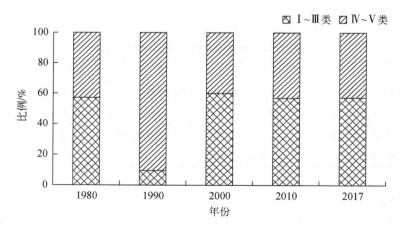

图 5-31　大清河流域水质状况

B. 社会功能指标

根据统计资料（河北省统计年鉴、海河流域水资源公报），可确定 1980 年、1990 年、2000 年、2010 年及 2017 年地表水供水比例分别为 37.3%、35.6%、34.1%、33.2%、23.9%（图5-32）。

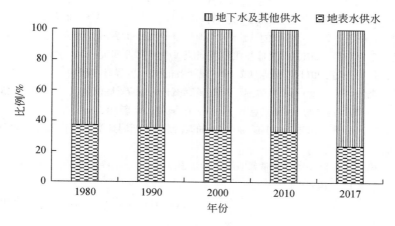

图 5-32　地表水供水情况

C. 自然、社会功能连通性计算

借助于集对分析法及有关指标，对自然、社会功能连通性（准则层）加以评价。计算断流率为成本型指标，河流水质达标率、地表水供水比例、水库调节能力为效益型指标。

1980～2017 年，大清河流域水系功能连通性的自然、社会及综合功能连通性的变化趋势大致相同，都呈现先下降，到 20 世纪 90 年代有所回升，有所不同的是社会功能与综合功能到 2010 年后趋于稳定（图5-33）。

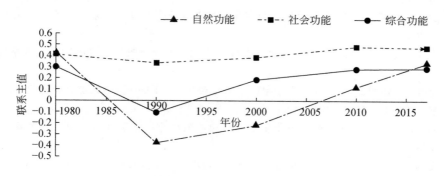

图 5-33　水系功能连通性变化

参 考 文 献

白军红，欧阳华，杨志锋，等. 2005. 湿地景观格局变化研究进展. 地理科学进展，24（4）：36-45.

毕迎凤，许建初，李巧宏，等．2013．应用 BioMod 集成多种模型研究物种的空间分布——以铁杉在中国的潜在分布为例．植物分类与资源学报，35（5）：647-655．

陈柯欣，丛丕福，雷威．2019．人类活动对 40 年间黄河三角洲湿地景观类型变化的影响．海洋环境科学，38（5）：736-744，750．

陈琦，梁万年，孟群．2004．结构方程模型及其应用．中国卫生统计，4：70-74．

崔保山，刘兴土．1999．湿地恢复研究综述．地球科学进展，14（4）：358 -364．

崔丽娟，宋洪涛，赵欣胜．2011a．湿地生物链与湿地恢复研究．世界林业研究，24（3）：6-10．

崔丽娟，张曼胤，李伟，等．2011b．湿地基质恢复研究．世界林业研究，24（3）：11-15．

崔丽娟，张曼胤，张岩，等．2011c．湿地恢复研究现状及前瞻．世界林业研究，24（2）：5-9．

崔丽娟，赵欣胜，李伟，等．2011d．湿地地形恢复研究概述．世界林业研究，24（2）：15-19．

国家林业局．2015．中国湿地资源（北京卷）．北京：中国林业出版社．

蒋卫国，李京，王文杰，等．2005．基于遥感与 GIS 的辽河三角洲湿地资源变化及驱动力分析．国土资源遥感，3：62-65．

李强，刘剑锋，李小波，等．2016．京津冀地区土地承载力空间分异特征及协同提升机制研究．地理与地理信息科学，32（1）：105-111．

荔琢，蒋卫国，王文杰，等．2019．基于生态系统服务价值的京津冀地区湿地主导服务功能．自然资源学报，34（8）：1654-1665．

荔琢，蒋卫国，王文杰，等．2020．湿地退化风险评估方法及其应用——以天津市为例．环境工程技术学报，10（1）：17-24．

刘纪远，匡文慧，张增祥，等．2014．20 世纪 80 年代末以来中国土地利用变化的基本特征与空间格局．地理学报，69（1）：3-14．

刘旭，张文慧，李咏红．2018．湿地公园鸟类栖息地营建研究——以北京琉璃河湿地公园为例．生态学报，38（12）

陆健健．1996．中国滨海湿地的分类．环境导报，1：1-2．

吕金霞，蒋卫国，王文杰，等．2018．近 30 年来京津冀地区湿地景观变化及其驱动因素．生态学报，38（12）：4492-4503

王少剑，方创琳，王洋．2015．京津冀地区城市化与生态环境交互耦合关系定量测度．生态学报，35（7）：2244-2254

温忠麟，侯杰泰，马什赫伯特．2004．结构方程模型检验：拟合指数与卡方准则．心理学报，（2）：186-194．

谢高地，张彩霞，张雷明，等．2015．基于单位面积价值当量因子的生态系统服务价值化方法改进．自然资源学报，30（8）：1243-1254．

徐威杰，陈晨，张哲，等．2018．基于重要生态节点独流减河流域生态廊道构建．环境科学研究，31（5）：805-813．

杨维康，钟文勤，高行宜．2000．鸟类栖息地选择研究进展．干旱区研究，17（3）：71-78．

Breiman L. 1996. Bagging predictors. Machine Learning，24（2）：123-140.

Breiman L. 2001. Random forests. Machine Learning，45（1）：5-32.

Burkett V，Kusler J. 2000. Climate change：Potential impacts and interactions in wetlands of the United States. Journal of the American Water Resources Association，36（2）：313-320.

Crist M R，Wilmer B O，Aplet G H. 2005. Assessing the value of roadless areas in a conservation reserve strategy：Biodiversity and landscape connectivity in the northern Rockies. Journal of Applied Ecology，42

（1）：181-191.

Crooks K R. 2002. Relative sensitivities of mammalian carnivores to habitat fragmentation. Conservation Biology, 16（2）：488-502.

Crooks K R, Suarez A V, Bolger D T. 2004. Avian assemblages along a gradient of urbanization in a highly fragmented landscape. Biological Conservation, 115（3）：451-462.

Friedman J H. 1991. Multivariate adaptive regression splines. Annals of Statistics, 19（1）：1-67.

Grace J B, Anderson T M, Olff H, et al. 2010. On the specification of structural equation models for ecological systems. Ecological Monographs, 80（1）：67-87.

Hu L T, Bentler P M. 1999. Cutoff criteria for fit indexes in covariance structure analysis：Conventional criteria versus new alternatives. Structural Equation Modeling-a Multidisciplinary Journal, 6（1）：1-55.

Jia K, Jiang W, Li J, et al. 2018. Spectral matching based on discrete particle swarm optimization：A new method for terrestrial water body extraction using multi- temporal Landsat 8 images. Remote Sensing of Environment, 209：1-18.

Jiang W, Lv J, Wang C, et al. 2017. Marsh wetland degradation risk assessment and change analysis：A case study in the Zoige Plateau, China. Ecological Indicators, 82：316-326.

Li Z, Jiang W, Wang W, et al. 2020. Ecological risk assessment of the wetlands in Beijing-Tianjin-Hebei urban agglomeration. Ecological Indicators, 117：106677.

Liaw A, Wiener M. 2002. Classification and Regression by random Forest. R News, 2（3）：18-22.

Luo F, Liu Y, Peng J, et al. 2018. Assessing urban landscape ecological risk through an adaptive cycle framework. Landscape and Urban Planning, 180：125-134.

Muro J, Strauch A, Heinemann S, et al. 2018. Land surface temperature trends as indicator of land use changes in wetlands. International Journal of Applied Earth Observation and Geoinformation, 70：62-71.

Ni L, Wang D, Singh V, et al. 2019. A hybrid model-based framework for estimating ecological risk. Journal of Cleaner Production, 225：1230-1240.

Phillips S J, Anderson R P, Schapire R E. 2006. Maximum entropy modeling of species geographic distributions. Ecological Modelling, 190（3）：231-259.

Rosseel Y. 2012. lavaan：An R package for structural equation modeling. Journal of Statistical Software, 48（2）：1-36.

Watling J I, Nowakowski A J, Donnelly M A, et al. 2011. Meta- analysis reveals the importance of matrix composition for animals in fragmented habitat. Global Ecology & Biogeography, 20（2）：209-217.

|第6章| 京津冀城市群受损空间生态重建与功能提升

6.1 京津冀城市群地区受损生态空间识别与评价

6.1.1 城市群生态系统服务功能演变

6.1.1.1 水源涵养生态服务功能评估

水源涵养是重要的生态系统调节服务功能。本书基于InVEST模型，采用水量平衡法评价京津冀城市群地区生态系统的水源涵养功能。

1) 水源涵养功能演变总体特征

1995~2015年，京津冀城市群水源涵养功能呈总体降低趋势，经历了先下降再提升的过程。1995年产水量219亿m^3，2005年产水量89亿m^3，比1995年降低约60%，2015年产水量103亿m^3，比1995年降低约53%，比2005年提高15.7%。

1995~2005年，水源涵养功能下降幅度最大的地区主要分布在太行山东侧、燕山东南侧浅山地带 [图6-1 (a)、(b)]。分析其原因，一方面受气候变化因素的影响，如降水等，另一方面与该时期矿产大规模开采活动有关。2005~2015年，除燕山东南麓、河北省南部等部分地区外，水源涵养功能表现出整体提升趋势，其中提升幅度较大地区集中在滦河、永定河、大清河等上游山区 [图6-1 (b)、(c)]，该时期开展了一系列山区造林和生态修复工程，取得一定成效。但燕山东南麓的山区–平原交界处水源涵养功能仍持续下降。

2) 京津冀各功能区水源涵养功能演变特征

根据《北京城市总体规划（2016—2035年）》中的京津冀区域空间格局（图6-2），京津冀城市群分为四大功能区：西北部生态涵养区、中部核心功能区、南部功能拓展区、东部滨海发展区。由于各功能区边界与流域边界具有较高相关性，故以流域边界为空间依据，对各功能区的水源涵养功能进行分析（表6-1）。对比京津冀城市群各功能区生态涵养量，西北部生态涵养区最高，中部核心功能区及东部滨海发展区次之，南部功能拓展区较低。2005~2015年，西北部生态涵养区和南部功能拓展区涵养量有所提升，但中部核心功能区及东部滨海发展区涵养量持续下降（图6-3）。

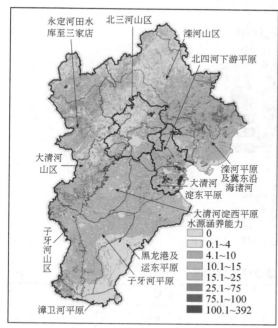

(a)1995年

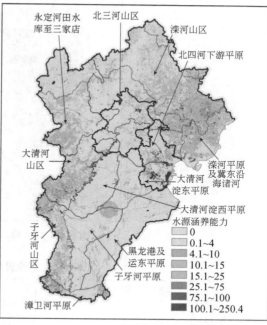

(b)2005年

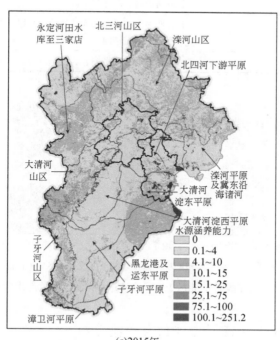

(c)2015年

图 6-1　水源涵养功能变化图

图 6-2 京津冀区域空间格局示意图

表 6-1 京津冀各功能区所含流域

京津冀功能区	流域
西北部生态涵养区	北三河山区、大清河山区、滦河山区、内蒙古高原东部、西拉木伦河及老哈河、沿渤海西部诸河、永定河册田水库至三家店、漳卫河山区、子牙河山区
中部核心功能区及东部滨海发展区	北四河下游平原、大清河淀西平原、大清河淀东平原、滦河平原及冀东沿海诸河
南部功能拓展区	黑龙港及运东平原、徒骇马颊河、漳卫河平原、子牙河平原

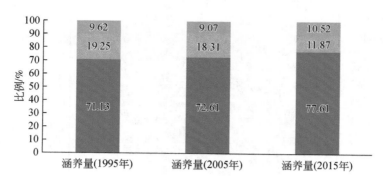

图 6-3 京津冀各功能区 1995～2015 年水源涵养量占比变化图

6.1.1.2 气候调节生态服务评估与演变分析

生态系统的气候调节功能采用固碳释氧能力来评价，主要利用 GIS 分析平台，运用价值法评估京津冀气候调节。

1）气候调节服务演变总体特征

京津冀气候调节空间分布整体呈现中间山区高，东南部、西北部平原地区逐渐降低的特征。气候调节分布在 20 万 ~ 40 万元范围内。1995 年气候调节的平均值为 28.2 万元，总共 1020 亿元；2005 年气候调节的平均值为 28.6 万元，总共 1035 亿元；2015 年气候调节的平均值为 30.5 万元，总共 1103 亿元；整体呈现稳步上升趋势（表 6-2、图 6-4）。

表 6-2　1995 年、2005 年、2015 年京津冀气候调节价值

年份	气候调节价值最小值/元	气候调节价值最大值/万元	气候调节价值平均值/万元	气候调节价值总和/亿元
1995	293.1	58.9	28.2	1020
2005	355.0	56.0	28.6	1035
2015	284.5	66.4	30.5	1103

京津冀城市群气候调节价值变化整体呈上升趋势，从空间分布来看，上升下降的区域都较为集中，呈"双十字型"结构：两个增长轴分别为燕山—太行山山区和石家庄—衡水—沧州增长轴；两个下降轴分别为张家口—北京—廊坊—天津城市发展轴和北京—保定—石家庄—邯郸太行山浅山地带。

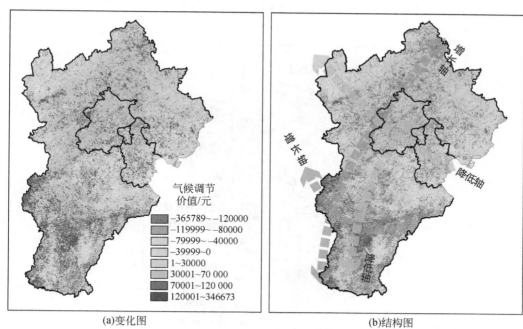

图 6-4　1995 ~ 2015 年京津冀气候调节价值变化图与结构图

2）京津冀城市群各功能区气候调节服务演变特征

从三期成果来看，西北部生态涵养区气候调节价值平均水平最高，且呈上升趋势；东部滨海发展区气候调节价值平均水平最低，且呈下降趋势；中部功能核心区气候调节价值水平居中，呈现降低状态；南部功能拓展区气候调节价值水平与核心区相当，且呈现上升

趋势（图6-5）。

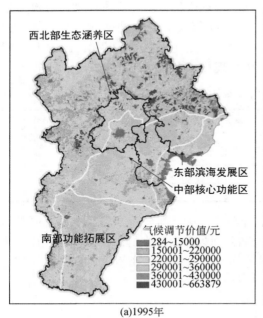

(a)1995年

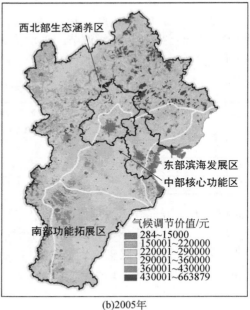

(b)2005年

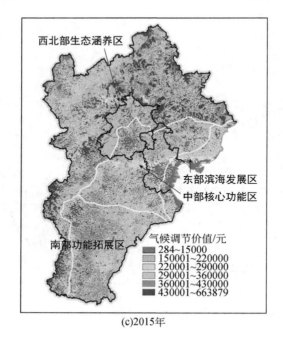

(c)2015年

图6-5　1995年、2005年、2015年京津冀各功能区气候调节价值空间分布图

6.1.1.3　农产品供给服务变化分析

农产品供给服务评价的研究，主要是对农产品供给能力进行评价研究，农产品生产能力的高低决定着农产品的供给水平，因此构建农产品供给能力的评价指标主要体现在农产品的生产能力方面。根据全面性、可比性和可靠性原则，选取了京津冀城市群地区的农产品生产能力作为评价农产品供给服务的评价指标（表6-3）。

表6-3　京津冀城市群地区农产品供给能力评价指标体系

一级指标	二级指标	单位
农产品供给服务	农林牧渔总产值	亿元
	农作物播种面积	hm²
	粮食产量	万 t
	棉花产量	万 t
	油料产量	万 t
	蔬菜产量	万 t
	干鲜果品产量	万 t
	肉类产量	万 t
	奶类产量	万 t
	禽蛋产量	万 t
	水产品产量	万 t

研究采用熵值法来确定各评价指标的权重，根据各地区多年的统计年鉴及《国民经济和社会发展统计公报》完成京津冀城市群地区农产品供给服务综合评价（表6-4、图6-6）。

表6-4　京津冀城市群地区农产品供给服务综合评价

城市	1995 年	2005 年	2015 年
北京	6.99	4.62	2.20
天津	6.72	9.76	7.60
石家庄	15.04	14.38	13.58
唐山	10.37	18.42	18.19
秦皇岛	3.36	2.66	4.67
邯郸	8.70	10.43	11.97
邢台	12.03	7.73	9.52
保定	9.60	11.15	8.70
张家口	7.19	2.52	4.63

城市	1995 年	2005 年	2015 年
承德	0.65	0.68	2.18
沧州	10.00	8.48	7.77
廊坊	3.58	3.78	2.52
衡水	7.80	6.34	6.60

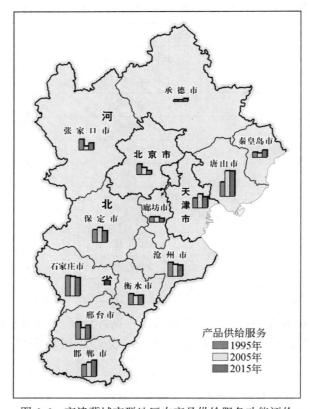

图 6-6　京津冀城市群地区农产品供给服务功能评价

　　结果表明，京津冀地区的农产品供给服务差异较大，整体上京津冀城市群地区产品供给服务呈缓慢下降趋势，空间上河北省较京津直辖市产品供给能力占优。1995～2005 年国家还处在重要的转型阶段，以 2005 年为分界线，2005 年之前，天津、唐山、保定、廊坊的农产品供给能力均有小幅度上升，而 2005 年之后，则均呈现下降趋势。围绕北京的廊坊、天津、保定是发展的重点区域，城市扩张、建设用地增加、经济发展或者为了提高当地的生态环境质量，大力推广退耕还林，影响农产品的供给能力。秦皇岛、邢台、张家口和衡水 1995～2005 年农产品供给能力下降，而 2005 年之后开始上升，唐山和衡水在 2005 年之后未呈现大幅度变化，农产品供给服务相对稳定。

6.1.1.4 文化游憩服务变化分析

通过总结提炼相关研究学者构建的文化服务指标体系（吴楚材等，1992；谢贤政和马中，2006；赵勇等，2006；刘文平和宇振荣，2013），构建了以城市绿化景观、文化遗产资源、休闲游憩资源和旅游价值为主的四项指标以及相应的九项评价因子，通过采用 AHP-Delphi 法，确定指标及其权重，最终叠加分析得出各个城市的文化服务功能（表6-5）。

表6-5　文化服务评价指标体系分级及权重表

序号	指标层	评价因子	属性分级	评价值	指标权重	备注
1	城市绿化景观	建成区绿化覆盖/%	小于36	1	0.1	0.25
			36~45	3		
			大于45	5		
		人均公园面积/（人/m²）	小于5	1	0.1	
			5~9	3		
			大于9	5		
		全市森林覆盖率/%	20以下	1	0.05	
			20~30	3		
			大于30	5		
2	文化遗产资源	非物质文化遗产	拥有省级非物质文化遗产	1	0.15	0.4
			拥有国家级非物质文化遗产	5		
			拥有世界级非物质文化遗产	7		
		文保单位	拥有省级文保单位	1	0.25	
			拥有国家级重点文保单位	5		
			拥有世界级遗产	7		
3	休闲游憩资源	风景名胜区	拥有省级风景名胜区	1	0.15	0.2
			国家级风景名胜区小于100km²	3		
			国家级风景名胜区面积100~300km²	5		
			国家级风景名胜区面积大于300km²	7		
		自然保护区	拥有地方级自然保护区	1	0.05	
			国家级自然保护区小于100km²	3		
			国家级自然保护区100~300km²	5		
			国家级自然保护区大于300km²	7		

续表

序号	指标层	评价因子	属性分级	评价值	指标权重	备注
4	旅游价值	全年接待游客量	3000 万人次以下	1	0.075	0.15
			3000 万 ~ 5000 万人次	3		
			5000 万至 1 亿人次	5		
			1 亿人次以上	7		
		全年旅游总收入	300 亿元以下	1	0.075	
			300 亿 ~ 500 亿元	3		
			500 亿 ~ 1000 亿元	5		
			1000 亿元以上	7		

1995 年京津冀城市群地区文化服务总体呈现出"三低一高"的特点，即绿化景观、休闲游憩资源及旅游价值三项指标普遍偏低，文化遗产资源相对较高。其中文化遗产资源评价指标较高，主要是因为长城在 1987 年被评选为世界级文化遗产，其贯穿京津冀多个城市，因此拉高了相邻几个城市的文化遗产资源价值。

近些年随着城市绿化景观提升以及对城市旅游资源的不断挖掘，京津冀城市群内各城市在城市绿化景观、文化遗产资源、休闲游憩资源及旅游服务等方面都进入"快速"增长时期。通过城市旅游价值中城市全年旅游总收入也可以一定程度反映出城市文化服务功能的变化，根据数据分析可以看出，除衡水的旅游总收入没有超过 100 亿元外，其他各个城市均超过 100 亿元，北京达到了 4600 亿元。

通过对京津冀城市群地区 13 个文化服务的综合评价可以看出，13 个城市的文化服务均得到全面的提升。北京、秦皇岛、承德三个城市，在不同的时期文化服务均位于前列，石家庄、沧州、唐山的文化服务增长速度最快，沧州和唐山文化服务能力的提升主要得益于其文化遗产资源的不断挖掘。

6.1.2 京津冀城市群重要生态空间识别

6.1.2.1 城市群区域生态源地识别

1）生态系统服务重要价值区识别

将京津冀城市群水源涵养功能评估结果、植被净初级生产力的气候调节功能评估结果，以及中国科学院资源环境科学数据中心完成的中国陆地生态系统服务价值空间分布数据集中的土壤保持、生物多样性两项生态服务价值评估结果，作为京津冀城市群地区生态源地划定的依据。采用 ArcGIS 空间分析工具，等权重叠加水源涵养、气候调节、生物多样性及土壤保持服务功能栅格图，得到综合生态系统服务功能评估结果（图 6-7）。将评估结果划分为一般、较重要、重要、极重要四级，其中极重要区是评估结果由高到低排序的前 25% 地区，作为源地划定的主要依据。

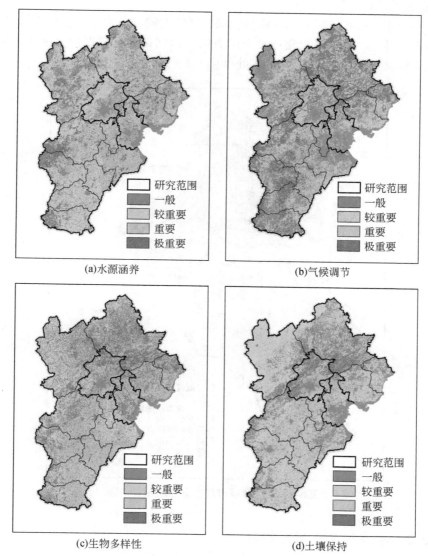

图 6-7 城市群生态系统服务评估

2）自然保护地、重要城市绿地及水体斑块识别

为进一步保障源地识别的科学性和完整性，本书在生态系统服务评估的基础上，进一步叠加京津冀国家级自然保护区空间分布，对生态源地进行空间校核，补充遗漏斑块。研究范围内共有国家级自然保护区 18 处，其中北京 2 处、天津 3 处、河北 13 处。城市群研究范围的空间尺度较大，难以反映城市尺度的生态斑块在生态网络中重要的连接作用。为了解决这一问题，本书对京津冀城市群范围内规模较大（超过 1km²）的城市绿地及水体斑块进行识别补充，如北京奥林匹克森林公园、三山五园地区、天津水西公园、石家庄植物园、邢台达活泉公园、邯郸赵苑公园、邯郸龙湖公园等。

3） 生态源地综合识别

以生态系统服务极重要区和国家级自然保护区的空间分布为重点，城市绿地及水体斑块的空间分布为补充，通过人机交互整合的方法，识别京津冀城市群地区主要生态源地，最终得出京津冀城市群生态源地共计82处（图6-8）。

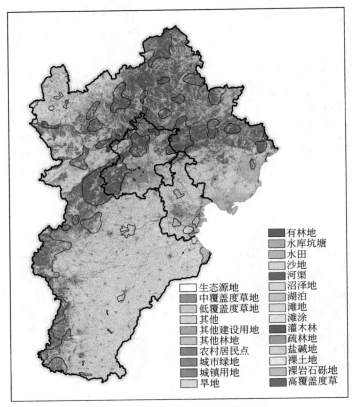

图例：
有林地
水库坑塘
水田
沙地
河渠
沼泽地
湖泊
滩地
滩涂
生态源地
中覆盖度草地
低覆盖度草地
其他
其他建设用地
其他林地
农村居民点
城市绿地
城镇用地
旱地
灌木林
疏林地
盐碱地
裸土地
裸岩石砾地
高覆盖度草

图 6-8　京津冀城市群生态源地识别结果

6.1.2.2　城市群生态廊道构建

由图6-9可见，北部燕山地区、西部太行山地区的生态廊道，以及石家庄的68号、69号源地至衡水的76号源地之间廊道较宽，出现明显分叉，绕过阻力值较大的区域；东南部平原地区廊道则普遍较窄。结合土地利用分类可知，平原地区和建成区主要利用阻力相对较低的城市绿地、水系构建廊道；山地区域拥有京津冀地区绝大部分的林地，主要通过阻力最低的成片的林地形成生态廊道。由于阻力面是用土地利用类型获得，廊道的冗余性也反映了下垫面的均质性，下垫面若都是阻力值相对周围土地利用类型较低的下垫面成片出现，生态廊道的冗余性就更明显；下垫面若大部分都是阻力较高的类型，阻力较低的下垫面呈线性，生态廊道的冗余性则不明显。

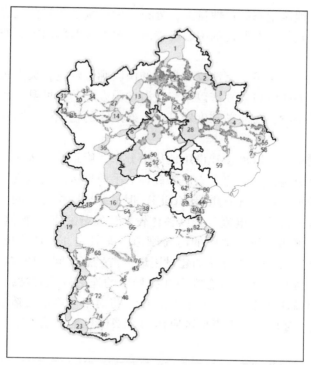

图 6-9　京津冀城市群地区重要生态廊道分布图

6.1.2.3　城市群"源地-廊道"生态网络重要性评价

1）评价方法

根据电路理论（宋利利和秦明周，2016；李慧等，2018；刘佳等，2018），利用基于 GIS 平台的开发工具 Pinchpoint Mapper 调用 circuitscape 程序来分析生态网络（包括源地和廊道）的中心度（生态空间重要性指数），识别生态廊道中的夹点地区。Pinchpoint Mapper 模块的运作建立在廊道构建结果之上，输入参数包括生态源地文件、源地字段名称、阻力面、廊道宽度。中心度有两种计算方式：配对模式（pairwise）和所有到一个（all-to-one）模式，前者在两两源地之间计算电流强度，再将结果进行叠加，后者以特定一个源地为对象，计算其他所有源地到该源地的电流强度，再进行迭代运算，在源地数量较多的情况下能有效减少运算时间。本书选择配对模式进行生态源地和廊道中心度的计算，最后分类排序对比得到源地和廊道的重要性程度。

2）重要性评价

根据源地中心度评价结果，北京市西、北部源地斑块在京津冀城市群生态网络体系的中心度最高，这些斑块位于城市群中部，燕山和太行山脉的交界处，此处生态廊道较窄，源地数量少，是生态系统物质、能量流的必经之处。城市群西南部太行山脉生态空间狭长，源地间纵向联系大于横向联系，城市群北部燕山丘陵地带源地规模较小，空间分布均衡，源地之间阻力值较小，廊道空间充裕，因此，城市群西南部源地中心度高于北部源地。城市群中部平原地区生态源地数量少，分布着大量城镇和村落建设用地，因而大黄堡湿地、白洋淀、衡水湖等生态源地的中心度较高，对连接西部山区和东部滨海滩涂湿地有重要的作用。

根据廊道中心度评价结果，京津冀城市群的山区廊道较宽，夹点地区主要分布在斑块破碎度较高的地区，如张家口崇礼区以东，大海坨山以北的赤城县，以及北京密云水库一带。由于受城镇建设影响，斑块破碎度较高，生态系统的物质、能量流在上述地区突然聚集，形成"夹点"。

京津冀城市群的平原地区城镇建设用地集中分布，廊道窄，大多以河流为载体，如大清河、子牙河等，部分地区的廊道以农田为载体。平原地区的河流在连通西部山区生态源地和东部滨海生态源地方面发挥着重要的作用，但平原地区生态空间有限，廊道数量少且宽度狭窄，导致大部分廊道"电流"强度整体较高，如石家庄的滹沱河、衡水湖上下游的滏东排河等。此外，城镇建设用地内的河流廊道，尤其是东—西向的河流廊道也是"电流"强度较高的地区，此处集中分布的建设用地挤占生态空间，使这些生态廊道面临着较大的威胁。"电流"强度指示着生态空间在格局中的连通度重要性，"电流"强度越大，生态系统的物质能量流越集中，一旦受损或阻断，将对格局连通性造成巨大影响。在实施生态修复时，"电流"强度大的夹点地区应作为开展栖息地修复、生境质量提升的重点地区（图6-10）。

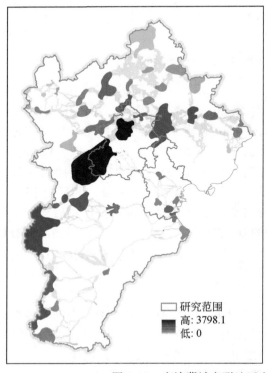

图6-10　京津冀城市群地区生态源地及廊道中心度评价结果

6.1.3 评价模型构建与运用

6.1.3.1 生态空间综合景观格局评价

基于京津冀 2015 年土地利用现状，建立 20km×20km 的渔网栅格进行全域覆盖，构建由景观破碎度（C）、景观分离度（F）及景观脆弱度（U）（由专家咨询法并归一化获得）组成的京津冀城市群景观格局综合指数（E）（王云才等，2015），对京津冀区域内人居活动与生态环境本底的相互作用强度及趋势进行分析。

景观破碎度（C_j）用于衡量区域内由于人居活动而导致的生态环境的被干扰程度。

$$C_j = n_j / A_j \tag{6-1}$$

式中，n 为景观类型 j 的斑块数量；A_j 为景观 j 的面积。

景观分离度（F_j）反映了区域内不同景观类型的空间分布复杂性与景观环境质量，分布越复杂，景观破碎化程度也就越高。

$$F_j = \sqrt{n_j / A} / 2A_j \tag{6-2}$$

式中，n_j 为景观类型 j 的斑块数量；A_j 为景观 j 的面积；A 为单位栅格的总面积。

景观脆弱度（U_j）用于比较不同景观类型遭受外界干扰后自身偏离稳定状态或遭受重大破坏的难易程度（表6-6）。

表6-6 不同景观类型景观脆弱度（U_j）权重值

景观	绿地	水域	耕地	未利用地	城乡用地
权重	0.3	0.22	0.2	0.15	0.13

基于京津冀城市群土地利用的现状和分布特征，景观格局指数（E_j）计算公式如下：

$$E_j = (C_j k_1 + F_j k_2) U_j A_j / A \tag{6-3}$$

式中，k_1、k_2 分别为景观破碎度、景观分离度的权重，经试算与现状调研校核，其分别取优值 0.6、0.4。

景观格局综合指数（E）是指每个栅格内部人居活动与生态本底作用的相互强度，全面反映人类活动对景观类型的干扰与影响程度。

$$E = \sum_{j=1}^{n} E_j \tag{6-4}$$

通过 GIS 平台的空间分析发现，京津冀城市群西北部、东北部、西南部的综合景观格局指数较高，表明基于区域脆弱生态本底，人类与环境作用关系剧烈，地区生态环境本底面临着巨大的压力；东南部平原区北京、天津两市综合景观格局指数也相对较高，表明人口聚集的超、特大城市中人口承载、资源消耗、城市建设等活动对生态环境本底干扰巨大。平原区和太行山、燕山山前地区虽然人口密度较大、城镇相对密集，但生态承载和生态服务供给能力较强，区域景观综合格局指数评价较低，人-地关系较为和谐（图6-11）。综上分析发现，在系统评估区域生态本底承载能力和生态服务功能的基础上，合理进行中

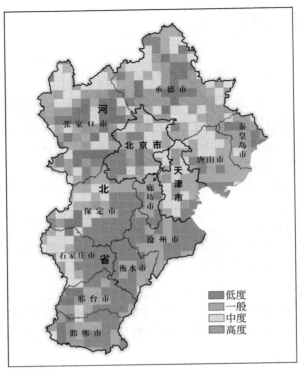

图 6-11　景观格局综合指数评价结果

小城市、卫星城镇的阶梯布局，避免人口过度集中，是缓解城市群发展过程中区域生态环境压力的有效措施。

6.1.3.2　生态系统服务功能变化评价

根据城市群多期土地利用变化分析，构建土地利用转化产生的生态系统服务价值差值变化矩阵。本章基于 1995 年、2015 年两期京津冀土地利用类型栅格数据，将土地利用重分类为森林、草地、农田、湿地、河湖、荒漠、城乡用地七类，开展土地利用变化分析。参照李双成（2014）编著的《生态系统服务地理学》中对京津冀地区不同陆地生态系统单位面积生态系统服务价值的核算，获取不同土地利用类型的单位面积生态系统服务价值，如表 6-7 所示。

表 6-7　京津冀地区不同土地利用类型单位面积生态系统服务价值

土地利用类型	生态系统服务价值/（元/hm²）
森林	17638.78
草地	6174
农田	5916.75
湿地	39014.7

续表

土地利用类型	生态系统服务价值/（元/hm²）
河湖	35697.73
荒漠	351.58
城乡用地	0

将土地利用转化情况分为正向转化和逆向转化两种类型，分别计算特定转化类型下生态系统服务的价值差额（不考虑森林、河湖和湿地等生态服务功能较高的三类土地利用类型之间的转化情况）。

1995年、2015年两期土地利用的转化情况表明：与1995年比较，2015年京津冀3.76%的国土空间土地利用类型发生正向转化，生态系统服务功能提升，主要集中在张家口、承德、秦皇岛等北部地区，以及东部渤海沿海区域；8.28%的国土空间土地利用类型发生逆向转化，生态系统服务功能降低，主要集中在北京、天津和河北中南部城市区域（图6-12）。

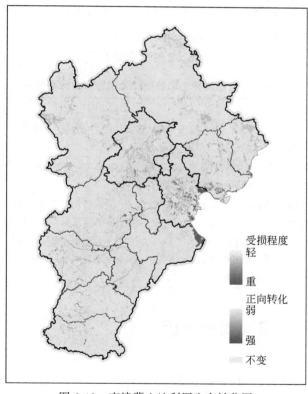

图6-12　京津冀土地利用生态转化图

6.1.3.3 受损生态空间评价模型与应用

1）生态空间受损模型构建

根据生态网络重要性指数（P_{de}）、综合景观格局指数（E）、土地利用变化生态系统服务差值（Δ_l），构建生态空间受损识别评价模型：

$$U_{de} = \left(\frac{\sum\limits_{i=1}^{n} E_i \, \Delta_{li}}{n} \times 0.6 + \frac{n}{m} \times 0.4 \right) \times P_{de} \tag{6-5}$$

式中，U_{de} 为生态空间受损评价指数；n 为生态源地或生态廊道中发生土地利用变化的栅格数量；m 为生态源地或生态廊道中栅格总数量；0.6、0.4 为经验常数，通过专家咨询方法获得。

将生态源地或廊道的重要性指数 P_{de}，经标准化处理后的综合景观格局指数 E 和土地利用变化生态系统服务差值 Δ_l 代入评价方程式，计算得出城市群重要源地、廊道生态空间受损评价指数 U_{de}。

2）京津冀城市群生态空间受损评价

根据生态网络重要性指数（P_{de}）的计算结果，进一步构建适合城市群生态源地和生态廊道综合指数评价分级体系（表6-8），通过 GIS 平台运算，将京津冀城市群生态源地和廊道划分为生态良好、生态维持、中等受损和严重受损四类（图6-13）。

表6-8　生态源地和生态廊道综合指数评价分级体系

评价分级	分级说明
生态良好	生态系统服务功能大，土地利用未发生逆向转化，人为与环境的相互作用关系和谐，基本未对生态空间造成破坏
生态维持	生态系统服务功能能够基本维持，人为活动对生态空间造成的破坏较小，土地利用仅发生较弱的逆向转化，通过简单干预管控即可自然恢复
中等受损	生态服务功能显著下降，土地利用发生较剧烈逆向转化或人与环境的相互作用强烈，对生态空间造成的破坏难以在自然状态下恢复，一般为生态系统服务功能重要区域
严重受损	生态服务功能严重下降，甚至丧失。人为活动对环境干扰极为强烈，局部土地利用发生重度逆向转化，甚至景观类型发生完全改变，对区域生态影响极大，恢复成本高、周期长。多为生态系统服务功能重要区域

6.1.4 城市群生态空间受损分析

6.1.4.1 源地生态空间受损分析

从空间分布来看，京津冀源地的严重受损类型主要分布在燕山—太行山山脉沿线；中等受损类型主要分布在北京、天津、保定的太行山—燕山腹地区域；生态维持和生态良好的类型主要分布在张北地区、承德中部、邯郸西南部的山地、天津及沧州的沿海湿

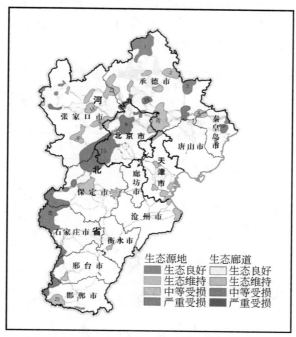

图 6-13　京津冀城市群生态空间受损评价结果

地区域。从比例情况看，呈现中等受损、严重受损源地数量占比低，但面积占比高的特点（表 6-9）。整体来看，京津冀地区重要生态源地的受损状况主要呈沿太行山、燕山山脉以及北京、天津、石家庄城市发展组团的"T"形辐射分布，与土地利用逆向变化程度大、综合景观格局指数高的区域在空间上基本吻合，同时也是城市群生态源地重要性指数高评价值的分布区域，表明京津冀城市群区域生态源地受损情况较为严重，生态空间的生态服务功能保障能力不高。

表 6-9　京津冀城市群地区重要生态源地受损状况　　　　　（单位：%）

受损状况	生态良好	生态维持	中等受损	严重受损
数量比例	39.02	29.27	14.63	17.07
面积比例	11.6	21.42	19.83	47.11

6.1.4.2　廊道生态空间受损分析

由生态空间受损识别结果可知，京津冀城市群生态廊道空间中生态维持面积比例最高，为 38.11%，中等受损和严重受损类型占比总量约为 39.76%（表 6-10）。从空间分布看，城市群北部承德、张家口区域的生态廊道大部分区段呈现生态良好状态，局部出现中等受损现象，整体未出现严重受损；燕山—太行山山脉一线，大部分林地、草地源地间的生态廊道为生态维持类型，局部夹带中等受损；东南部平原区廊道空间以中等受损和严重受损为主，其中跨生态单元、衔接不同城市的廊道尤为突出。以连通 15 号与 40 号源地，衔接北京、天津两城的典型生态廊道为例（图 6-14），廊道生态空间中中等受损和严重受损类型的空间分布与廊道瓶颈区域高度叠合。

表 6-10　京津冀城市群地区典型廊道生态空间受损状况

受损状况	生态良好	生态维持	中等受损	严重受损
面积比例/%	22.13	38.11	33.46	6.3

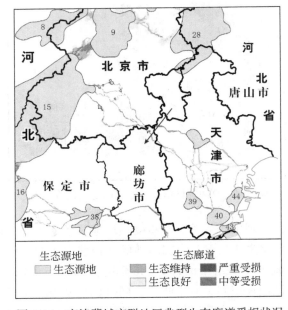

图 6-14　京津冀城市群地区典型生态廊道受损状况

6.1.4.3　典型受损类型识别

根据京津冀源地廊道受损空间分布，结合 1995～2015 年土地利用变化分析，将城市群受损生态空间分为城市开发受损空间、生态退化受损空间和交通干线生态廊道受损三类。其中，城市开发受损空间主要分布于北京、天津、石家庄等城市新城开发及集中建设区，如首都机场 T3 区域、亦庄新城、海淀北部新区、天津西青区、渤海新区、石家庄二环至三环区域、唐山曹妃甸京唐港等；生态退化受损空间主要分布于京津冀典型生态交错带的敏感脆弱区域，如张北地区的内蒙古高原东南缘农牧交错带脆弱生态区和华北山地落叶阔叶林生态区的交错区、太行山—燕山与华北平原交接的海拔 100～300m 浅山区，以及永定河、滦河、滹沱河、北运河等一级河流沿岸的水陆生态交错区（图 6-15）。

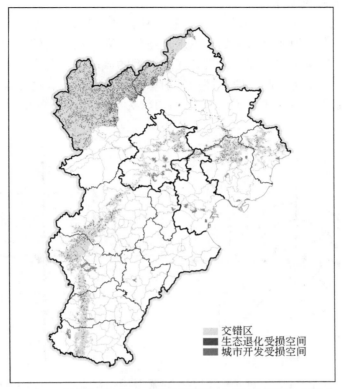

图 6-15　京津冀城市群生态退化受损及城市开发受损空间分布

6.2　城市开发型受损空间生态修复与功能提升

在京津冀城市群受损生态空间识别评价的基础上,进一步聚焦城市片区中小尺度,基于城市发展空间结构总结,运用 6.1 节构建的评价方法,对海淀北部新区和亦庄新城两个典型案例开展安全格局评价与城市发展耦合分析,并提炼了城市开发受损空间生态修复和功能提升关键技术。

6.2.1　城市开发型受损空间识别评价体系构建

6.2.1.1　不同城市空间结构特点

城市空间结构模式可分为集中式、组团式和带状式三种类型。通过对城市空间结构模式及特点的研究,探索不同城市开发类型的共同点和差异性,解析不同开发城市模式的特点和存在的问题。

1）集中式城市空间结构

集中式城市空间结构是一种较为普遍的结构模式，城市发展初期往往采取这种模式。一般来说，没有湖泊河流水域的自然地理条件，同时地势比较平坦的平原地区容易采取该种模式。在我国采取这种结构模式比较典型的城市包括北京、西安、郑州、昆明等。集中式城市空间结构路网一般为环形放射型和方格路网型，这与集中式的土地利用布局相契合，也是在城市密度较高、土地利用较为集中紧凑下的一种相对合理的选择（图6-16）。

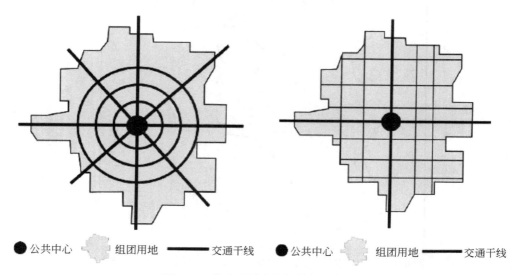

图 6-16　集中式城市空间结构示意图
资料来源：林凯旋，2013

2）组团式城市空间结构

组团式城市空间结构指的是在城市内部，各个功能用地组团（两个或两个以上）之间分散成组布局的空间形态格局，组团与组团之间没有特别明显的主次及规模大小之分，整体呈现出相对均衡的空间格局，各个用地组团之间通过交通干线形成联系，并通过生态空间加以隔离和区分（向睿，2007）。我国采用组团式空间结构模式的城市主要有宁波、绍兴、天津等城市，这种模式是区别于集中式、带状式等传统空间结构模式的一种新类型，在新城和城市新区建设中多有使用。

3）带状式城市空间结构

带状式城市空间结构由于特殊的自然地理环境，往往在一个形状相对狭长的基质条件下产生，城市选址往往处于两山之间或者背山面海之间的狭长地段，如深圳、海口等城市拥有背山面海，纵向延伸的基地条件，兰州、西宁等城市位于山体之间的低洼处。采用该种空间结构规划模式的城市通过交通主干道联系各个用地组团，城市空间依托交通主干道不断向外延伸、蔓延，横向进深往往受自然地理条件的限制而固定在一定的空间范围内，各个用地组团在交通主干道交汇处形成空间集聚，从而形成城市的增长极，而交通主干线则形成不同等级的发展轴线（图6-17）。

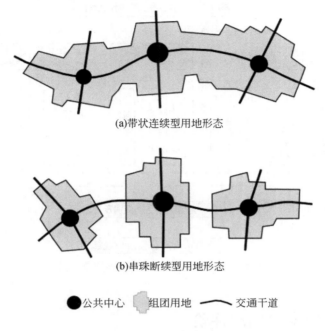

(a)带状连续型用地形态

(b)串珠断续型用地形态

● 公共中心　　■ 组团用地　　—— 交通干道

图6-17　带状式城市空间形态示意图

资料来源：林凯旋，2013

6.2.1.2　城市开发型受损生态空间识别评价体系构建

根据城市内部开发建设特点，研究不同城市空间结构的生态空间受损情况，提出不同城市空间结构条件下的受损生态空间修复技术。通过典型城市生态安全格局评价、综合景观格局评价和城市生态服务功能变化评价结果，代入6.1.3节构建的受损生态空间识别与评价方程式计算得出结果（图6-18）。

6.2.1.3　研究对象及数据

针对京津冀城市群地区常见的集中式和组团式城市空间模式研究受损生态空间，选取亦庄新城和海淀北部新区作为典型研究对象。

研究数据主要包括亦庄新城2004年、2011年、2019年三期2.5m高分影像图；海淀北部新区2004年、2009年、2019年三期2.5m高分影像图；凉水河、新凤河、南沙河、东埠头排洪渠、三星庄后河2020年11月水质检测报告，以及亦庄新城、海淀北部新区规划图纸。

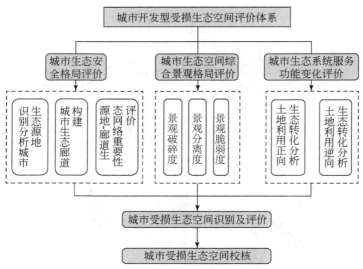

图 6-18　城市受损生态空间识别评价体系

6.2.2　城市生态安全格局评价

6.2.2.1　生态源地识别与分析

综合海淀北部新区和亦庄新城的三期生态源地识别结果，两个研究区域内的生态源地数量均呈现先上升后下降趋势。亦庄新城2004年筛选出生态源地15处；2011年筛选出生态源地21处；2019年筛选出生态源地19处。海淀北部新区筛选出的生态源地2004年有5处；2009年有14处；2019年有9处。

根据三期数据所提取的生态源地来看，研究区域亦庄新城内的生态源地主要集中在中部和西北部，具体为凉水河沿岸绿带、京沪高速沿线绿带，以及东五环周边的城市公园。2011～2019年研究区域南部生态环境改善，2019年南部出现面积大且完整的生态源地斑块。海淀北部区域内的生态源地面积有所增加，较为重要的源地主要集中在西部，主要为西山一带的凤凰岭风景区、阳台山自然风景区和鹫峰国家森林公园。其他主要的生态源地还有中部的南沙河和翠湖湿地公园等。

6.2.2.2　城市生态廊道构建与分析

从图6-19中可以看出，亦庄新城生态廊道呈现从中心到外围的变化特征，2004年生态廊道主要分布在中部和北部，京沪高速与凉水河之间，以及南六环与凤港减河之间，以带状绿地为主。2019年随着生态源地面积的增加和连片建设，生态廊道较2011年有所减少，但围绕城市外围的环城绿带已初步成型。

海淀北部新区的生态廊道表现出与亦庄新城截然不同的变化特征，廊道面积持续增加，结构趋于清晰（图6-20）。2004年廊道的类型主要为穿越城市斑块的带状绿地与公路旁的植被绿化带；2009年生态廊道网络初见雏形；2019年海淀北部新区西侧生态廊道网络化增强，京密引水渠原来不连续的生态廊道空间已形成完整廊道，东侧沿G7京新高速也形成了生态廊道，基本与京密引水渠形成一个外围环形廊道。

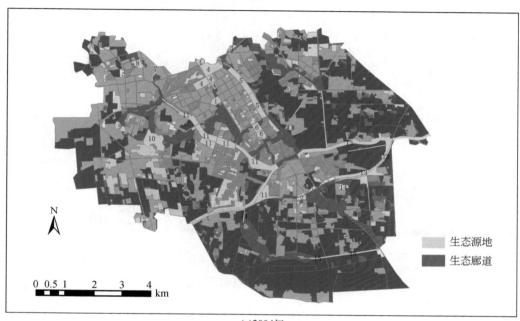

(a)2004年

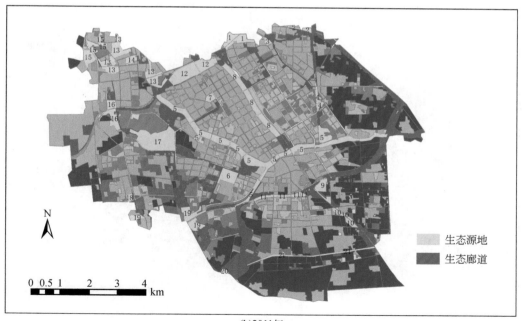

(b)2011年

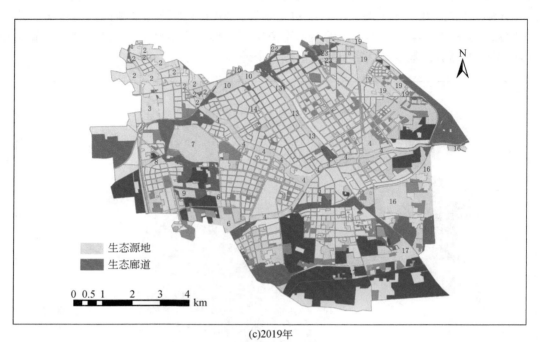

(c)2019年

图 6-19　亦庄新城生态廊道分布图

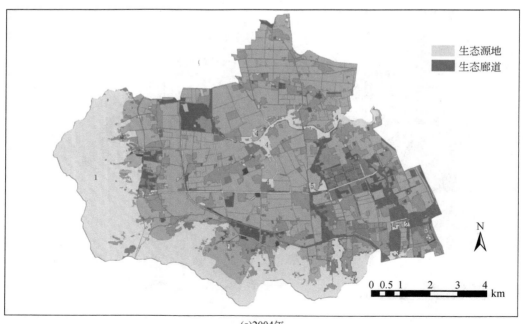

(a)2004年

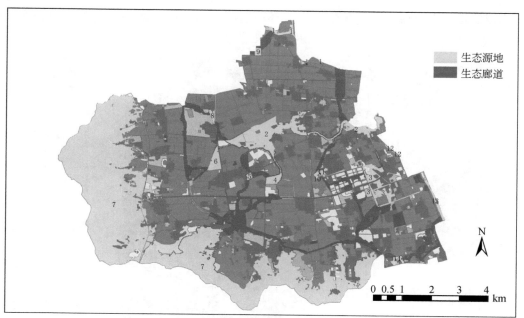

(b)2009年

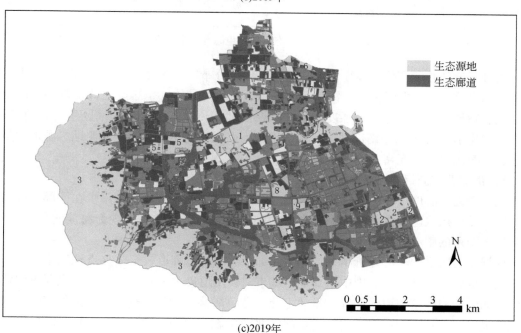

(c)2019年

图6-20　海淀北部新区生态廊道分布

6.2.2.3　城市"源地–廊道"生态网络重要性评价

1）亦庄新城中心度评价

根据源地中心度评价结果，研究区域内中部和西部的生态源地中心度较高，具体为凉水河沿岸绿带、京沪高速沿线绿带及东五环周边的城市公园；南部生态源地中心度较低（图6-21）。

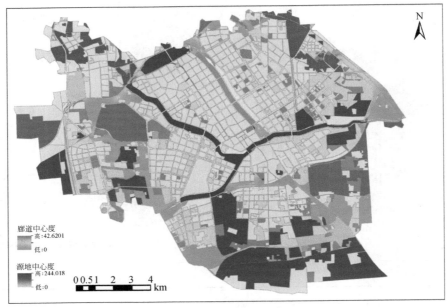

图 6-21　亦庄新城生态源地及生态廊道中心度评价

通过廊道中心度评价，亦庄新城内的夹点集中分布在破碎度较高的北部区域，主要以镇海寺郊野公园、老君堂公园、海棠公园等绿地斑块为载体，生态廊道数量较多，西南部区域生态廊道较宽，"电流"强度较低，与西南部相比，东部及南部地区生态廊道较宽，东部的"电流"强度高于南部地区，南部出现大面积且完整的块状生态源地，源地间阻力值小，生态廊道空间充裕，廊道较宽。

2）海淀北部新区中心度评价

根据源地中心度评价结果，研究区域内较为重要的生态源地主要集中在西部，即西山一带的一系列风景区和森林公园。生态源地整体的空间分布状态体现为海淀北部的西部、中部生态源地的中心度高于北部、东部（图6-22）。

根据生态廊道中心度评价结果，海淀北部新区的生态廊道较窄，夹点地区主要分布在斑块破碎度较高的地区。其中中东部地区城市建设用地集中分布，廊道窄，主要以河流为载体，如南沙河、京密引水渠等，是"电流"强度较高的地区，建设用地的扩张，使这些生态廊道面临着较大的威胁。此外，东部南北向生态廊道也是"电流"强度较高的地区，中心度较高。

6.2.2.4　城市生态系统服务功能变化评价

1）土地利用变化特征

2004~2019年，亦庄新城有43.12%的土地利用类型未发生转化，37.31%的土地利

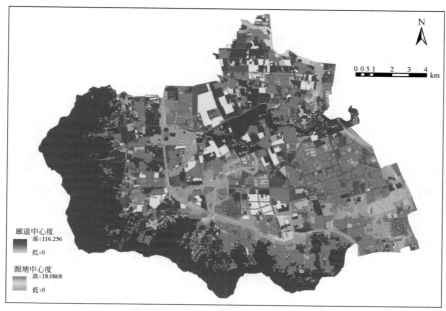

图 6-22　海淀北部新区生态源地及生态廊道中心度评价

用类型发生正向转化，19.57%的土地利用呈现逆向转化。海淀北部新区有59.81%的土地利用类型未发生转化，31.24%的土地利用类型发生正向转化，即生态系统服务功能提升，8.95%的土地利用类型呈现出受损趋势，即生态系统服务功能降低。本书中，林地和水域的生态系统服务功能最高，不考虑土地利用类型之间的转化情况。

2）土地利用生态转化特征分析

（1）土地利用正向生态转化分析。海淀北部新区有9.36%的耕地、1.59%的草地、18.53%的建设用地和1.77%的裸地发生正向转化。亦庄新城有23.56%的耕地、3.00%的草地、7.31%的建设用地和3.44%的裸地发生正向转化（表6-11）。

表 6-11　土地利用正向生态转化情况　　　　　　　　　　（单位：%）

原地类	新地类	海淀北部新区		亦庄新城	
耕地	林地	7.00	9.36	5.22	23.56
	草地	2.21		17.99	
	水域	0.15		0.35	
草地	林地	1.55	1.59	2.71	3.00
	水域	0.04		0.28	
建设用地	耕地	0.51	18.53	0.42	7.31
	林地	2.06		2.97	
	草地	15.89		3.77	
	水域	0.07		0.16	

原地类	新地类	海淀北部新区		亦庄新城	
裸地	耕地	0.20	1.77	0.15	3.44
	林地	1.00		1.88	
	草地	0.54		1.19	
	水域	0.03		0.22	
总计		31.24		37.31	

（2）土地利用逆向生态转化分析。2004~2019 年，海淀北部新区有 5.05% 的耕地、1.73% 的林地、1.67% 的草地和 0.50% 的水域发生逆向转化。亦庄新城有 12.17% 的耕地、0.66% 的林地、4.44% 的草地和 2.31% 的水域呈现逆向转化（表6-12）。

表 6-12　土地利用类型生态逆向转化情况　（单位：%）

原地类	新地类	海淀北部新区		亦庄新城	
耕地	建设用地	4.08	5.05	9.81	12.17
	裸地	0.97		2.36	
林地	耕地	0.36	1.73	0.11	0.66
	草地	0.33		0.24	
	建设用地	0.89		0.25	
	裸地	0.14		0.06	
草地	耕地	0.24	1.67	0.18	4.44
	建设用地	1.27		3.65	
	裸地	0.16		0.61	
水域	耕地	0.05	0.50	0.18	2.31
	草地	0.25		0.88	
	建设用地	0.14		0.58	
	裸地	0.06		0.67	
总计		8.95		19.57	

综合海淀北部新区和亦庄新城的土地利用变化状况，两个区域发生正向转化的比例高于逆向转化，土地利用有向好趋势。此外，两个区域均有土地逆向转化，且耕地转化为建设用地的比例均较高，表明在人类城市扩张的环境下，对耕地的开发利用高于其他土地类型。

6.2.3　生态空间受损评价与城市发展建设耦合性分析

6.2.3.1　受损生态空间评价

根据受损生态空间识别结果，将生态源地与生态廊道状态分为生态良好、生态维持、中等受损和严重受损四种类型。

根据受损识别结果可知，凉水河区域是主要的生态源地受损区域，且受损严重，凉水河支流新凤河到凉水河路南端绿地斑块出现中等受损现象。海淀北部新区生态源地以西部为主要受损严重区域，主要分布在西部白虎涧自然风景区—北京香山公园一带。中东部地区翠湖湿地到南沙河区域生态空间状态维持得较好。

从评价结果来看，亦庄新城生态廊道呈现生态维持、生态良好状态，局部区域有中等受损或严重受损，北部南五环大羊坊北桥、南五环与凉水河交叉北侧、清水湖至博大公园、亦庄火车站附近出现严重受损现象，南六环马驹桥附近呈现中等受损（图6-23）。

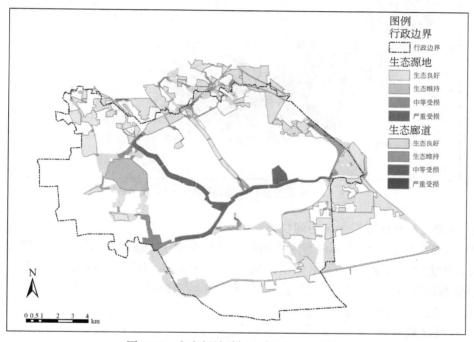

图 6-23　亦庄新城受损生态空间识别结果

由识别结果（图6-24）可知，海淀北部新区的京密引水渠北段与南沙河交汇处呈现严重受损，中段中关村科技园区段有部分区域严重受损，G7高速北沙河至南沙河段也存在严重受损现象，在北清路以北上庄路附近生态廊道存在中度受损现象。

6.2.3.2　城市受损生态空间校核

1）亦庄新城受损生态空间校核

经现场调研分析，凉水河及沿岸两侧生态源地受损情况基本与识别结果吻合，但通明湖公园生态情况与识别受损情况不符，应为生态良好空间。生态廊道识别基本与调研情况一致，除此之外，还发现通惠河灌渠及沿岸受损情况严重，但由于灌渠两侧绿地狭窄且没有绿地斑块因此未识别出生态源地及生态廊道，现场调研发现水体存在黑臭现象且潞西路以北河岸两侧生态空间被侵占，违建沿河而建，因此应将通惠河识别为严重受损生态廊道。

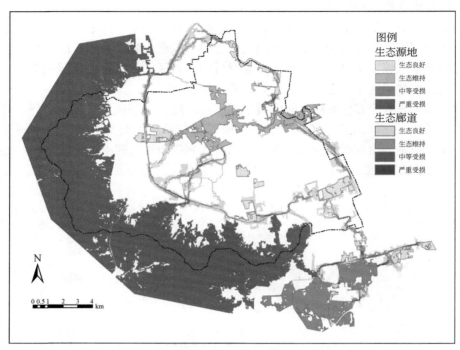

图 6-24　海淀北部新区受损生态空间识别结果

2）海淀北部新区受损生态空间校核

海淀北部新区受损生态源地与现场调研情况基本吻合。通过现场调研，新增两块上庄路西侧的林地为生态源地。根据调研，南沙河上游至西山段，2014 年有生态廊道，但 2019 年生态廊道消失，根据现场踏勘，上游水量小且河道两侧生态空间狭窄，河道为人工直驳岸，因此应纳入中度受损生态廊道。

3）校核结果分析

亦庄新城和海淀北部新区受损空间识别结果均存在两类问题：一是存在未识别生态源地或生态廊道，导致部分受损生态空间未发现。亦庄新城未识别出通惠河管渠沿线生态廊道，而调研中发现其沿线缺乏具有一定规模的生态源地，根据实际调研，应将其纳入生态廊道且评价为重度受损生态空间。而海淀北部新区上庄路沿线有成片斑块状林地未识别为生态源地，同时建议将具有一定面积林地的休闲农场划为生态源地。二是部分受损空间受损程度与实际不符。与现场调研情况相结合，应将亦庄新城的通明湖公园识别为生态良好空间；海淀北部新区东埠头排洪渠应评价为中度受损空间。

6.2.3.3　空间结构受损分析

1）亦庄新城

将 2004～2019 年的斑廊基空间结构与亦庄新城的规划进行耦合分析，截至 2020 年凉水河创新文化走廊在景观风貌上已经初具规模。从生态格局上分析，亦庄新城西南角生态源地缺失，故还应加快凤河生态景观文化带的建设；加速台湖湿地公园建设，该项目完工后将与马驹桥湿地公园共同组成一个较大规模的生态源地斑块；需重视京沪生态走廊（凉水河南段）的建设，从多期影像图分析，近年来周边村庄和产业园区的建设发展有侵蚀生态廊道空间的趋势，应预留充足的生态廊道空间，该生态廊道既连通了凤港减河与凉水河源地斑块，还可弥补亦庄新城凉水河以南区域多年来一直缺少南北向生态廊道的短板，确保亦庄新城最终达到"森林绕城、绿岛连城、碧水传城、湿地润城、公园遍城、农田留城、景观靓城、文化兴城"的生态示范区的建设目标。

2）海淀北部新区

海淀北部新区为典型的组团式城市空间布局，中部是由南沙河和上庄路两侧大片生态绿地组成的"T"字形生态绿心，成为分割各组团的主要生态空间，同时东西两侧组团内部形成了以南沙河支流为主的带状绿楔。对比上位规划的生态空间结构，从整体变化来看，生态空间结构逐渐完善，连通源地的生态廊道与规划的生态廊道有一定的空间偏差。规划中绿心由东—西、南—北两条生态走廊组成，目前只形成了南沙河—大西山景区的生态廊道，截至2019年南沙河及水系外围区的生态源地面积不断增加，翠湖国家湿地公园的建设加快了南沙河沿线生态空间的完善，但南沙河上游生态廊道完全消失。另一条沿上庄路两侧生态绿地的生态廊道尚未形成。规划中并未突出强调京密引水渠和G7高速沿线的生态廊道建设，但在多期影像分析中发现，京密引水渠及G7高速沿线的防护林地建设基本达到了控规规划宽度，且部分区段还有扩展，形成了连通中心城和西北部区域生态廊道的雏形，发挥了重要的生态廊道作用。

3）城市空间结构受损小结

通过对亦庄新城和海淀北部新区的调研分析，集中式和组团式城市空间结构受损生态空间存在一定的共性问题和差异。共性问题主要体现在两个方面：一是生态源地生态效益不高。2012～2015年北京市开展了百万亩平原造林工程，大量农田转变为林地和公园。但从受损生态空间识别评价和现场调研情况来看，林地、公园面积虽有大幅增长，但由于造林时间短、林地品种相对单一，许多林地和公园的植物还未成型，绿化覆盖率有限，生态效益不明显，因此在识别评价中多表现为中度受损状态。二是生态廊道不连续。通过潜在生态廊道与实际土地利用情况对比分析，发现亦庄新城与海淀北部新区均存在生态廊道断裂问题，生态廊道的局部缺失影响了城市生态安全格局的完整性，同时由于廊道的不连续，生态空间格局的建设并未实现规划时设想的生态空间结构。

而海淀北部新区由于地处西山浅山区，自然条件较亦庄新城复杂，因此其受损生态空间情况还存在其他两个问题：首先，自然源地持续受到侵蚀。海淀北部新区西侧与西山毗邻，2004～2019年，西山生态源地的面积持续缩减，建设用地无序扩张，因此西山浅山区识别评价为重度受损生态空间。其次，关键生态源地缺失。沿上庄路2侧规划的通风走廊，由于缺乏自然环境，生态源地以农田、防护林带等人工环境为主，未形成有效的生态源地，生态廊道一直未形成。

6.2.3.4 河流受损生态空间分析

经模拟分析与现场调研发现河流空间是城市生态系统中最为重要的生态廊道，同时河流也是城市中最易受损的生态空间，因此对亦庄新城和海淀北部新区的主要河流进行水样检测分析。

1）亦庄新城

凉水河干流采样 4 个，分别为肖村桥断面、旧宫断面、马驹桥断面及水南村断面；另在支流新凤河及通惠河灌渠取样 2 个。

根据《北京市地面水水域功能分类图》，亦庄新城所在水功能区为农业用水区及一般景观要求水域，对应地表水Ⅴ类标准。由表 6-13 可知，2010 年前亦庄主要河道水质均为劣Ⅴ类。2015~2017 年，由于在肖村桥附近汇入凉水河的小龙河水质较差，导致凉水河下游水质又变为劣Ⅴ类。2018 年起，凉水河水质持续提升。但据本次水质监测结果显示，凉水河两条主要支流新凤河、通惠河灌渠水质仍为劣Ⅴ类，对凉水河下游水质仍有较大的影响。评价结果可知，通惠河灌渠、凉水河及新凤河亦庄段整体呈现为重度受损。

表 6-13 亦庄新城主要河道水质变化

年份	凉水河（肖村桥上游）	凉水河（肖村桥-马驹桥）	凉水河（马驹桥下游）	小龙河	新凤河	通惠河灌渠
2005	劣Ⅴ	劣Ⅴ	劣Ⅴ	无数据	劣Ⅴ	劣Ⅴ
2010	劣Ⅴ	劣Ⅴ	劣Ⅴ	劣Ⅴ	无水	劣Ⅴ
2015	Ⅳ	劣Ⅴ	劣Ⅴ	劣Ⅴ	劣Ⅴ	劣Ⅴ
2016	Ⅴ	劣Ⅴ	劣Ⅴ	劣Ⅴ	劣Ⅴ	劣Ⅴ
2017	Ⅴ	劣Ⅴ	劣Ⅴ	劣Ⅴ	劣Ⅴ	劣Ⅴ
2018	Ⅳ	Ⅴ	劣Ⅴ	Ⅴ	劣Ⅴ	劣Ⅴ
2019	Ⅲ	Ⅳ	Ⅳ	Ⅳ	Ⅳ	劣Ⅴ
2020 采样	Ⅲ	Ⅲ	劣Ⅴ	无数据	劣Ⅴ	Ⅴ

资料来源：《北京市生态环境状况公报》（2015~2019 年）。

2）海淀北部新区

海淀北部新区共采样 5 个，包括南沙河干流温北路、上庄水库及玉河橡胶坝 3 个断面，以及支流东埠头沟、三星庄后河 2 个断面。

根据《北京市地面水水域功能分类图》，南沙河所在水功能区为人体非直接接触的娱乐用水区，对应地表水Ⅴ类标准。根据相关研究（陈清和白龙，2012），上庄水库、玉河橡胶坝两个断面 2010 年、2011 年监测数据与此次监测数据（2020 年）对比见表 6-14。

表 6-14 上庄水库、玉河橡胶坝 2010 年、2011 年、2020 年监测数据

断面	年份	pH	溶解氧	氨氮/(mg/L)	总磷/(mg/L)	化学需氧量/(mg/L)
上庄水库	2010	8.5	8.7	1.42	0.59	44.3
	2011	8.2	11.8	0.95	0.48	27.2
	2020	7.73	11.27	0.898	0.06	21

断面	年份	pH	溶解氧	氨氮/(mg/L)	总磷/(mg/L)	化学需氧量/(mg/L)
	2010	8.0	3.63	12.4	0.98	68.4
玉河橡胶坝	2011	7.9	3.9	15.4	0.88	59.6
	2020	7.86	10.48	1.25	0.23	18

2010~2011 年，南沙河整体污染严重。玉河橡胶坝断面氨氮浓度达到上庄水库断面的 8.73~16.21 倍。2020 年经过治理的南沙河水质较 2010~2011 年有大幅提升，玉河橡胶坝断面氨氮浓度升高，翠湖湿地公园、上庄水库段南沙河水面明显变宽，但绿地拓展不足，仍有区域受损。因此，南沙河整体评价为重度受损。

根据水质监测结果，东埠头沟氨氮、总磷均为劣 V 类，三星庄后河水质可达 III 类，因此，东埠头沟整体评价为重度受损，三星庄后河评价为中度受损。

6.2.4 城市开发型受损空间功能提升技术

6.2.4.1 城市受损空间生态格局优化技术

基于不同类型空间结构的城市特点，其受损生态空间与生态格局优化方法也存在一定的差异。

1）集中式城市生态格局优化

根据对亦庄新城受损空间的分析，结合亦庄新城典型的环城绿带+分散式公园绿地的生态空间格局，其生态格局优化技术主要是对生态空间形态的完善和强化。

增补关键点，改善生态空间网络连接的有效性。根据生态廊道模拟分析结果，可增加东侧京津高速两侧绿地、马家湾湿地公园、东石公园与通明湖公园之间的生态廊道。化零为整，整合破碎化分散斑块。亦庄新城西北区域各公园之间缺乏联系，呈现生态孤岛现象。应结合土地利用情况，对现有零散绿地进行整合，优化绿地界面，打通绿地之间联系，形成生态效益良好的源地斑块（图 6-25）。

2）组团式城市生态格局优化

海淀北部新区的生态格局优化主要是对构成绿心、绿楔生态空间的保护与修复，通过绿心、绿楔的有机串联，形成复合的城市生态空间结构网络（图 6-26）。

保护自然生态廊道，保证网络连接的可行性。生态廊道保护策略主要包括（白立敏，2019）：一是划定河流蓝线和生态控制线，河流源头均为山上汇集的雨水，但浅山区村庄农田众多，河流两侧用地被侵占，河流被硬化。二是增加生态岸线比例，提高生态网络系统的生物多样性。优化植物配置，提高生态空间的生态效益。大型生态源地、城市绿心、城市公园的建设应通过多样化的植物配置，自身竖向和地形的保护来提高绿地的生态效益，避免"造林式"简单粗暴增加林地面积，通过乡土植物营造乡土群落，优化原有单一树种的防护林地，最大程度地发挥城市生态绿心、绿楔的生态效益，构建健康的城市生态系统（袁轶男等，2019）。

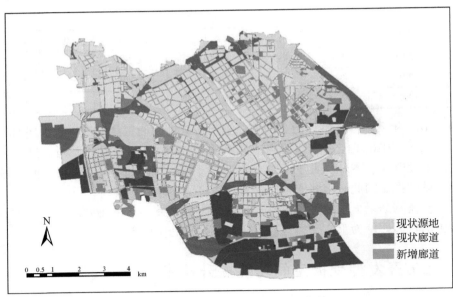

图 6-25　亦庄新城生态空间格局优化

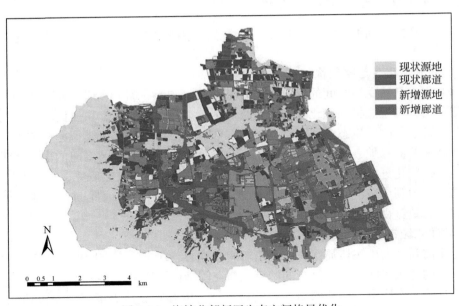

图 6-26　海淀北部新区生态空间格局优化

6.2.4.2　城市河流受损空间修复技术

根据河流实际情况，将河流以干流和支流区分，从城市建设用地源头开展修复和管控，提升河流韧性，拓展蓝绿生态空间复合功能，形成完整的城市受损空间修复策略和协同管控办法。

1）城市河流干流受损空间修复技术

从水域修复角度出发，应当考虑水系统的季节变化和洪水风险的不确定性，有计划地预留水的弹性波动空间。在源头河道的治理除了淤泥清理、水质提升和生态堤岸建设等，也应从水的时间、空间变化特点出发，充分考虑枯水、丰水、洪水等不同时期的水位和水容量变化，保证城市河流干流的生态基流，设定河湖最低水位（苏娜等，2012）。当无法满足枯水期的水位时，应提前做好生态补水的工作，在做好流域整体节水工作、保障生态水权的同时，还可考虑进行跨区域调水。

提升城市干流的韧性，除了结合水的弹性，亦要考虑绿地的弹性。首先，应对河岸两侧受损严重的区域进行河岸缓冲带修复；其次，避免将绿线作为生态用地和城镇用地之间的隔离线。在水域、滨水绿地与城市之间设立城绿过渡带，在建筑高度、建筑形式及场地环境等方面提出要求，使集中建设的人工环境向自然生态环境逐步过渡，层层渗透。

2）城市河流支流受损空间修复技术

从亦庄新区和海淀北部新区的受损分析及现状调研看，与干流受损的原因不同，支流的水量和水质受损明显。

应加强支流生态环境恢复建设，有利于水质净化提升，主要涉及以下四个方面。一是河道生境恢复，加强对城市水系自然形态的保护，禁止明河改暗渠、填湖造地、违法取砂等破坏行为。结合城市黑臭水体综合整治工作，强化排水口、管道和检查井的系统治理，削减进入水体的污染物总量。二是湿地生境恢复，根据湖泊湿地现有地形，基于工程量最小化原则，结合湿地结构、功能和景观构建的需要对其进行基底改造和修复。三是河岸带栖息地改善和设置。来自河流的养料和有机物会促进湿地植物、浮游生物和底栖无脊椎动物的生长，而这些又为鱼类提供了丰富的食物。四是河道防洪空间拓展，河道防洪空间制约生态修复的程度，可根据河沟道防洪标准、洪水淹没范围现状及防洪空间可拓展潜力，进行防洪空间拓展措施配置。

6.3 交通干线生态廊道重构与功能提升

在京津冀城市群受损生态空间识别评价的基础上，耦合京津冀铁路、高速公路和国道等重点交通廊道发展历程，确定典型交通廊道断面类型。基于样点调研，监测模拟分析生态防护功能，在此基础上提出京津冀交通干线生态廊道绿化配置优化技术。

6.3.1 交通干线生态廊道的调研与评价

交通干线生态廊道主要指京津冀城市群主要交通廊道两侧，基于人工交通建设的线性或带状生态绿地，具有景观、生态、服务等功能的空间。通过对 1995 年、2005 年、2015 三年交通廊道的遥感影像分析可以看出（图6-27），1995 年京津冀城市群的交通廊道是以国道为主要的城市联络线，高速公路的建设强度相对较低，国道主要串联省道以及县道将城市连通，大部分的省道及县道的建设强度较低，都是穿城绕山而建，因此对生态环境的破坏较低; 2005 年处于"十五"末期, 是中国加入世贸组织后的一个重要节点, 在中国的快速发展模式下, 环京省(市)的交通发展进入了快速发展阶段, 京津冀的国道交通网络化初步形成; 2015 年京津冀的交通廊道形成了以北京为中心, 与天津、石家庄、保定、唐山等城市之间的放射型交通廊道网络, 且联通程度较高。

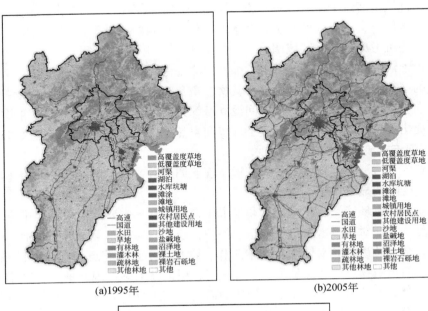

(a)1995年　　　　　　　　　　(b)2005年

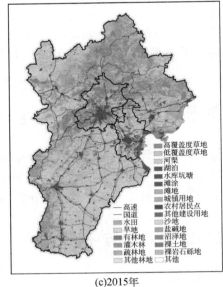

(c)2015年

图 6-27　京津冀城市群 1995 年、2005 年、2015 年交通廊道影像分析图

通过对京津冀城市群城市交通廊道的回顾与发展分析, 以京津冀的主要交通廊道三期遥感影像的分析结果为基础, 选取 120 余个京津冀城市群主要交通廊道样地进行抽样调研

（图 6-28），做交通干线生态廊道重构与功能提升技术研究。

图 6-28　京津冀城市群交通廊道调研点位图

6.3.2　构建生态廊道绿化物种生态系统服务潜力评价体系

6.3.2.1　评价体系构建方法

根据以上指导思想与原则，本书将评价城市植物服务潜力（A）作为总目标，按照服务类型不同分为供给服务潜力（B1）、调节和支持服务潜力（B2）、文化服务潜力（B3）三类，以此作为准则层。服务类型划分基于千年生态系统服务评估中的划分标准（Millennium Ecosystem Assessment，2005）。与自然生态系统相比，城市生态系统具有明显的特殊性，因此本评价中将调节和支持服务合为一类，然后将城市人居环境的需求服务分别归类于三大服务类型中，作为下一层次，这样无形中将"供""需"的联系体现在评价系统中（图 6-29）。

6.3.2.2　评价结果

1）指标体系及其权重结果

本指标体系以评价北京主要城市植物的生态服务潜力为目标，以服务类型为评价准则层，准则层 1 为三大服务类型，分别是供给服务、调节支持服务和文化服务，准则层 2 为七类服务，包括供给服务、降温增湿、滞尘净化、固碳释氧、缓解污染、土壤保持和观赏

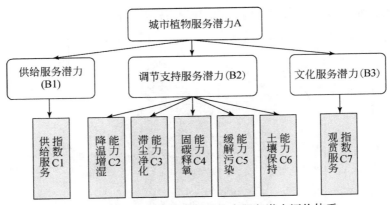

图 6-29 基于城市植物选择的生态服务潜力评价体系

服务，具体的权重结果见表 6-15。

表 6-15 北京主要城市植物生态服务潜力评价体系权重

目标层	准则层 1	准则层 2	准则层 2 权重排序	指标层
北京主要城市植物生态服务潜力评价	供给服务 （0.1025）	供给服务指数 （0.1025）	6	食用、蜜源、油料、药用保健、其他（非木材类用途）（0.7610）
				可达株高（0.2390）
	调节支持服务 （0.8428）	降温增湿能力 （0.1461）	3	株型（0.5008）
				生物量（0.2603）
		滞尘净化能力 （0.1542）	2	生活型（0.2386）
				叶表特征（0.1857）
				单叶面积（0.3519）
				叶生长期（0.2239）
		固碳释氧能力 （0.1455）	4	光合速率（0.2566）
				叶生长期（0.4880）
				生物量（0.2554）
		缓解污染能力 （0.2649）	1	二氧化硫、氯气、重金属、盐碱、其他污染物（1.0000）
		土壤保持能力 （0.1322）	5	根系大小（0.4029）
				根系深浅（0.5971）
	文化服务 （0.0547）	观赏服务指数 （0.0547）	7	赏期（0.1929）
				显著度（0.2093）
				绿色观赏性（0.3362）
				视觉敏感度（0.1296）
				整齐度（0.1320）

2）树种筛选结果

73 种基调骨干种中（表 6-16），生态服务综合表现最高的为臭椿，其次为杜仲、垂柳；基调树种毛白杨、国槐、侧柏也在前 20 位之内；生态服务综合表现较高的灌木有女贞、月季花、紫藤、连翘、扶芳藤、金边黄杨、紫薇、迎春花、棣棠花；生态服务综合表现较高的草本植物有马蔺、菊花、紫菀、荷包牡丹、玉簪（张田，2013）。

表 6-16 北京主要城市植物的综合生态服务潜力排序

排序	生态服务综合得分	物种	拉丁名
1	6.028	臭椿	*Ailanthus altissima*（Mill.）*Swingle*
2	5.803	杜仲	*Eucommia ulmoides* Oliv.
3	5.785	垂柳	*Salix babylonica* L.
4	5.645	龙柏	*Juniperus chinensis* cv. *Kaizuka*
5	5.615	女贞	*Ligustrum lucidum* W. T. Aiton.
6	5.61	刺槐	*Robinia pseudoacacia* L.
7	5.608	侧柏	*Platycladus orientalis*（L.）Franco
8	5.541	银杏	*Ginkgo biloba* L.
9	5.457	华山松	*Pinus armandii* Franch
10	5.452	雪松	*Cedrus deodara*（Roxb.）G. Don
11	5.227	兰考泡桐	*Paulownia elongata* S. Y. Hu
12	5.18	月季花	*Rosa chinensis* Jacq.
13	5.156	毛白杨	*Populus tomentosa* Carrière
14	5.137	国槐	*Sophora japonica* Linn.
15	5.006	油松	*Pinus tabuliformis* Carrière
16	4.892	桃	*Amygdalus persica* L.
17	4.884	紫藤	*Wisteria sinensis*（Sims）Sweet
18	4.837	龙爪槐	*Styphnolobium japonicum* var. japonica f. *Pendula*
19	4.828	胡桃	*Juglans regia* L.
20	4.653	合欢	*Albizia julibrissin* Durazz.
21	4.649	洋白蜡	*Fraxinus pennsylvanica* var. *subintegerrima*
22	4.615	连翘	*Forsythia suspensa*（Thunb.）Vahl
23	4.611	白皮松	*Pinus bungeana* Zucc. ex Endl.

排序	生态服务综合得分	物种	拉丁名
24	4.536	元宝枫	*Acer truncatum* Bunge
25	4.535	旱柳	*Salix matsudana* Koidz.
26	4.483	紫叶李	*Prunus cerasifera*f. atropurpurea（Jacq.）Rehd.
27	4.474	扶芳藤	*Euonymus fortunei*（Turcz.）Hand.-Mazz.
28	4.457	金边黄杨	*Euonymus japonicus* var. *Aure-marginatus*
29	4.437	栾树	*Koelreuteria paniculata* Laxm.
30	4.433	早园竹	*Phyllostachys propinqua* McClure
31	4.357	玉兰	*Yulania denudata*（Desr.）D. L. Fu
32	4.353	紫薇	*Lagerstroemia indica* L.
33	4.351	柿	*Diospyros kaki* Thunb.
34	4.329	圆柏	*Juniperus chinensis* L.
35	4.242	馒头柳	*Salix matsudana* var. matsudana f. *Umbraculifera*
36	4.235	迎春花	*Jasminum nudiflorum* Lindl.
37	4.121	棣棠花	*Kerria japonica*（L.）DC.
38	4.012	五叶地锦	*Parthenocissus quinquefolia*（L.）Planch.
39	4.012	地锦	*Parthenocissus tricuspidata*（Sieb & Zucc.）Planch.
40	3.971	金银忍冬	*Lonicera maackii*（Rupr.）Maxim.
41	3.932	沙地柏	*Juniperus sabina* L.
42	3.927	银边黄杨	*Euonymus japonicus* var. *albo-marginatus*
43	3.89	榆叶梅	*Amygdalus triloba*（Lindl.）Ricker
44	3.88	加杨	*Populus* × *canadensis* Moench
45	3.636	黄刺玫	*Rosa xanthina* Lindl.
46	3.587	红瑞木	*Cornus alba* Linnaeus
47	3.575	马蔺	*Iris lactea* Pall.
48	3.558	紫荆	*Cercis chinensis* Bunge
49	3.335	华北珍珠梅	*Sorbaria kirilowii*（Regel）Maxim.
50	3.315	玫瑰	*Rosa rugosa* Thunb.
51	3.303	锦带花	*Weigela florida*（Bunge）A. DC.

续表

排序	生态服务综合得分	物种	拉丁名
52	3.008	太平花	*Philadelphus pekinensis* Rupr.
53	2.662	菊花	*Chrysanthemum morifolium* Ramat.
54	2.556	紫菀	*Aster tataricus* L. f.
55	2.532	荷包牡丹	*Lamprocapnos spectabilis*（L.）Fukuhara
56	2.521	玉簪	*Hosta plantaginea*（Lam.）Aschers.
57	2.514	草地早熟禾	*Poa pratensis* L.
58	2.487	天人菊	*Gaillardia pulchella* Foug.
59	2.476	大花金鸡菊	*Coreopsis grandiflora* Hogg.
60	2.471	金光菊	*Rudbeckia laciniata* L.
61	2.434	联毛紫菀	*Symphyotrichum novi-belgii*（L.）G. L. Nesom
62	2.424	鸢尾	*Iris tectorum* Maxim.
63	2.382	射干	*Belamcanda chinensis*（L.）Redouté
64	2.382	芍药	*Paeonia lactiflora* Pall.
65	2.373	大滨菊	*Leucanthemum maximum*（Ramood）DC.
66	2.321	萱草	*Hemerocallis fulva*（L.）L.
67	2.279	德国鸢尾	*Iris germanica* L.
68	2.273	八宝	*Hylotelephium erythrostictum*（Miq.）H. Ohba
69	2.268	紫苞鸢尾	*Iris ruthenica* Ker-Gawl.
70	2.213	黑心金光菊	*Rudbeckia hirta* L.
71	2.167	野牛草	*Buchloe dactyloides*（Nutt.）Engelm.
72	2.167	麦冬	*Ophiopogon japonicus*（L. f.）Ker-Gawl.
73	2.039	黑麦草	*Lolium perenne* L.

6.3.3 交通干线生态廊道的绿化带生态防护功能模拟分析与优化

6.3.3.1 京津冀交通干线绿化带断面类型

通过对京津冀交通廊道的样方点调研，筛选归纳出填方式路基、挖方式路基和零填方式路基三种道路路基的交通廊道断面模式。典型断面类型及植物配置模式见表6-17。

表 6-17　京津冀交通干线生态廊道断面类型及植物配置模式

路基类型	配置模式	断面类型
填方式	乔+灌+草	
	乔+草	
	灌+草	
零填方式	乔+灌+草	
	乔+草	
挖方式	乔+灌+草	
	乔+草	

6.3.3.2　生态廊道 ENVI-MET 滞尘模型模拟分析

针对京津冀地区抽样选取了 9、12、16、37 四个零填方式的断面样方点，4、5、10、40 四个填方式的断面样方点进行分析。通过将模型的模拟结果与样方点的实测数据进行校核比对，优化模型的准确性，以模型模拟的数据结果，作为交通生态廊道配置优化技术的主要参考依据，进行技术优化（表6-18）。

表 6-18　生态廊道样方点信息表

点位	位置	样方面积	高差/m	车道数	车流量/(辆/min)	植被类型
9	116°43′44.89″E 41°19′21.09″N	10m×10m	1.5	6	20	油松、紫穗槐
12	117°45′22.58″E 40°34′51.98″N	10m×10m	7	10	20	紫穗槐
16	117°03′23.84″E 39°26′35.23″N	30m×30m	1.6	6	15	杨树、金银木、山桃、紫叶李、垂柳
37	116°10′38.58″E 38°51′13.33″N	30m×30m	4	6	24	紫穗槐、杨树
4	116°11′02.44″E 40°18′34.14″N	30m×30m	0	2	8	国槐、珍珠梅、金钟花、紫穗槐、侧柏林、臭椿、榆树、柿树、朴树、栾树、核桃树
5	115°35′45.29″E 40°23′15.05″N	30m×30m	0	8	11	榆叶梅、金叶榆、华北落叶松、海棠、紫叶李、圆柏
10	118°04′19.89″E 39°25′05.48″N	30m×30m	0	6	15	国槐、杨树、紫穗槐
40	115°43′45.15″E 39°09′20.84″N	30m×30m	0	4	18	圆柏、女贞篱、垂柳、紫穗槐、杨树

1）ENVI-MET 模型与实测数据比对分析

将样方点 PM_{10} 的 ENVI-MET 模型模拟值与调研实测值进行比对，道路与绿化带交接点为 A 点，绿化内部为 B 点（图6-30），通过分析可以看出，误差率基本处于5%以下，波动较小。模型模拟值与调研实测值基本相符，ENVI-MET 模型可以较好地模拟展示真实场景效果（表6-19）。

误差率计算公式如下：

$$误差率 = \frac{|PM_{10}浓度模拟值 - PM_{10}浓度实测值|}{PM_{10}浓度模拟值} \times 100\%$$

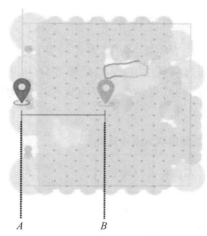

📍 绿化带外滞尘和气象仪位置
📍 绿化带内滞尘位置

A　　　　B

图 6-30　监测设备点位布设示意图

表 6-19　ENVI-MET 模拟结果校验与分析表

点位	<i>A</i>（道路与绿化带交界点）			<i>B</i>（绿地内监测点）		
	PM_{10} 浓度模拟值 /（μg/m³）	PM_{10} 浓度实测值 /（μg/m³）	误差率/%	PM_{10} 浓度模拟值 /（μg/m³）	PM_{10} 浓度实测值 /（μg/m³）	误差率/%
4	59.086	58.77	0.53	34.611	33.91	2.03
5	98.931	94.84	4.14	42.082	41.66	1.00
9	22.987	18.07	21.39	14.723	12.91	12.31
10	128.29	122.8	4.28	33.746	41.7	23.57
12	94.87	97.81	3.10	86.837	91.54	5.42
16	64.517	67.39	4.45	36.28	38.5	6.12
37	125.99	125.99	0.00	77.56	75.6	2.53
40	375.55	377.96	0.64	108.17	92.15	14.81

2）道路颗粒物 PM_{10} 削减与绿地空间结构模拟分析

a. 道路颗粒物 PM_{10} 削减与距离的关系分析

（1）零填方式断面。通过对点位 4、40 两个"乔灌草"配置形式的零填方廊道生态空间的 PM_{10} 浓度曲线分析（图 6-31），X 坐标轴为交通廊道的宽度，Y 轴为 PM_{10} 浓度的变化值，通过数据的比对可以看出，削减效果在 20 ~ 26m 最为明显，可基本恢复到初始环境值。

（2）填方式断面。通过对点位 9、37 两个乔灌草配置形式的填方式廊道生态空间的 PM_{10} 浓度曲线分析（图 6-32），可以看出：PM_{10} 在生态空间内的 16m 处可大幅削减，恢复到初始环境值。

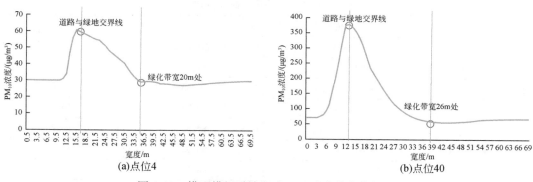

图 6-31 模型模拟零填方式 PM_{10} 浓度曲线分析图

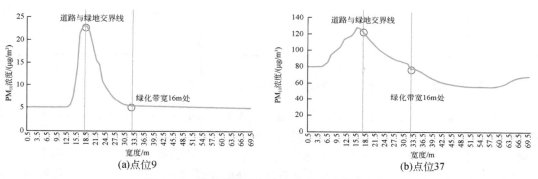

图 6-32 模型模拟填方式 PM_{10} 浓度曲线分析图

b. 削减率与高差的关系分析

选取八个点位中,高差变化最为明显的点位 12 进行模型模拟分析,为了更好地控制变量因素可通过对点位 12 的模型高程参数进行调整,判别廊道生态空间在不同宽度下的削减率变化(图 6-33、表 6-20)。模型数据表明:高差为 1~3m 时,点位 12 的削减率有明显提高。在高差大于 3m 后,削减率出现明显的下降与减缓趋势。

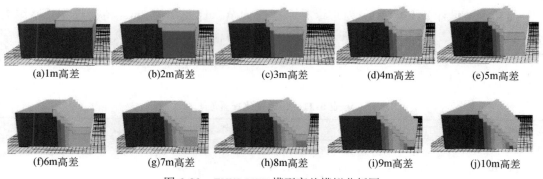

图 6-33 ENVI-MET 模型高差模拟分析图

表 6-20　ENVI- MET 模拟分析表

高差/m	模型模拟 PM$_{10}$浓度/（μg/m³）		削减率/%
	道路与绿化带交界点	绿地内监测点	
1	95.97	74.86	22.00
2	95.97	76.83	19.94
3	95.97	79.94	16.70
4	95.97	85.51	10.90
5	95.97	86.92	9.43
6	95.97	88.12	8.18
7	95.97	89.63	6.61
8	95.97	89.93	6.29
9	95.97	90.27	5.94
10	95.97	90.31	5.90

6.3.3.3　典型交通干线生态廊绿化配置优化技术

以生态廊道植物群落生态系统服务功能评价体系、绿化物种生态服务潜力评价、适应性评价以及模型模拟为参考依据，通过实验分析+模型评估的叠加方式，构建京津冀典型交通干线生态廊道重构与功能提升技术。充分结合廊道的断面形式，选取京津冀乡土树种，同时结合交通干线的区位条件、土壤条件、降雨条件等自然特征，进行植物群落搭配调整，提高生态廊道植物的抗逆性及适应性。此外，生态廊道在选线时应避让自然保护区、水库、河流等自然环境较好的区域，同时生态廊道建设前后，要尽可能保护其周边原有的生态环境，避免因工程建设对本地生境造成干扰破坏，对受交通廊道建设而割裂的生态源地，应恢复动植物的活动通道。

1）填方式生态廊道典型断面重构技术

（1）生态廊道宽度≥15m。

（2）绿地与路面的高差控制≤2m。

（3）种植设计：①0~10m 为常绿乔木搭配灌草，株间距为 3m，植物选型：常绿树种，油松、雪松、龙柏、侧柏；灌木，紫穗槐、连翘、大叶黄杨、女贞；草本，茜草、葎草、灰绿藜、狗尾草；②10~15m 为落叶乔木，株间距为 3m，臭椿、垂柳、刺槐、榆树、国槐等（表 6-21、图 6-34）。

表 6-21　绿地优化配置表

种植宽度/m	配置模式	植物选型	株间距/m
0~10	乔+灌+草	常绿树种：油松、雪松、龙柏、侧柏； 灌木：紫穗槐、连翘、大叶黄杨、女贞； 草本：茜草、葎草、灰绿藜、狗尾草	3
10~15	乔木	乔木：臭椿、垂柳、刺槐、榆树、国槐	3

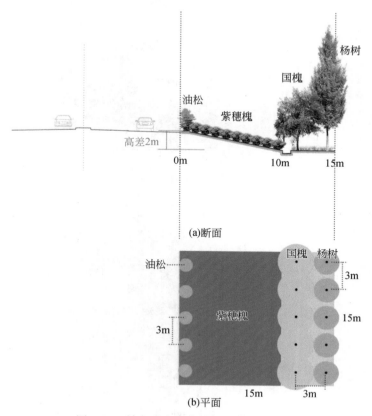

图 6-34　填方式生态防护绿地配置模式图

2) 零填方生态防护绿地优化配置模式

（1）生态廊道宽度≥20m。

（2）绿地与路面的高差控制≤1m。

（3）种植设计：① 0～10m 为乔灌草种植搭配，株间距为5m，植物选型：灌木，紫穗槐、连翘、大叶黄杨、女贞；草本，茜草、荩草、灰绿藜、牛筋草、马唐等；落叶乔木，臭椿、垂柳、刺槐、榆树、国槐等；常绿乔木，油松、雪松、龙柏、侧柏；② 10～20m 为落叶乔木，株间距为3m，植物选型：杨树、栾树（表6-22、图6-35）。

表 6-22　绿地优化配置表

种植宽度/m	配置模式	植物选型	株间距/m
0～10	乔+灌+草	灌木：紫穗槐、连翘、大叶黄杨、女贞； 草本：茜草、荩草、灰绿藜、牛筋草、马唐等； 落叶乔木：臭椿、垂柳、刺槐、榆树、国槐等； 常绿乔木：油松、雪松、龙柏、侧柏	5
10～20	乔木	乔木：杨树、栾树	3

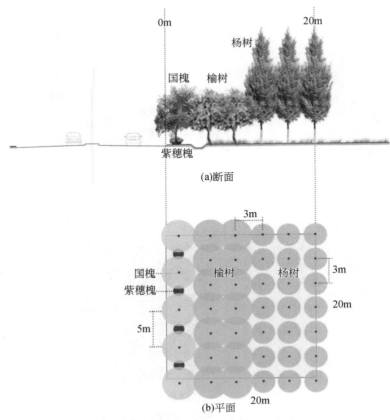

图 6-35 零填方式生态防护绿地配置模式图

3）挖方式生态防护绿地优化配置模式

（1）生态廊道宽度≥25m。

（2）绿地与路面的高差控制≤1m。

（3）种植设计：① 0～5m 为常绿乔木种搭配灌草，株间距为 5m，植物选型：常绿乔木，油松、雪松、龙柏、侧柏；灌木，紫穗槐、连翘、大叶黄杨、女贞；草本，茜草、圆叶牵牛、裂叶牵牛、狗尾草等；② 6～25m 为灌草搭配，株间距为 3m，植物选型：杨树、臭椿、垂柳、刺槐、榆树、栾树、国槐等（表 6-23、图 6-36）。

表 6-23 绿地优化配置表

种植宽度/m	配置模式	植物选型	株间距/m
0～5	乔+灌+草	常绿乔木：油松、雪松、龙柏、侧柏； 灌木：紫穗槐、连翘、大叶黄杨、女贞； 草本：茜草、圆叶牵牛、裂叶牵牛、狗尾草	5
6～25	乔木	乔木：杨树、臭椿、垂柳、刺槐、榆树、栾树、国槐	3

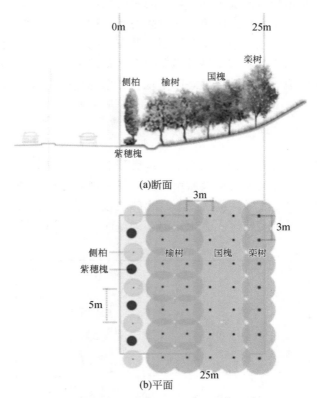

图 6-36　挖方式生态防护绿地配置模式图

6.4　典型生态交错区防风固沙功能提升技术

在京津冀城市群受损生态空间识别评价的基础上,针对生态交错区沙化突出问题,分析京津冀沙区的主要类型与分布,总结退耕还林沙区、受损草地与自然林区沙地、河流沙地等主要类型沙区生态修复原则与技术,并集成提炼城市群沙地修复综合模式。

6.4.1　京津冀城市群生态交错区概况

6.4.1.1　京津冀城市群生态分区特点

生态分区反映了不同区域气候、地貌、地形、生态系统特点以及人类活动规律等特征。同一生态区单元内往往具有较为一致的自然地理环境、生态系统构成、生态演化机制和生态环境问题,并与邻近的生态区单元存在着区间的差异性。根据傅伯杰等(2001)对中国生态区划的划分,京津冀城市群跨越了内蒙古高原东南缘农牧交错带脆弱生态区、华北山地落叶阔叶林生态区、环渤海城镇及城郊农业生态区和黄淮海平原农业生态区四个生态区单元。其中，从城市群协同发展和陆域生态系统角度，环渤海城镇及城郊农业生态区和黄淮海平原农业生态区两个生态区单元间的生态系统构成、生态演化机制和生态环境问题具有一定的相似性，具有以平原农田为基底，散布河湖湿地生态系统，同时城镇建设密集的特点。内蒙古高原东南缘农牧交错带脆弱生态区荒沙草地–草地–坝上农田镶嵌的生态系统特征突出。华北山地落叶阔叶林生态区呈现森林生态系统沿太行山—燕山山脉一线分布的主要特征。

6.4.1.2 京津冀城市群生态交错区

生态交错区指的是两种或多种不同生态系统类型的交界，以及所衍生的过渡区域。结合京津冀城市群生态区单元类型特征及城市群协同发展规划分析，确定京津冀城市群内典型的生态交错区类型（图6-37），包括：①西北部农牧交错区；②太行山—燕山山脉沿线浅山区自然与城市生态系统交错区；③永定河、滹沱河、北运河、滦河等水系湿地岸线的水陆交错区。

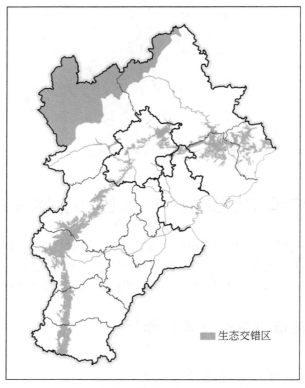

图6-37 京津冀城市群生态交错区分布

以生态功能、生态空间、生态压力为导向，选取生态交错区重要评价指标为生态系统服务功能、土地利用变化、生态环境压力三类准则指标构建交错区生态空间受损评价指标体系，识别出京津冀城市群内生态交错区受损空间综合特征（图6-38）。

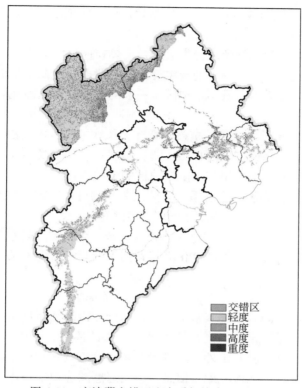

图 6-38　京津冀交错区生态受损综合评价结果

西北部农牧交错区的受损状况以轻度受损为主，主要分布在张家口西北部区域的张北县、尚义县、康保县及承德的沽源县西北部区域。

浅山区交错区的轻度受损区域主要分布在太行山脉石家庄—邯郸一带及北京、唐山北部地区；北京西北部太行山—秦皇岛燕山一带多区段呈现，北京以南的太行山沿线中度受损分散分布，高重度受损区域在京津冀城市群浅山区内呈零星分布。

永定河等水系沿岸水陆交错区生态受损程度较小，主要分布在北京区域的山峡段区段和天津区域的城市段，主要以轻度受损为主，中度受损零星分布，高重度受损区域主要分布在山峡段和城市段。

其中，西北部农牧交错区和河流水系沿岸水陆交错区植被退化、土壤沙化等生态问题突出，是京津冀防风固沙工作需要重点关注的区域。

6.4.2　京津冀沙区类型与识别

6.4.2.1　沙区类型特点

沙地是指地表被沙覆盖，类似沙漠的地貌，通常分为流动、半固定和固定沙地。一般流动沙地指植被覆盖度小于10%，半固定沙地的植被覆盖度为10%～29%，固定沙地的植被覆盖度大于30%。识别沙地状况，诊断沙地成因，掌握沙地发展趋势，对沙地修复治理起着极其重要的作用。

沙化指的是由于土壤侵蚀导致表土失去粉粒、黏粒而逐渐呈现沙质化，或者是土地流入过多流沙或泥沙，致使生产力损失的现象。沙化一般多发生在干旱或半干旱的生态环境脆弱地区，或者邻近大沙漠地区及明沙地区。一般的沙地可根据沙化程度进行诊断，主要包含以下三种沙地类型。

（1）荒漠化，是由于干旱少雨、植被破坏、大风吹蚀、流水侵蚀、土壤盐渍化等因素造成的大片土壤生产力下降或丧失的自然或非自然现象。受气候变异和人类活动等一种或多种因素影响造成的干旱、半干旱和半湿润地区的土地退化。

（2）沙漠化，一般是在脆弱生态系统受到人为活动过度影响，生态平衡被破坏，使区域土地演变出类似沙漠的景观，以风沙活动为主要特征。

（3）沙地，即沙质土地，其表层已被沙覆盖，基本无植被，是在自然和人为因素的综合影响下，风沙化过程持续恶劣，沙漠化进行到顶级阶段，出现了风蚀、风积地理景观。

6.4.2.2　沙区诊断识别方法

对相关沙区类型的诊断应根据其基本概念，综合分析沙地诸项指标。一般可通过分析其植被盖度、地上生物量、草层高度、植物种数、风蚀情况、土壤情况等指标进行判定。除了通过原始的生态指标观测鉴定外，随着近年来计算机技术和遥感科学的快速发展，也可基于影像的光谱特征，提取区域地类信息。应用遥感图像识别技术，选取沙化土地与其他地类光谱差异最大的时相，经过几何校正、波段融合等图像处理，分析区域影像的光谱特征，建立基于光谱信息的沙化土地分类器，最终进行沙地信息提取。

6.4.2.3　京津冀城市群地区主要沙区分布

对近年来京津冀城市群地区主要沙区分布进行总结，发现河北省风沙源区主要分布在张家口、承德两市，区域面积约为757万hm^2，占京津冀风沙源治理总面积的16.5%。北京沙地主要分布在永定河、潮白河沿岸，以及怀柔、密云、康庄、南口等地，永定河沙地是北京面积最大、风沙危害最严重的地区之一，与潮白河流域、康庄和温榆河"三河流域"、南口"两滩地区"并称为首都"五大风沙危害区"，总面积约24万hm^2，约占北京市沙化土地面积的88%（图6-39～图6-41）。由于生态环境恶化，京津冀风沙危害日益严重，每年春冬季节狂风肆虐，卷起漫天黄沙，沙尘直扑北京，对京津冀城市群的可持续发展产生严重影响。

此外，京津冀城市群区域内大型河流沿岸，受河道生态基流长期短缺、沿岸土地历史开发强度高、系统治理及规划尚未成熟完善等多种因素影响，部分河段仍然存在大面积河床裸露沙区，植被以自然生长的杂草为主。冬天草地枯萎，大面积河床沙地裸露，狂风肆虐，卷起漫天黄沙。交错带沙区面积较大，对京津冀风沙灾害存在严重威胁。

图6-39　京津冀城市群地区主要沙区分布

图6-40　永定河中段赵村裸露沙地

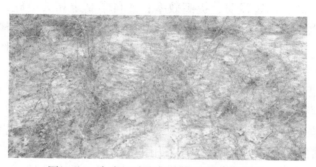

图6-41　永定河中段西马各庄村裸露沙地

6.4.3 典型沙区修复原则与技术

6.4.3.1 退耕还林沙区修复技术

影响植被防风效能的因素有很多，如植被覆盖率、排列方式、疏透性、风向、地貌等，建立植被防护林体系可以降低风速、减小土壤风蚀，对区域防风固沙生态修复有重要作用。我国陆续开展的风沙防护林建设工程，虽取得一定效果，但仍存在一定问题，包括前期不同土地状况下造林模式选择、林型选择和树种选择的经验缺乏，以及后期衍生效益的优劣、评价和维护，如林分效益监管维护、土壤状况评价等都在具体实施过程中存在不足。全面把握防护林建设的多方面要素，整体规划显得尤为重要。通过因地制宜地、选择不同物种进行混交配置，乔灌草搭配，形成立体林网，多层次结构往往能起到更好的防风固沙效果。同时加强植被遗传育种，培育新的优良品系也十分重要。综述京津冀沙地防护林植被建设现状和问题，以首都生态环境建设的京津冀区域生态安全保障为核心，对京津冀防风固沙植被生态修复提出以下三点综合建议。

（1）降低近地表风速和增加植被盖度。降低风速，减少沙土裸露十分重要。要加强植被建设，营建乔灌混交林，增加防护林结构层次，增加草本土表覆盖度。原始的同龄林、纯林、结构单一的林网调整更新为混交林、异龄林、多种结构的林网，使覆盖层次复杂多样。

（2）优化树种结构及配置模式，建立立体林网结构。加强树种选择及其配置模式分析，及时调整更新。适当减少乔木林面积，增加灌木林和草地面积。建立立体林网，农牧、农田防护林相辅，防护林带与区域道路、水系相协调，水路绿色廊道相连，林带分布围绕区域建设规划，城镇村庄绿化镶嵌，形成生态网、防护带、绿化片、示范点一体的"网–带–片–点"多重安全网络体系。

（3）科学制订合理方案。了解实地状况，总结实际问题，有针对性地进行治理。研究不同区域沙化原因，科学规划不同沙区。注重生物恢复，自然与人工恢复相结合，遵循小区域成果检验、示范，大流域整体实施治理的思路。

在以往工作基础上：①加强林木保护和林草资源覆盖度；②加强农牧林田立体网络防护层建设；③找准根源，因害设防，提高效率；④科学制定相关措施，统筹规划；⑤加大投资，经济协调，以人为本，注重群众收入；⑥加强监管约束力度，建立责任机制；⑦加强行政区域间合作，共同努力。对京津冀城市群风沙地防护林植被生态修复模式总结如图 6-42 所示。

其他具体修复措施如下：

（1）防护林带建设。沙地周围造林，形成一道绿色屏障，减少风沙灾害的侵蚀和传播。树种要选抗性强和适应性强的灌木树种，同时注意采用适当的混交方式、林种配置。宜采用的乔木有侧柏、国槐、旱柳等，宜采用的灌木有紫穗槐、胡枝子、荆条、沙棘等。同时根据当地的经济情况，因地制宜，因势利导，也可以符合适地适树的原则、选用优质

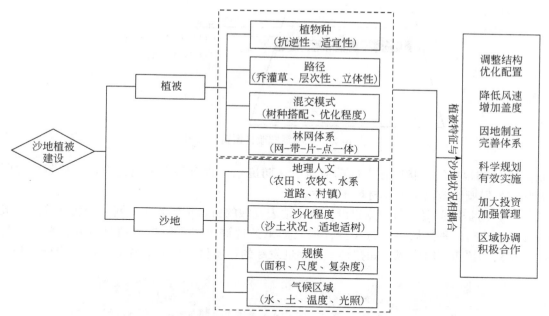

图 6-42　京津冀城市群风沙地防护林植被生态修复综合模式

高产和多样长效原则的经济树种，采用具有一定经济价值的乡土树种，在不同的地块、不同的立地条件配置不同的树种，这样既有很大的经济效益，又能有良好的生态效益和社会效益。

（2）林分生长促进新技术。松土及扩穴。造林后连续进行 3～4 年，每年春季土壤返浆前进行，直至郁闭度达到 0.6 为止。扩穴不小于原栽植穴直径，扩穴埂高 20cm，断面梯形，上埂面至少 10cm 宽。扩穴后对树干基部进行培土，成面包形、高 5～10cm，以树干基部 15cm 为半径进行培土。扩穴时同时松土，松土深度在 10cm 左右为宜。保护树干，不能伤及根茎、茎干和树皮。

（3）土壤绿肥改良及覆盖。针对生长不良林分进行土壤改良主要在栽植穴内进行，以提高土壤有机质含量为重要内容。配合松土措施，在春季土壤返浆前进行。在穴最底层均匀施入 10kg 生物有机肥，再覆盖 3cm 厚的园林废弃物、腐熟物，最后再在腐熟物上覆盖 5cm 厚土层。覆盖土层是为了防止降雨或灌溉时由于水冲刷使园林废弃物、腐熟物漂浮于表层，降低土壤改良的作用。园林废弃物、腐熟物既能发挥土壤改良作用，也能起到覆盖保墒作用。同时注意及时灌溉，以便各层次形成（图 6-43）。

（4）有效节水穴灌及保墒。以节水为原则，重点浇透 100cm 深根区土壤。每年 3 月中下旬根据物候情况在林木展叶前灌溉一次展叶水，直至将土壤完全浇透。判断标准为：水分下渗后，随机选择 2～3 个穴，用铁锹取 20cm 深处取少量土，土壤颜色很暗、可以攥成土球、挤压后土壤表面短暂出现自由水且手指上留有水渍。生长季内视土壤干旱情况灌溉若干次，即当土壤中可被林木利用的水量减少约 60% 时即开始灌溉，每次将土壤水分灌至田间持水量为止。7～8 月一般不进行灌溉，可根据土壤墒情适度灌溉。9～10 月一般不灌

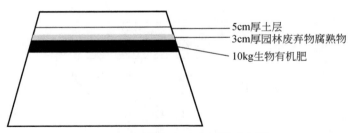

图 6-43　土壤绿肥改良覆盖示意图

溉。11 月初根据气候状况在上冻前灌溉一次防冻水，直至将土壤浇透为止，判断标准同展叶水。保墒措施以上覆盖材料来保障。

（5）防护网覆盖、防护障建设。防止地表侵蚀的材料主要有化纤网、金属网等。一般情况是先进行播种然后再进行覆盖，但是如果条件许可也可以把繁殖材料放在覆盖材料内，种植和覆盖同时完成，如把种子和促进发芽的物质材料与稻草席结合起来（图 6-44）。

图 6-44　防护网覆盖示意图

（6）生物覆盖。生物覆盖包括草皮覆盖和纤维质的覆盖。主要指使用草皮纤维、麦秆、稻草等作为覆盖材料保护地表土壤，往往把这些做成编织席之类的东西来使用，这样效果会更好一些（图 6-45）。

图 6-45　生物草皮覆盖示意图

6.4.3.2　受损草地与自然林区沙地修复技术

草地作为对环境反馈敏感的陆地生态系统，属于生态严重脆弱区，草地的不合理资源利用和保护措施都会造成草原退化，乃至沙化。一般过度放牧是草地退化的最主要因素，实施草畜平衡，以草定畜，遏制草原退化是防止草原沙化的主要措施。其他人为工程修复技术较多，根据各草地区域地理、气候和人文等总结如下。

1）设置草方格沙障

这是一种有效的沙地防风固沙生态修复方法，用麦草、稻草等材料扎成方格状放置在沙地表面。它可以增加地面粗糙度，进而减小风力，另外可以截留水分，如降雨，整体提高沙地含水量，促进固沙植被的存活。

2）封育保护

在治理区林草破坏严重，植被状况较差，恢复比较困难的区域出入路口设置护栏、围网等拦护设施，防止牛羊进入，减少人为活动的干扰，使得封禁的生态修复区在天然状态下逐渐恢复到较高层的植被覆盖状态，达到生态修复的治理目标。护栏高度设在 1.5m 左右。此外封育区有专门的具有较强责任心的当地人员维护看管，并给予一定的补贴资金。

3）封禁标牌

在坡度大于25°或者土层厚度小于25cm 的地块，设置封禁标牌进行封禁治理。于封禁区域的入口、路旁等人为活动比较频繁的区域，明确封禁范围、封禁管理规定或管护公约等，设立至少一块封禁标牌，共设立六块标牌。标牌采用当地侧柏木材或天然石材，其尺寸规格为 3m×2m，与当地的景观协调一致。

4）喷播技术

种子撒播、液力喷播或液压喷播法是利用机械直接撒播种子的一种播种绿化方法。一般应用在需要用草全面迅速绿化的大面积边坡，要求土壤硬度砂质在 25mm 以下，黏性土在 23mm 以下。使用固定在卡车上的水压播种机，把种子、肥料、母质纤维、侵蚀防止剂等加水搅拌，用泵向边坡撒播。

（1）干式施工法。将干料及水泥在拌和机中拌和后用喷浆机压送，在喷嘴处与另外压送的水混合后喷射出去，可用于较高点及较长距离的施工，可采用较小的水灰比，由于喷出量少，水灰比靠喷嘴工人的技术来掌握。

（2）湿式施工法。将喷射用的全部材料（包括水泥、水等）用装有拌和机的喷浆机混合拌匀，以压缩空气送至指定地点，用喷嘴喷射出去，其特点是能保持一定的水灰比并使用湿骨料。

6.4.3.3 河流沙地修复技术

河流生态系统较陆地生态系统更为复杂，它是水、土、植被、生物与环境综合作用的统一体。健康的河流生态系统具有供水、涵养水源、输沙、防洪等生态功能。但是，由于河道历史原因，加上近年来人类活动的剧烈影响，如水资源利用量加大、水污染严重、河岸带植被乱砍滥伐等，导致河流生态系统退化严重，很多河流出现河道断流、干涸、乃至干枯，河床裸露，每逢季节性狂风肆虐，卷起漫天黄沙。

河流属于廊道、过渡带，对河流沙区的生态修复相对复杂，需综合考虑其地理状况、生态水文、流域植被、河道岸带和生态服务功能等方面。一般河流沙区生态修复优化理论综合模式总结如图6-46 所示。

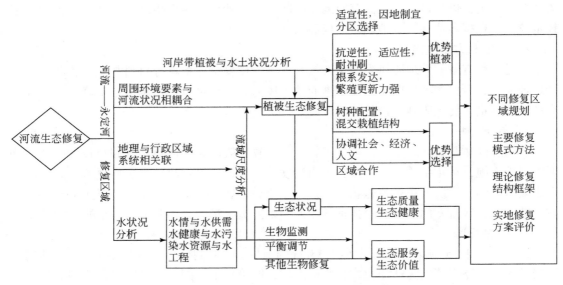

图 6-46　河流沙地生态修复优化理论综合模式

根据图 6-46，可提出以下五点综合对策。

第一，结合永定河周围环境要素综合分析。修复不应在河流某一部分，应是一个整体过程。从流域层面分析，重视其与内陆系统间各要素的相互作用关系，修复过程要"自然化"，并综合水文、土壤、植被、生物等多方面进行。

第二，注重水与生态的平衡关系。水资源量与水面积是河流状况的直观表现，增加水面面积是有效的修复途径。应加强节水改造，统筹利用，统一调度，加强水资源保护，综合管理，整治河道。水利改造过程要安全、合理、持久，与生态景观理念相结合，做到生态平衡。

第三，加强植被建设，增加生物群落多样性。贯彻"以绿代水"方针，减少硬化，河道中心区可栽植乡土草本，做到滞洪补潜；河道缓冲区栽植杨柳护堤造岸，加以灌木束水导流；河道过渡区可协调当地农业经济发展，栽植经济林果防风固沙，最终打造"清水绿岸"的天然长河。

第四，修复要注重实际，长远分析，不可急功近利。永定河水长面广，支流繁多，服务功能多样，修复过程必然复杂冗长。大中型河流完全修复不现实，应立足现状，创造自我恢复条件，使河流廊道功能逐步恢复。修复过程要提前考虑未来状况，先部分修复河流的主要功能，加强不同修复区景观空间异质性与水系连通性，进行负反馈调节设计，使修复结果长久可持续。

具体修复措施包括如下六个方面。

1）河道治理

对于造成水土流失，沙土裸露的地方，要严格按照国家的政策，退耕还林。根据北京的自然环境条件，按照适地适树的原则，种植油松、侧柏等适宜的树种。同时采取乔木与灌木结合的方式，乔木栽植方式为带状，灌木采用短带状配置，以起到保护河道边坡，防止进一步水土流失的目的。

对于破坏严重的地方，可以采取封育的措施。要详细地划定封育地区，设置明显的标志牌，安排专门的人员进行管理，并要向周边的居民进行公告，以确保封育区的植被迅速恢复。同时，土地比较贫瘠、河道破坏、大坡度较陡的区域可以布设谷坊，蓄积降雨，增加土壤水分，使其适合植被生长，提高植被覆盖度。

对于河道内道堆积的较多垃圾，应进行统一回收，在其他地方设置专门的垃圾回收站，同时由政府设立相关的规定，对于往河道里丢弃生活垃圾的行为进行罚款并追究其责任，以保证沟道的清洁。及时清理河道中影响河道行洪安全的淤积物、违章设施、堆放物和垃圾等。对于河道中违规种植农作物的土地，要劝其退耕还林，保证河道的行洪安全。

2）生态林带建设

在土层厚度大于25cm、坡度小于25°的水土流失区，以及沟（河）道两岸造林，形成一道绿色屏障，可调节降水和地表径流。通过林中乔、灌木林冠层对天然降水的截留，改变降落在林地上的降水形式，削弱降雨强度和其冲击地面的能量。

树种要选抗性强和适应性强的灌木树种，同时注意采用适当的混交方式、林种配置。宜采用的乔木有侧柏、国槐、旱柳等，宜采用的灌木有紫穗槐、胡枝子、荆条、沙棘等。

3）生态景观挡土墙

生态景观挡土墙是一种既能起到生态环保的作用又兼具景观功能且能防止水土流失的挡土墙。景晖自锁式生态护坡是一种适用于中小水流情况下土壤侵蚀控制的联锁铺面系统。它独特的自锁性设计保证了每一块的位置准确并避免发生侧向移动。采用这种独特的联锁设计，铺面在水流作用下具有良好的整体稳定性；高开孔率渗水型柔性结构铺面能够降低流速，减少流体压力和提高排水能力，开孔部分一方面起到渗水、排水的作用，另一方面起到增加植被面积，美化环境的作用；按照国际通用的生态混凝土设计，在混凝土中添加了醋酸纤维等高分子物质，使混凝土自锁块在强度不变的情况下更有利于水生植物生根和水生动物繁衍。

4）护岸典型设计

在构思和设计护岸的平面形状时，要基本上以徐缓曲折的形状为主，使景观显得自然生动。另外护岸的平面形状要以舒缓怡人的程度作为构思的出发点，不应使其产生小圆弧式的变化，以免破坏河川景观的怡人效果。护岸的横截面形状不要拘泥于左右对称的形态，使它们看起来更加接近于天然河流。

考虑到不使护岸在河川风景整体中过分突出，对于护岸的规模，在设计时应注意混凝土护岸的视觉高度差不要太大。为了方便人们接近水边与水亲近，在设计时应注意护岸与水面的高度差不要太大。对于护岸的坡度，从易于接近水边的角度考虑，坡度不宜超过1：2.5。在护岸长度方面，应避免在很长区间连续出现同一形状的护岸，通常加入阶梯设施或运用无落差护槽和接缝等手段，以及让护岸肩部高度沿纵断面产生变化。对于下部靠近水面的位置，采用纤维植物袋装土模式，形成一系列不同的土层或台阶岸坡，然后栽上植物，与天然石块一起发挥护坡作用（图6-47）。

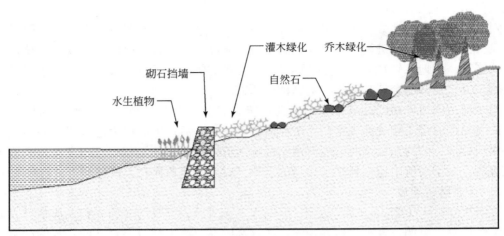

图 6-47　河流护岸设计示意图

5）乔灌草结合防护技术

乔灌草结合防护技术是指从河道坡脚至坡顶依次种植沉水植物、浮叶植物、挺水植物、湿生植物（乔灌草）等一系列护坡植物，形成多层次生态防护，兼顾生态功能和景观功能。挺水、浮叶及沉水植物能有效减缓波浪对坡岸水位变动区的侵蚀。坡面常水位以上种植耐湿性强、固土能力强的草本、灌木及乔木，共同构成完善的生态护坡系统，这样既能有效地控制土壤侵蚀，又美化河岸景观。

6）栅栏墙护岸技术

具有活力的栅栏墙是许多未经处理的圆木或树干连锁式排列而成的盒状体，一旦它们生根并固定下来，新长出的植被将逐渐发挥出所有木材的结构性功能。但是此方法的前提是河道的河床必须稳定。其生态效果可为稳定岸坡坡脚，降低或者防止岸坡被流速较快的水流冲刷，增强河道的自然性，并为水生动物提供良好的生境。

6.4.4　沙地修复的综合模式

6.4.4.1　区域气候与植被土壤规划

气候变化会显著影响陆地生态系统，沙地生态系统的形成和变化与气候变化密切相关。在土地沙漠化过程中，气候波动可以直接影响沙漠化进程。在干旱、半干旱区域的沙地，植被稀疏，风沙灾害严重，加上水分与养分匮乏，对气候变化十分敏感。同时，遭受持续加强的人为活动干扰，土地沙漠化进程被加速。气温、降水是重要影响因子。年均气温增加、降水减少、年蒸发量一直上升，会加剧沙地的干旱化程度，促使沙漠化的易发和沙化进程加速。

土壤是植被生长的基石，但不同的地理环境下土壤质地存在差异，规划中要充分考虑土壤容重、土壤孔隙度和土壤养分。区域气候不同，土壤水分状况也显著不同，与降雨的响应关系也明显不同。通常干旱半干旱地区要使同一深度土壤达到水分补给，其降雨量要显著高于相对湿润地区。因此，根据区域气候变化状况，选择合理的植被修复模式和人为修复措施显得尤为重要。植被的良好发展也使区域生态物种多样性提高，群落结构和群落组成更为稳定，最终形成良性循环。表 6-24 通过分析京津冀典型沙区各环境要素（如风沙、气候等），筛选出适宜的防风固沙植被。

表 6-24 京津冀典型沙区主要可选植物种

区域	林种类型	主要树种
退耕还林区（河北）	生态防护林	柳树、杨树、刺槐、油松、落叶松、樟子松、榆树、柏木、泡桐、椴树、桦木
永定河沙区	经济林	枣树、梨、桃树、苹果、杏、核桃、栗、花椒、李子、柿、山楂
	灌草	沙棘、柠条、酸枣、荆条
	生态防护林	毛白杨、加杨、小叶杨、旱柳、刺槐、山海关杨、白榆、廊坊杨、I-214 杨、沙兰杨、臭椿、侧柏
张家口沙地	经济林	杏、白蜡、柽柳、桃、桑、枣
	灌草	沙棘、沙枣、柠条、荆条、紫穗槐、沙棒、祁柳、胡枝子、梭梭
	生态防护林	旱柳、小叶杨、箭杆杨、乌柳、青杨、河北杨、沙柳、黄柳、毛柳、油松、樟子松
门头沟沙区	经济林	杜梨、杏、梨、柽柳、桑、文冠果
	灌草	胡枝子、沙棘、紫穗槐、沙槐、柠条、沙拐枣、梭梭
	生态防护林	刺槐、青杨、毛白杨、旱柳、臭椿、榆树、白桦、栾树
	灌草	绣线菊、荆条、沙地柏、沙打胚、冰草、狗尾草、多花胡枝子

6.4.4.2 沙化程度规模与植被结构模式

由于沙地的沙化面积、沙化类型、沙化程度等存在不同，其植被修复模式建设也存在明显差异。防风固沙林是沙地生态系统的生态修复核心，而不同的防护林配置结构在降低风速、减缓风蚀、固定流沙等效果上存在很大差异，如封沙育草育林带→阻沙固沙带→防风阻沙带的防风固沙林体配置，沙堆的高度可显著被灌丛高度影响，沙堆半径也受植被冠幅控制。因此，根据沙地状况，选定合适的植被形态参数十分重要。

沙地生态修复存在多种防护林建设模式，如封育模式、沙障模式、植灌模式、种草模式等。盲目地将防护林划区域建设位置和结构，会使防护林建设起不到作用，如追求沙地防护面积和速度，大规模地栽植乔木，但由于气候干旱，养护困难，很多小树苗来不及成长就枯死，造成大量的人力、物力和财力浪费。在不适合栽植的地区随意栽树，也会破坏地区发展。树木的枯死根茎也会使周边草本难以生长，反而加快草地沙化。因此，充分掌握沙区沙地基本信息、沙化程度规模，以及发展趋势，进而制定合适的防护林搭配结构，才能取得有效的治理效果。表 6-25 总结了京津冀典型沙地的防护林建设研究结果，可为京津冀沙地植被建设模式提供有效参考。

表 6-25　京津冀城市群生态区封沙治沙灌乔防护林体系建设技术研究

研究区域	类型	功能效应	体系建设建议	
河北	坝上高原	农田防护林	防风效能	防风效能： 疏透型>通风型>紧密型，榆树+柠条乔灌混交>灌木林 随高度增加防风效能下降
		人工防风固沙林	群落稳定性	群落稳定性： 华北落叶松林>樟子松林>北京杨林
	退耕还林区	退耕还林工程	造林模式	冀北坝上区水源涵养林、冀北山区水土保持林、河北平原区防风固沙林等主要造林模式
			恢复效益	恢复效益：荒山荒地造林>退耕地还林>封山育林 林种效益：生态林>经济林>灌木林
	冀北沙化区	黄柳生物沙障	防风阻沙与土壤改良	黄柳沙障显著提高下垫面粗糙度，防风阻沙效益明显；土壤蓄水能力明显增强，土壤改良作用突出
		人工固沙林	林分特征与综合	林分生长缓慢，生长量低，物种多样性低； 土壤的持水、保肥能力差，渗水能力强； 坝上高原，华北落叶松和樟子松是首选； 冀北零星沙地，最适宜树种为白榆
	永定河下游沙区	旱柳农田林网	生长与更新利用	旱柳防护林 5 年成熟，15 年可达最佳，建议 3~5 年进行主副林带轮换更新
北京	洋河黄羊滩沙地	防护林土壤状况	植被恢复对土壤的影响	土壤风蚀：乔木片林效果较好，新疆杨幼龄片林效能最好 土壤黏粒：封育模式下的草地>灌木林地>乔木林地 土壤养分：乔木林高，混交林较高 土壤水分：封育的天然草地>灌木林地>乔木林地
	山区自然保护区、林场	林地植被	优势树种、群落结构	优势种群种类组成和生长状况差异大； 物种丰富度：草本层>灌木层>乔木层； 混交程度偏低，大树随机，中树集群，幼树随尺度集群或随机分布； 天然林水源涵养高于人工林
	永定河沙地	梨园、林带、片林	风速、积沙量、阻沙效益	阻沙效益：梨园>片林>林带
	潮白河流域	水土保持	综合指标、效益评价	2000~2012 年潮白河流域经过治理，水土流失状况改善，土壤侵蚀面积减小，地表覆盖增加

6.4.4.3 沙区地理人文与修复体系规划

沙地生态修复不是一朝一夕之力就可完成的，需要长时间的大力投入，区域行政、经济、社会发展都会对沙地修复进程产生影响。因此，防沙治沙过程要与经济、社会发展同步推进，需要注意以下八点。

（1）政府主导的人为管理机制、决策与科学家的建议、农牧民活动等要有效结合。

（2）沙地修复有利于子孙后代的可持续发展，调动农牧民参与生态建设和环境保护的积极性和主动性，做好人文宣传十分必要。

（3）点源示范，面源推广，协调区域间合作关系，不能忽略各行政区域间的不同发展状况。

（4）修复对策要因地制宜，符合当地特点，分类分区施策。修复目标要量化，预防为主，自然与人工并重，修复过程应定期人为监管和维护。

（5）注重人才培养和沙地生态修复技术研发，科学家提供技术支持，政府提供资金和物资支持。优化区域管理政策，加大责任力度，具体任务分配到人。

（6）建立生态补偿机制，加大投资，加快沙区经济体制改革与产业结构调整，使生态修复模式整体提升，促进区域经济发展的同时，长久地维护生态建设的成效。

（7）修复要注重实况，长远分析，不可急功近利。沙地生态问题不是短期人为影响形成的，也有历史原因。修复过程必然是复杂漫长的过程，不能只是一时热度。

（8）完全修复不现实，应立足现状，创造自我恢复条件，分段分期修复，使生态功能逐步恢复。修复过程预先考虑后期状况，使修复结果长久可持续。

参 考 文 献

白立敏. 2019. 基于景观格局视角的长春市城市生态韧性评价与优化研究. 哈尔滨：东北师范大学.

北京市土肥工作站. 2006. 北京土壤养分指标规则. http://my.bjnjtg.com.cn/upload/miyunweb/new%20soil/trfl-yfpj-pingjiafangfa.html. 2017-6-20.

陈清, 白龙. 2012. 北京市南沙河海淀段水环境现状分析与评价. 北京水务, (5)：37-39.

陈爽, 张皓. 2003. 国外现代城市规划理论中的绿色思考. 规划师, 19 (4)：71-74.

傅伯杰, 刘国华, 陈利顶, 等. 2001. 中国生态区划方案. 生态学报, (1)：1-6.

国世友, 周振伟, 刘春生. 2008. 用风廓线指数律模拟风速随高度变化. 黑龙江气象, 25 (S1)：20-22.

李慧, 李丽, 吴巩胜, 等. 2018. 基于电路理论的滇金丝猴生境景观连通性分析. 生态学报, 38 (6)：2221-2228.

李晶, 蒙吉军, 毛熙彦. 2013. 基于最小累积阻力模型的农牧交错带土地利用生态安全格局构建——以鄂尔多斯市准格尔旗为例. 北京大学学报（自然科学版）, 49 (4)：707-715.

李双成. 2014. 生态系统服务地理学. 北京：科学出版社.

林凯旋. 2013. 从混沌到秩序：当代大城市都市区空间结构的转型与重组. 武汉：华中科技大学.

刘佳, 尹海伟, 孔繁花, 等. 2018. 基于电路理论的南京城市绿色基础设施格局优化. 生态学报, 38 (12)：4363-4372.

刘文平, 宇振荣. 2013. 景观服务研究进展. 生态学报, 33 (22)：7058-7066.

潘韬, 吴绍洪, 戴尔阜, 等. 2013. 基于 InVEST 模型的三江源区生态系统水源供给服务时空变化. 应用生态学报，24（1）：183-189.

宋利利，秦明周 . 2016. 整合电路理论的生态廊道及其重要性识别 . 应用生态学报，27（10）：3344-3352.

苏娜，张德顺，韩永军 . 2012. 城市受损水体的生态修复及其对水景观营造的启示 . 沈阳农业大学学报（社会科学版），（5）：612-617

王海珍，张利权 . 2005. 基于 GIS、景观格局和网络分析法的厦门本岛生态网络规划 . 植物生态学报，29（1）.

王晓学，沈会涛，李叙勇，等 . 2013. 森林水源涵养功能的多尺度内涵、过程及计量方法 . 生态学报，33（4）：1019-1030.

王云才，吕东，彭震伟，等 . 2015. 基于生态网络规划的生态红线划定研究——以安徽省宣城市南漪湖地区为例 . 城市规划学刊，（3）：28-35.

吴楚材，邓金阳，李世东 . 1992. 张家界国家森林公园游憩效益经济评价的研究 . 林业科学，28（5）：423-430.

向睿 . 2007. 组团式城市空间结构的内涵及形成机理概述 . 山西建筑，（23）：25-26.

谢贤政，马中 . 2006. 应用旅行费用法评估黄山风景区游憩价值 . 资源科学，（3）：128-136.

余新晓，周彬，吕锡芝，等 . 2012. 基于 InVEST 模型的北京山区森林水源涵养功能评估 . 林业科学，48（10）：1-5.

袁秀，马克明，王德 . 2012. 植物同资源种团划分及其物种属性的关系——以黄河三角洲为例 . 北京林业大学学报 . 34（4）：120-125.

袁轶男，金云峰，聂晓嘉，等 . 2019. 基于生态安全格局的城市森林生态网络优化 . 中国城市林业，（12）：78-83.

张彪，李文华，谢高地，等 . 2009. 森林生态系统的水源涵养功能及其计量方法 . 生态学杂志，28（3）：529-534.

张田 . 2013. 北京城市植物选择方法研究 . 北京：北京林业大学 .

张云彬，吴人韦 . 2007. 欧洲绿道建设的理论与实践 . 中国园林，23（8）：33-38.

赵勇，张捷，李娜，等 . 2006. 历史文化村镇保护评价体系及方法研究——以中国首批历史文化名镇（村）为例 . 地理科学，4：4497-4505.

钟茂初 . 2017. 中国城市生态承载力、生态赤字与发展取向——基于"胡焕庸线"生态涵义对 74 个重点城市的分析 . 天津社会科学，（5）：102-109.

周佳雯，高吉喜，高志球，等 . 2018. 森林生态系统水源涵养功能解析 . 生态学报，38（5）：1679-1686.

周姝雯，唐荣莉，张育新，等 . 2018. 街道峡谷绿化带设置对空气流场及污染分布的影响模拟研究 . 生态学报，38（17）：6348-6357.

Jim C. 1987. The status and prospects of urban trees in Hong Kong. Landscape and Urban Planning，14：1-20.

Keddy P A. 1992. Assembly and response rules-2 goals for predictive community ecology. Journal of Vegetation Science，3（2）：157-164.

Millennium Ecosystem Assessment. 2005. Ecosystems and Human Well-Being：Synthesis. St. Louis：Island Press.

第7章 京津冀城市群区域生态安全保障决策支持系统

京津冀城市群是我国经济社会高质量发展的战略核心区，但城市群的快速发展带来了日益严重的生态环境安全威胁，又成了生态环境问题集中治理的"重点区"。从区域协调联动角度构建科学合理的城市群生态安全格局，研发京津冀城市群区域协调联动与生态安全保障决策支持系统，对优化城市群地区国土开发空间格局，确保实现生产空间集约高效、生活空间宜居舒适、生态空间山清水秀都具有非常重要的战略意义。本章从区域协调联动发展角度，研发了京津冀城市群区域生态安全协同会诊系统和生态安全格局协调优化系统，进一步研发了京津冀城市群区域协调联动与生态安全保障决策支持系统，生成了多要素、多情景、多目标和多重约束的协同发展方案，为生态环境容量和生态安全保障双约束下的京津冀协同发展和生态型城市群建设提供了重要的技术支撑。

7.1 城市群生态安全协同会诊技术

快速的城镇化和工业化进程是 20 世纪以来中国社会发展的最显著特征，但在这个过程中所伴随的粗放式发展模式进一步恶化了中国原本脆弱的生态环境（Naveh，1994），也对我国经济全球化竞争、区域生态格局、可持续发展及国家安全产生较大影响（Li et al.，2010）。随着生态安全问题越来越受到政府的广泛关注，20 世纪 80 年代初期生态安全逐步成为国际生态安全研究领域的热点，以及人类经济社会可持续发展的新主题（Steffen et al.，2015）；90 年代后期，生态安全主题开始受到国内学者的高度重视，有关研究成果迅速涌现（陈星和周成虎，2005）。生态安全反映出人类在生活、生产以及健康等方面受到生态破损和环境污染影响的保障程度，而生态安全诊断是对各类风险下生态系统完整性和可持续能力的识别和研判（王根绪等，2003）。城市群作为推进新型城镇化的主体形态，其生态安全的科学诊断具有重大意义。因此，需要研发城市群生态安全协同会诊系统，定量识别生态安全格局，同时提取影响生态安全的主要因素并分析其影响程度，进而提出有关政策建议，以期为优化区域生态空间布局和安全管理提供科学参考。

7.1.1 京津冀城市群生态安全协同会诊技术与方法

京津冀城市群是中国经济发展的增长极之一，但是快速城镇化和工业化进程也给该区域带来了严重的生态破坏和环境污染问题。选择京津冀城市群 13 个地级市以上行政单元为研究对象，研究时段为 2000 ~ 2015 年。研究数据来源于 2001 ~ 2016 年《中国统计年鉴》《中国城市统计年鉴》《北京市水资源公报》《天津市水资源公报》《河北省水资源公报》《中国科技统计年鉴》及地方统计年鉴、中国环境监测官方网站及地区官方网站。碳排放量数据参考《各种能源折标准煤及碳排放参考系数》求解得到。人均研发投入和专利授权量两个指标的部分年份缺失数据，采用综合增长率估算法，以多年历史平均增长率或分段平均增长率为基础，补充缺失数据。

7.1.1.1 城市群生态安全协同会诊指标体系

区域生态安全协同会诊评价涉及自然、环境、经济、社会等多个方面，学术界迄今还没有形成统一的标准体系。本书依据京津冀城市群实际情况、数据可得性和类似研究中使用频度较高的指标初步建立评价指标体系，并采用共线性检验及条件指数和方差膨胀因子检验，对初选评价指标进行筛选，最终构建"压力-状态-响应"（PSR）城市群生态安全协同会诊指标体系（表 7-1）。

表 7-1　京津冀城市群生态安全协同会诊指标体系

因素层	指标层	序号	指标解释	属性	客观权重	主观权重	综合权重
压力	人口密度/(万人/km^2)	1	人口承载压力	逆向	0.082	0.293	0.188
	人口自然增长率/%	2	人口增长压力	逆向	0.048	0.113	0.081
	城镇化水平	3	城镇扩张压力	逆向	0.168	0.072	0.120
	工业总产值/亿元	4	经济结构压力	逆向	0.053	0.047	0.050
	区域开发指数	5	社会发展压力	逆向	0.079	0.031	0.055
	人均综合用水量/[m^3/(人·a)]	6	水资源保护压力	逆向	0.110	0.019	0.065
	人均生态用地面积/(km^2/万人)	7	生态安全保护压力	正向	0.307	0.207	0.257
	GDP 增长率（比上年）/%	8	经济强度压力	逆向	0.111	0.015	0.063
	能源消费弹性系数	9	能源消费压力	逆向	0.042	0.203	0.122
状态	人均能耗/kgce	10	能源消费状态	逆向	0.069	0.069	0.069
	水资源总量/亿 m^3	11	水资源状态	正向	0.130	0.042	0.086
	碳排放总量/万 tC	12	碳排放状态	逆向	0.115	0.113	0.114
	生态系统风险病理程度	13	生态破坏状态	逆向	0.105	0.314	0.209
	建成区绿化覆盖率/%	14	城镇绿化状态	正向	0.083	0.027	0.055
	湿地（水域）覆盖度/%	15	湿地水域状态	正向	0.207	0.017	0.112
	工业 SO$_2$ 排放量/t	16	工业环境状态	逆向	0.113	0.170	0.141
	PM$_{2.5}$ 浓度/(μg/m^3)	17	大气环境状态	逆向	0.178	0.249	0.213
响应	第三产业比例/%	18	产业响应	正向	0.211	0.034	0.123
	人均研发投入/亿元	19	经济响应	正向	0.222	0.089	0.156
	生活垃圾无害化处理率/%	20	生活响应	正向	0.093	0.148	0.121

续表

因素层	指标层	序号	指标解释	属性	客观权重	主观权重	综合权重
响应	废弃物综合利用率/%	21	工业响应	正向	0.079	0.410	0.245
	就业率/%	22	社会响应	正向	0.051	0.022	0.036
	专利授权量/个	23	科技响应	正向	0.206	0.241	0.224
	污水处理厂集中处理率/%	24	水资源响应	正向	0.137	0.055	0.096

在协同会诊评价指标体系中，"压力"表示人类活动给生态安全带来的负荷，包含人口承载、人口增长、城镇扩张、经济结构、社会发展、水资源保护、生态安全保护、经济强度、能源消费等九大生态安全压力；"状态"表示研究区域狭义的生态安全状态，包含能源消费、水资源、碳排放、生态破坏、城镇绿化、湿地水域、工业环境、大气环境等八大生态安全状态；"响应"表示人类面临生态安全问题时所采取的对策，包含产业、经济、生活、工业、社会、科技、水资源七大生态安全响应，即形成"9+8+7"的"三层、三维"评价体系。生态安全压力加重生态危机（状态）、生态安全状态集聚生态安全压力；生态安全压力促进生态安全响应，生态安全响应削弱生态安全压力；生态安全状态引发生态安全响应，生态安全响应消减生态安全危机（状态），三大因素层通过指标之间的相互影响，形成整个生态安全系统"牵一发而动全身"的动态影响机制（图7-1）。

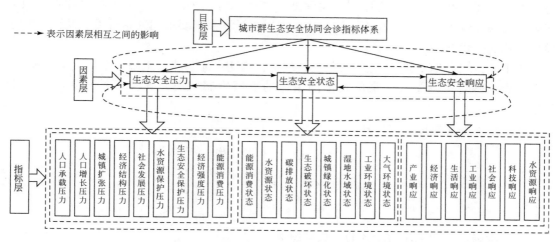

图 7-1 京津冀城市群生态安全协同会诊评价 PSR 模型框架

7.1.1.2 城市群生态安全协同会诊技术方法

在城市群生态安全协同会诊综合评价分析中，评价指标的目的和含义的差异导致各指标具有不同的量纲和数量级。通常采用标准化处理方法消除不同量纲和数量级对评价指标的影响，以此降低随机因素的干扰。

1）层次分析法和熵值法计算权重

常用的指标赋权方法通常可以归纳为三类：第一类是主观赋权法，即根据专家的专业知识和人生经验主观研判指标权重，决策结果存在一定的主观随意性，如层次分析法、德尔菲（Delphi）法等；第二类是客观赋权法，即依据原始数据之间的关系和数理特性计算权重，具有较强的客观性与数理依据，但是缺乏对指标本身的概念分析，如变异系数、熵值法等；第三类是组合主观和客观两类方法综合计算指标权重，该类方法主客观结合，结果更为科学。这里综合 AHP 法和熵值法进行评价指标的组合赋权。

考虑到主客观赋权具有同等效益，采用算术平均值方法（李刚等，2017），综合主客观权重，得到组合权重向量 $w = \{w_1, w_2, \cdots, w_n\}$。权重赋权结果见表 7-1。

2）TOPSIS 与灰色关联方法解析

优劣解距离法（technique for order preference by similarity to ideal solution，TOPSIS）由 Hang 和 Yoon 于 1981 年首次提出（Hang and Yoon，1981），是一种逼近于理想解的多目标决策分析方法。TOPSIS 方法对研究数据的要求较低，便于理解，且计算简便，已经在诸多研究领域广泛应用。该方法是通过比较系统现实状态和理想状态之间的欧氏距离来研判系统的发展水平，但其只能反映数据曲线之间的位置关系，而无法体现数据序列的动态变化情况。

灰色关联分析方法（grey relation analysis）在被邓聚龙（1990）提出后就获得了迅速发展和广泛应用。其基本思想是依据综合评价序列组成的曲线族和参照序列组成的曲线对之间的几何相似度来确定数据序列的关联度（李海东等，2014），几何形状越相近，数据序列的关联度就越大，反之越小。该方法可以用于计算系统要素间紧密程度，从而很好地体现系统的变化态势。

鉴于此，综合 TOPSIS 思想与灰色关联理论，构建主体功能区生态安全协同会诊模型，通过欧氏距离与灰色关联度来反映不同主体功能区生态状态与该类区域理想状态的近似度。

第一步求解加权标准化矩阵。

$$U = (u_{ij})_{m \times n} = (w_j \times x'_{ij})_{m \times n} = \begin{bmatrix} u_{11} & u_{12} & \cdots & u_{1n} \\ u_{21} & u_{22} & \cdots & u_{2n} \\ \cdots & \cdots & \cdots & \cdots \\ u_{m1} & u_{m2} & \cdots & u_{mn} \end{bmatrix} \tag{7-1}$$

第二步确定不同主体功能区的正负理想解。

$$正理想解：U^+ = \{u_{01}^+, u_{02}^+, \cdots, u_{0n}^+\} \tag{7-2}$$

$$负理想解：U^- = \{u_{01}^-, u_{02}^-, \cdots, u_{0n}^-\} \tag{7-3}$$

式中，正理想解为同一主体功能区各指标的理想最优值的集合；负理想解为同一主体功能区各指标的最劣值的集合。

第三步求解灰色关联相对贴近度。

设 ρ_{ij}^+ 为第 i 个评价单元第 j 个指标与正理想解的灰色关联系数，u_{oj}^+ 为第 j 个指标的正理想值，ξ 为分辨系数，可以提升关联系数之间差异的显著性，$\xi \in [0, 1]$，ξ 通常取为

0.5。第 i 个评价单元第 j 个指标与正理想解的灰色关联系数为（张玉玲等，2011）：

$$\rho_{ij}^+ = \frac{\min\limits_{1 \leq j \leq n1} \min\limits_{1 \leq i \leq m} (|u_{oj}^+ - x_{ij}'|) + \xi \max\limits_{1 \leq j \leq n1} \max\limits_{1 \leq i \leq m} (|u_{oj}^+ - x_{ij}'|)}{|u_{oj}^+ - x_{ij}'| + \xi \max\limits_{1 \leq j \leq n1} \max\limits_{1 \leq i \leq m} (|u_{oj}^+ - x_{ij}'|)} \tag{7-4}$$

则各评价单元与正理想解的灰色关联系数矩阵为

$$\boldsymbol{p}^+ = \begin{bmatrix} \rho_{11}^+ & \rho_{12}^+ & \cdots & \rho_{1n}^+ \\ \rho_{21}^+ & \rho_{22}^+ & \cdots & \rho_{2n}^+ \\ \cdots & \cdots & \cdots & \cdots \\ \rho_{m1}^+ & \rho_{m2}^+ & \cdots & \rho_{mn}^+ \end{bmatrix} \tag{7-5}$$

第 i 个评价单元与正理想解的灰色关联为

$$p_i^+ = \frac{\sum\limits_{j=1}^n \rho_{ij}^+}{n}, \quad (i = 1, 2, \cdots, m) \tag{7-6}$$

同理，第 i 个评价单元与负理想解的灰色关联度为

$$p_i^- = \frac{\sum\limits_{j=1}^n \rho_{ij}^-}{n}, \quad (i = 1, 2, \cdots, m) \tag{7-7}$$

灰色关联相对贴近度：

$$C_i = \frac{p_i^+}{p_i^- + p_i^+} \tag{7-8}$$

贴近度的数值越大，说明该功能区当期生态协调发展，系统状况越好；反之，贴近度数值越小，说明该功能区当期生态发展拮抗，系统状况越劣。

作为生态安全综合评价的等级研判尺度，城市群生态安全评价分级标准在现有研究框架内还尚未统一，本书在参考相关研究成果（任志远等，2005）的基础上，将京津冀城市群生态安全协同会诊的分级标准划分为七个等级（表7-2）。

表 7-2　京津冀城市群生态安全协同会诊指数分级标准

安全指数	$0 < C \leq 0.25$	$0.25 < C \leq 0.35$	$0.35 < C \leq 0.45$	$0.45 < C \leq 0.55$	$0.55 < C \leq 0.65$	$0.65 < C \leq 0.75$	$0.75 < C \leq 1$
安全等级	Ⅰ	Ⅱ	Ⅲ	Ⅳ	Ⅴ	Ⅵ	Ⅶ
安全状态	恶化级	风险级	敏感级	临界安全级	一般安全级	比较安全级	非常安全级

注：灰色关联相对贴进度 C 表征京津冀城市群生态安全综合指数值。

7.1.2　京津冀城市群生态安全协同会诊结果分析

7.1.2.1　京津冀城市群生态安全时空演变特征分析

根据相关数据和公式，计算得到2000～2015年京津冀城市群生态安全协同会诊指数，

其值越大，表示生态安全程度越高，反之越低。京津冀城市群生态安全协同会诊演变特征如下：2000～2015年京津冀城市群生态安全协同会诊指数呈波动状态，波动幅度整体较小（图7-2）。2000～2003年生态安全指数呈下降趋势。2004年国家发改委协同京津冀达成加强区域合作的"廊坊共识"，并组织编制《京津冀都市圈区域规划》，推动区域合作实现第一次跨越，生态安全协同会诊指数出现第一个高值，之后呈缓慢下降趋势。2012年，国家发改委再次组织《首都经济圈发展规划》，实现了上一轮规划的升级与扩展，推动京津冀区域合作实现第二次跨越，生态安全协同会诊指数也随之出现第二个高值，但2013年再次下降。2014年，京津冀协同发展重大国家战略正式拉开帷幕，生态安全保护成为该战略的核心内容之一，京津冀城市群生态安全协同会诊指数整体呈现上升趋势。由此可见，城市群的总体规划、国家与区域政策支撑对城市群生态安全协同会诊指数具有显著影响。

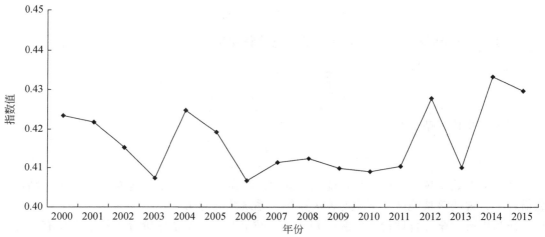

图7-2 2000～2015年京津冀城市群生态安全协同会诊指数均值变化趋势

资料来源：①2001～2016年《中国统计年鉴》《中国城市统计年鉴》《北京市水资源公报》《天津市水资源公报》《河北省水资源公报》《中国科技统计年鉴》；②中国环境监测官方网站及地区官方网站

不同城市生态安全协同会诊指数的演变趋势差异显著。2000～2015年京津冀城市群13个城市生态安全协同会诊指数的演变趋势同样具有波动性，其中八个城市呈上升趋势，五个城市呈下降趋势（图7-3）。生态安全协同会诊指数上升的八个城市中，首都北京在国家的宏观政策支撑下，呈持续上升趋势；秦皇岛、张家口和保定生态安全质量相对较好，呈现先提升再降低再提升的"N"形趋势，表明2005年之后工业化进程导致生态安全受损，而2010年之后的生态文明建设和国家产业转型战略实施又促进了生态安全质量的恢复与提升；石家庄、沧州、天津和邯郸呈"V"形趋势，其中沧州和石家庄拐点在2005年，而天津和邯郸拐点在2010年，表明前者生态安全更早地实现了转型。生态安全协同会诊指数下降的五个城市中，承德生态安全协同会诊指数全区最高，但呈持续下降状态；廊坊为倒"V"形趋势，拐点在2005年，生态安全协同会诊指数仍在下降；衡水、唐山和邢台均为"V"形趋势，拐点在 2010 年，表明三个城市生态安全协同会诊指数在 2010 年之后已经步入恢复状态。总体来看，承德和廊坊应该立即采取措施遏制生态安全下降的趋势，衡水、唐山和邢台则需要加大生态恢复的扶持力度；其他城市仍需要不断完善生态安全保障体系，以实现生态安全状态持续提升。

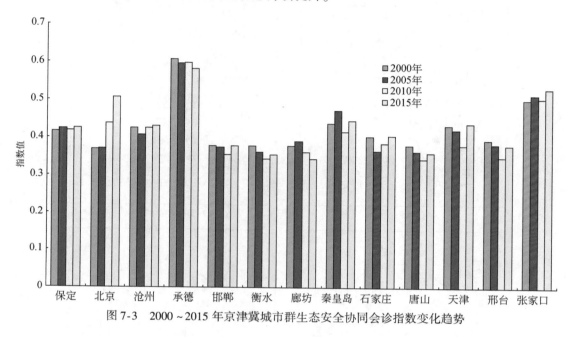

图 7-3　2000～2015 年京津冀城市群生态安全协同会诊指数变化趋势

京津冀城市群生态安全等级不高，呈现"北高南低，西高东低"的空间格局（图 7-4）。2000～2005 年，秦皇岛生态安全转优，由敏感级升为临界安全级，但 2005～2015 年又降为敏感级，第二产业比例增加导致区域碳排放量和生态病理程度上升；同样，唐山、衡水生态安全由敏感级转为风险级也受制于过大的第二产业比例。2017 年，唐山第二产业比例为 57.4%，以钢铁和装备制造业等高耗高排重工业为主；衡水第二产业比例为 46.2%，主导产业为食品加工、纺织毛皮、化学肥料、塑料制品、玻璃钢、钢材等传统低端高耗高排的工业类型，均具有较大的生态胁迫效应。2010～2015 年，北京由敏感级转变为临界安全级，表明近年来污染企业的整顿和外迁优化了北京产业结构，劳动生产率和地均生产率大幅提高，2017 年服务业占 GDP 的比例已经高于 80%，明显地改善了首都的生态安全状况。承德和张家口生态安全一直保持在安全级。作为首都的生态安全支撑区和水源涵养功能区，两市一直将生态安全战略置于区域发展的重要地位。总体来看，京津冀城市群生态安全等级不高，最高等级仅为一般安全级，表明其生态安全问题较严峻，需要国家和地区政府多部门合作，建立协同联防联控的治理机制，以实现区域同城化、一体化的绿色可持续发展目标。

7.1.2.2　京津冀城市群生态安全协同会诊的影响因素分析

利用 SPSS 20.0 对数据进行 KMO 统计检验和 Bartlett 球形检验，得到 KMO 检验值为

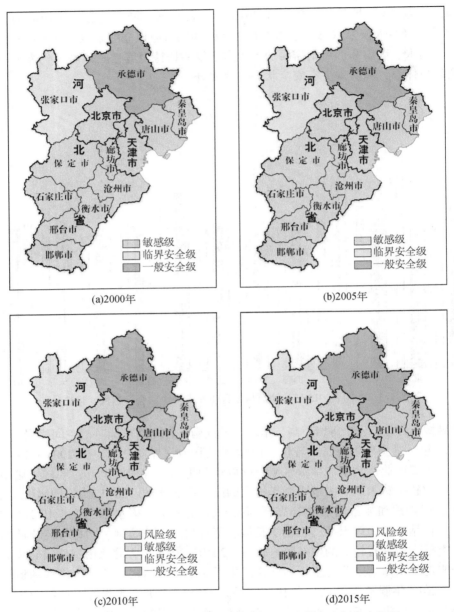

(a)2000年   (b)2005年

(c)2010年   (d)2015年

图 7-4   2000～2015 年京津冀城市群生态安全等级空间分布格局

0.771，大于阈值 0.5，Bartlett 检验值为 0.0037，小于阈值 0.01，结果显著水平较高，反映适合对指标进行因子分析。对 24 个指标进行主要因子提取，得出六个特征根大于 1 的因子，且六个新因子的方差累计贡献水平达到 79.36%，即六个新因子的原始变量所丢失的信息较少，因子分析效果良好（林海明，2009），可以充分表征 24 个变量信息。基于方差极大法对影响因素进行降维处理，对因子载荷矩阵进行正交旋转，得到旋转成分矩阵（表 7-3）。

表 7-3　旋转成分矩阵

因素层	指标层	序号	因子 1	因子 2	因子 3	因子 4	因子 5	因子 6
压力	人口密度/万人	1	0.187	−0.022	0.197	0.118	0.341	0.138
	人口自然增长率/%	2	0.232	0.327	0.210	0.217	0.228	0.165
	城镇化水平	3	0.836	0.182	0.185	0.243	0.190	0.210
	工业总产值/亿元	4	0.310	−0.673	0.121	0.119	0.198	0.187
	区域开发指数	5	0.168	0.794	0.320	0.163	0.213	0.113
	人均综合用水量/[m³/（人·a）]	6	0.132	0.161	0.178	0.174	0.220	0.245
	人均生态用地面积/（km²/万人）	7	0.180	0.172	0.199	0.771	0.206	0.195
	GDP 增长率（比上年）/%	8	0.135	0.219	0.817	0.119	0.218	0.224
	能源消费弹性系数	9	0.147	0.243	0.201	0.230	0.223	0.251
状态	人均能耗/kgce	10	0.158	0.229	0.184	0.194	0.312	0.205
	水资源总量/亿 m³	11	0.119	0.215	0.173	0.112	0.278	0.198
	碳排放总量/万 tC	12	0.173	0.192	0.180	0.730	0.217	0.223
	生态系统风险病理程度	13	0.271	0.186	0.169	0.821	0.127	0.208
	建成区绿化覆盖率/%	14	0.625	0.173	0.220	0.191	0.117	0.179
	湿地（水域）覆盖度/%	15	0.109	0.162	0.214	0.781	0.124	0.148
	工业 SO₂ 排放量/t	16	0.126	0.119	0.225	0.164	0.153	0.192
	PM₂.₅ 浓度/（μg/m³）	17	0.223	0.183	0.306	0.783	0.118	0.118
响应	第三产业比例/%	18	0.311	0.119	0.673	0.152	0.119	0.104
	人均研发投入/亿元	19	0.213	0.205	0.158	0.217	0.190	0.819
	生活垃圾无害化处理率/%	20	0.239	0.158	0.114	0.220	0.669	0.214
	工业废弃物综合利用率/%	21	−0.605	0.329	0.152	0.193	0.183	0.307
	就业率/%	22	0.271	0.190	0.117	0.182	−0.776	0.277
	污水处理厂集中处理率/%	23	−0.617	0.237	0.190	0.147	0.228	0.246
	专利授权量/个	24	0.182	0.165	0.111	0.169	0.310	−0.857

其中因子 1 对城镇化水平、工业废弃物综合利用率、建成区绿化覆盖率具有较高荷载，因子 2 对工业总产值、区域开发指数具有较高荷载，因子 3 对 GDP 增长率、第三产业比例具有较高荷载，因子 4 对人均生态用地面积、碳排放总量、生态系统风险病理程度、湿地覆盖度、PM₂.₅ 浓度具有较高荷载，因子 5 对生活垃圾无害化处理率、就业率具有较高荷载，因子 6 对人均研发投入、专利授权量具有较高荷载。基于上述结果，参考专家意见，将六个因子重新命名为城镇化（Z_1）、开发水平（Z_2）、经济发展（Z_3）、生态病理度（Z_4）、社会发展（Z_5）、技术进步（Z_6）。

以京津冀城市群 2000～2015 年面板数据作为研究样本，选取生态安全值（Y）为因变量，采用 SPSS 20.0 软件对因子分析所提取的六个因子进行多元线性回归分析，F 检验值为 30.494，P 显著性检验值为 0，在 0.01 显著性水平下显著，说明该方程合理度较高。计

算结果如表 7-4 所示，线性函数关系式为

$$Y = 0.641 + 0.023Z_1 - 0.582Z_2 - 0.017Z_3 - 0.446Z_4 + 0.304Z_5 + 0.045Z_6$$

城镇化、社会发展及技术进步均在 0.01 水平下对生态安全具有显著正相关性，三者每提升 1 个单位，生态安全系数分别上升 0.022、0.304 和 0.045（表 7-4）。城镇化是世界各国在实现工业化和现代化过程中城乡人口、空间与社会变迁的状态响应。中国的城镇化发展经历了传统城镇化阶段和新型城镇化阶段。传统的城镇化过程提升了城市综合服务能力，改善了人居环境，但也造成了农业人口市民化进程滞后、城镇用地粗放、城镇规模不合理等城市病的发生。2003 年党的十六大提出的"走中国特色城镇化道路"理念开启了中国的新型城镇化历程。社会发展可以有效促进经济结构优化、科学技术进步和人口素质提升。尤其是 2007 年党的十七大提出生态文明战略，将可持续发展理念提升到绿色发展的高度，社会发展对城市群生态安全的促进作用更加显著。新型城镇化着力提升城镇化质量，以生态文明理念为指导的集约、智能、绿色、低碳的城镇化路径。京津冀城市群是中国新型城镇化的前沿阵地，生态安全也是其核心任务之一。2000 年以来，新型城镇化的理念与进程有效促进了京津冀城市群的生态安全（董晓峰等，2017）。技术进步可以从源头上降低工业及生活污染物的产生与排放量，削减自然资源与能源的消耗，减少地区防污治污的人力与物力投入，从而改善生态安全。

表 7-4 各提取因子的偏回归方程系数矩阵

变量	系数	标准差	T 值检验	P 值检验
常量	0.641***	0.089	7.241	0.000
城镇化	0.022***	0.032	6.883	0.000
开发水平	−0.582***	0.063	−9.237	0.000
经济发展	−0.017***	0.011	−5.424	0.000
生态病理度	−0.446***	0.101	−4.449	0.000
社会发展	0.304***	0.059	5.184	0.000
技术进步	0.045***	0.062	8.509	0.000

*** 表示在 0.01 水平下具有显著意义。

开发水平、经济发展及生态病理度均在 0.01 水平下对生态安全具有显著负相关性，三者每提升 1 个单位，生态安全系数分别下降 0.582、0.017 和 0.446 个单位（表 7-4）。城市群是新型城镇化的主体形态，也是城镇开发活动最为集中、最为剧烈的区域。随着京津冀城市群开发程度的不断提升，其建设用地面积不断扩展，同时也消耗了大量的资源与能源，并对地区生态安全造成损伤。虽然近年来京津冀城市群响应国家绿色可持续化发展的要求，积极探索地区发展新模式，但是高耗能、高污染、高排放的产业模式依旧突出，生态安全为此付出了沉重的代价，生态破损和环境污染问题非常严峻。京津冀地区存在不少国家级贫困县，当地农民缺乏资金、技术等，思想观念也落后，这导致区域土地过垦、草原过牧现象比较普遍，水土流失及荒漠化现象日益严重，生态病理程度较高。

7.2　城市群生态安全格局协调优化技术

京津冀城市群地区是我国人类活动对生态过程干扰强度极大的区域，在其城市化快速推进过程中，生态环境受到不同程度的破坏，区域内部资源环境问题也日益突出。如何通过对现有生态空间结构要素的优化调整，实现对该区生态系统服务功能的提升，并协调其城镇化进程与生态环境保护的关系成为重要议题。为此，需要研发京津冀城市群生态安全格局协调优化系统，定量识别重要生态安全格局组分并对其进行优化重组，进而提出京津冀城市群生态安全格局的具体协调优化方案，以期为优化京津城市群生态安全格局、保障区域生态安全、促进可持续发展提供科学参考。

7.2.1　城市群区域生态安全格局优化协调技术方法

区域生态安全格局研究近年来得到显著发展，其中，俞孔坚等（2009a，2009b）提出的构建生态安全格局三步骤的方法框架："首先，确定物种扩散源的现有自然栖息地（即生态源地）；其次，建立阻力面；最后，根据阻力面来判别安全格局"，在国内得到广泛应用。基于此，本书依托获取的 GIS 数据，研发了城市群区域生态安全格局协调优化的技术方法和技术实现流程。首先评价区域生态系统服务重要性与生态环境敏感性，综合两者评价结果，识别生态源地；其次，采用最小累计阻力模型测算源地间景观要素流通的相对阻力，建立生态源地扩张阻力面，判断景观与源地之间的连通性与可达性；再次通过评价土地利用生态适宜性构建区域生态安全格局，基于研究结果进行区域生态安全格局协调与优化。

7.2.1.1　数据来源

依托中国生态系统评估与生态安全数据库、中国科学院资源环境科学数据中心、国家地球系统科学数据共享平台、全球变化科学研究数据出版系统等数据库收集了京津冀城市群区域生态安全格局分析的核心数据（表7-5）。

表7-5　京津冀城市群区域生态安全格局分析基础数据集

数据名称	分辨率	格式	数据描述与来源
净初级生产力	1km	栅格	来源于 Terra/MODIS Net Primary Production Yearly L4 Global 1km（MOD17A3），http://www.ntsg.umt.edu/project/mod17
土地利用	100m	栅格	人工解译 2015 年 Lansat8 影像
年均降水量	500m	栅格	基于全国 1915 个站点的气象数据，经整理、检查和插值获得，中国科学院资源环境数据中心，http://www.resdc.cn/Default.aspx
降水产流系数	0.125°	栅格	Global Streamflow Characteristics v1.9（GSCD_v1.9），https://www.dropbox.com/s/hf0ue9czgf2tfdb/GSCD_v1.9.zip?dl=0

数据名称	分辨率	格式	数据描述与来源
实际蒸散量	1km	栅格	Global High-Resolution Soil-Water Balance, http://www.cgiar-csi.org/data/global-high-resolution-soil-water-balance
高程	90m	栅格	SRTM 90m Digital Elevation Database v4.1, http://www.cgiar-csi.org/data/srtm-90m-digital-elevation-database-v4-1
坡度	90m	栅格	由 SRTM 90m Digital Elevation Database v4.1 DEM 数据计算获得
植被覆盖度（NDVI）	500m	栅格	MODIS NDVI 数据产品（MOD13Q1），下载于美国航天航空局（NASA）
土壤类型	1km	栅格	中国科学院资源环境数据中心, http://www.resdc.cn/Default.aspx
土壤有机碳	1km	栅格	Global Soil Organic Carbon Estimates, European Soil Data Centre（ES-DAC）
土壤侵蚀强度	1km	栅格	中国科学院资源环境数据中心, http://www.resdc.cn/Default.aspx
土壤质地	1km	栅格	中国科学院资源环境数据中心, http://www.resdc.cn/Default.aspx
地貌	1km	栅格	中国科学院资源环境数据中心, http://www.resdc.cn/Default.aspx
自然保护区	—	矢量	World Database on Protected Areas（WDPA）, https://www.protected-planet.net/
基础地理数据	1:400万	矢量	国家地理信息中心（http://ngcc.sbsm.gov.cn/）

7.2.1.2 确定生态源地

本书依据生态系统服务功能与生态敏感性特征确定生态源地。生态系统服务重要性评价方面，选取物质生产功能、养分循环功能、气体调节功能、气候调节功能、水源涵养功能、环境净化功能、生物多样性保护功能七项生态系统服务功能（蒙吉军等，2014）。将七项生态系统服务功能价值进行等权叠加，将其结果划分为一般重要、较重要、中度重要、高度重要和极重要五个等级，获得生态系统服务重要性评价结果。生态敏感性评价方面，选取植被覆盖度、高程、坡度、土地利用类型、土壤侵蚀强度、地貌和湿润指数七种指标作为评价因子（陈昕等，2017），按照不同阈值将敏感性划分为不敏感、较敏感、中度敏感、高度敏感、极度敏感五个等级（表7-6）。最后，将生态系统服务价值与生态系统敏感性评价结果进行加和，识别出区域生态源地。

表7-6 生态环境敏感性评价因子分级及权重

评价因子/单位	敏感性赋值					权重
	9	7	5	3	1	
植被覆盖度	>0.75	(0.65, 0.75]	(0.50, 0.65]	(0.35, 0.50]	≤0.35	0.15
高程/m	(300, 450]	(100, 300]	(50, 100]；(450, 600]	(21, 50]；(600, 1000]	(0, 20]；>1000	0.10
坡度/(°)	≤5	(5, 10]	(10, 15]	(15, 25]	>25	0.20

评价因子/单位	敏感性赋值					权重
	9	7	5	3	1	
土地利用类型	林地、水域	草地	园地	耕地	其他用地	0.15
土壤侵蚀强度	极强烈侵蚀	强烈侵蚀	中度侵蚀	轻度侵蚀	微度侵蚀	0.15
地貌	闭流盆地	河谷平原	泛滥冲积平原	洪积平原	山地、丘陵	0.10
湿润指数	<5	(5, 20]	(20, 50]	(50, 65]	>65	0.15

7.2.1.3 确定阻力因子体系并生成最小累积阻力面

从生态属性、生态胁迫两个方面两个层级构建阻力因子指标体系（表7-7），生态源地的生态属性能够表征其抗干扰能力强弱，生态胁迫表示外部干扰强度。选择植被覆盖度、高程、坡度、距水体距离、土地利用类型、土壤侵蚀强度六个因子作为京津冀城市群最重要的生态属性。生态胁迫则主要来源于各种人为活动的影响，综合选取距城市建设用地距离、到农村居民点的距离、距工矿用地距离、距铁路距离、距公路距离五个因子。参考蒙吉军等（2014）的研究，确定生态安全阻力因子指标的分级标准。

表 7-7　生态安全阻力因子指标体系

第一层级	第二层级	指标分级				
		1	2	3	4	5
生态属性	植被覆盖度	<0.4	(0.4, 0.6]	(0.6, 0.8]	(0.8, 0.9]	>0.9
	高程/m	≤200	(200, 500]	(500, 1000]	(1000, 1500]	>1500
	坡度/(°)	≤3	(3, 8]	(8, 15]	(15, 25]	>25
	距水体距离/m	<3000	(3000, 5000]	(5000, 10000]	(10000, 15000]	>15000
	土地利用类型	林地、水域	草地	耕地	其他用地	建设用地
	土壤侵蚀强度	微度侵蚀	轻度侵蚀	中度侵蚀	强烈侵蚀	极强烈侵蚀
生态胁迫	距城市建设用地距离/m	>10000	(5000, 10000]	(3000, 5000]	(1000, 3000]	<1000
	到农村居民点的距离/m	>2500	(1500, 2500]	(1000, 1500]	(500, 1000]	<500
	距工矿用地距离/m	>10000	(5000, 10000]	(3000, 5000]	(1000, 3000]	<1000
	距铁路距离/m	>20000	(10000, 20000]	(5000, 10000]	(3000, 5000]	<3000
	距公路距离/m	>20000	(15000, 20000]	(7000, 15000]	(3000, 7000]	<3000

构建阻力指标体系后，基于 GIS 平台中 Cost-Distance 模块，采用最小累积阻力模型（minimum cumulative resistance，MCR），通过计算生态源地到其他景观单元所耗费的累积距离，以测算其向外扩张过程中各种景观要素流、生态流扩散的最小阻力值，进而判断景观单元与源地之间的连通性和可达性。

7.2.1.4 通过评价土地利用生态适宜性构建区域生态安全格局

1) 评价土地利用生态适宜性

土地生态适宜性评价在构建城市生态安全格局上具有重要作用（赵天明等，2019）。结合土地利用状况，本章在进行土地利用生态适宜性评价时，主要选择耕地、林地和草地三种用地类型。选取坡度、土壤类型、土壤有机质、水资源和土壤侵蚀性五个因子作为诊断指标建立评价标准。评价系统采用土地适宜类、土地适宜等和土地限制型三级制。将土地分为三个适宜类：宜耕、宜林和宜草；依据适宜性程度分为四等，即高度适宜、中度适宜、临界适宜和不适宜；在每一土地适宜等内按其限制因素和限制等级来进一步划分土地限制型。最终对耕地、林地和草地三种用地类型生态安全等级进行评价，分为安全、中度安全、临界安全、不安全四个等级。

2) 构建区域生态安全格局

在生态源地扩张阻力面建立的基础上，通过分析其阻力曲线与空间分布特征，识别生态源地缓冲区、源间廊道、辐射道及关键生态战略节点等其他生态安全格局组分，构建城市群生态安全格局。基于区域生态安全格局的构建，识别主要生态安全格局组分并分析其空间分布特征。结合京津冀城市群生态系统特征，计算耕地-林地-草地-建设用地的生态安全等级。

7.2.1.5 设置区域生态安全格局协调优化的情景方案

1) 强生态约束情景下格局调整与优化规则

以生态源地扩张阻力面计算结果为基础，综合考虑耕地、林地、草地、建设用地的调整阻力难度和基本原则。

耕地调整原则：基于土地生态适宜性评价结果，现状为耕地、宜耕性为不适宜的图斑调整为生态用地，当该图斑宜林性为高度或中度适宜时，则退耕还林；当该图斑宜林性为临界适宜或不适宜时，则退耕还草。现状为未利用地、宜耕性为高度适宜时则调整为耕地。

林地调整原则：现状为耕地、宜耕性为临界适宜和不适宜的图斑，宜林性为中度或高度适宜，则转化为林地。现状为未利用地、宜耕性为临界适宜或不适宜，宜林性为高度适宜的图斑调整为林地。现状为未利用地、宜耕性为临界适宜或不适宜、宜林性为中度适宜、宜草性为中度适宜、临界适宜或不适宜的图斑，转化为林地。

草地调整原则：现状为耕地、宜耕性为临界适宜或不适宜、宜林性为临界适宜或不适宜的图斑，则退耕还草。现状为未利用地、宜耕性为临界适宜或不适宜、宜林性为临界或不适宜、适宜草地的图斑，将其调整为草地。

建设用地调整原则：对城镇建设用地、农村居民点和工矿及其他建设用地设置3km、500m和3km的缓冲区。对缓冲区内的土地利用类型按照如下原则进行调整：现状为未利用地、宜耕性为临界或不适宜、宜林性为临界或不适宜、宜草性为临界或不适宜的图斑，如果生态安全水平为临界安全或安全，则调整为建设用地。

2) 一般生态约束情景下格局调整与优化规则

一般生态约束情景重点考虑建设用地的调整。建设用地调整原则：城镇建设用地、农村居民点和工矿及其他建设用地设置 300m、500m 和 3km 的缓冲区。对缓冲区内的土地利用类型按照如下原则进行调整：现状为未利用地、宜耕性为临界或不适宜、宜林性为临界或不适宜、宜草性为临界或不适宜的图斑，如果生态安全水平为临界安全或安全，则调整为建设用地。现状为耕地、宜耕性为临界或不适宜、宜林性为临界或不适宜、宜草性为临界或不适宜的图斑，如果生态安全水平为临界安全或安全，则调整为建设用地。调整顺序为城市建设用地>农村居民点>工矿及其他建设用地。

7.2.1.6 选择区域生态安全格局的协调优化方案

景观格局指数可以反映景观结构组成和空间配置的特征。借鉴相关研究，从景观尺度上选取景观指数，通过对比优化格局及土地利用现状格局的景观格局指数，来判断所构建的区域生态安全格局的安全性及方法的适用条件。

选择的景观格局指数包括：斑块数量、斑块密度、最大斑块指数、边缘密度、加权斑块面积、斑块形状指数、周长面积分维数、斑块并列指数、蔓延度、连通度指数、香农多样性指数和香农均匀度指数。

7.2.2 京津冀城市群区域生态安全格局协调优化方案

本节重点介绍定量计算结果并进行分析，以城市群区域生态安全格局优化协调技术方法为基础，运用京津冀城市群区域生态安全格局协调优化系统对京津冀城市群生态安全格局进行协调优化并提出相应的协调优化方案。首先，识别京津冀城市群区域生态源地，再根据生态源地计算京津冀城市群生态源地扩张的最小累积阻力面，同时结合京津冀城市群土地利用生态适宜性评价，评估京津冀城市群区域耕地-林地-草地-建设用地生态安全等级，根据安全等级，设置强约束情景和一般约束情景并提出京津冀城市群区域生态安全格局调整优化方案，最后运用景观指数方法对不同情景下的景观格局变化进行系统评价，确定优选方案。

7.2.2.1 京津冀城市群区域生态源地识别

结果显示，京津冀城市群生态系统服务价值重要性呈现出"一核一轴两翼"的格局，其中秦皇岛、唐山东部、承德东南部以及北京城郊地区为"一核"，属于极重要级别。承德呈现极重要与一般重要混杂的状态，这一情形主要是由于承德生物多样性存在较大差异。邯郸、邢台、石家庄、保定、廊坊五市中部地区为高度重要地区，呈带状。两翼为中等重要地区。北京与天津城区为一般重要地区，生态系统服务价值较低，两市人类活动对生态环境影响程度较高。张家口西部属于较重要地区。

京津冀城市群区域生态环境敏感性呈现"北高南低、西高东低"的格局，与土地利用和坡度评价结果相类似，说明地形地貌对于京津冀城市群地区生态环境脆弱性影响较大。具体而言，张家口、承德、秦皇岛北部、保定西部、石家庄西部、邢台西部与邯郸西部敏感性较高，其中秦皇岛北部、张家口南部、保定西部、石家庄西部属于极度敏感地区，其他地区基本属于较敏感地区，不存在不敏感地区。

将二者识别的生态源进行加和，选择生态系统服务极重要地区和生态环境极敏感地区，作为京津冀城市群区域生态安全格局的生态源。

生态系统服务方面，甄选出生态源地主要聚集于秦皇岛、承德东南部，并包括保定、石家庄和邯郸三市部分地区。生态环境敏感性方面，生态源地识别结果包括承德、张家口南部、北京东部与北部、张家口南部、保定西部、石家市西部、邢台西部与邯郸西部地区。综合两者结果来看，京津冀城市群区域生态源地主要分布在西部、北部山区，与《全国主体功能区规划》和《全国生态功能区划（修编版）》确定的重点生态功能区基本一致。

7.2.2.2　京津冀城市群生态源地扩张的最小累积阻力面

通过 11 个生态安全阻力因子的综合加权计算，得到京津冀城市群区域生态源地扩张最小累积阻力面的计算结果。总体而言，沧州、衡水、邢台、廊坊、张家口五市最小累积阻力值最高。其中，张家口生态源地扩张最小累积阻力值较高主要是受高程因素影响较大。其他四市地形较为平坦、人类活动较广，距离生态源地较远导致生态源地扩张阻力较大。

生态属性方面，高值区集中在沧州、衡水、邢台、廊坊、张家口五市，这些地区地形较为平坦，多为平原地带，植被覆盖度较低，人类活动影响强度高，故生态源地扩张阻力值较大。

生态胁迫方面，距离农村居民点所引起的生态阻力中，廊坊南部与沧州北部为阻力值高值区。距城市建设用地距离所引起的生态阻力中，北京城区、廊坊南部和衡水东部为高值区。距工矿及其他建设用地距离所引起的生态阻力中，沧州北部、廊坊南部、衡水东部，唐山阻力值较高，与工矿企业分布区域保持一致。

7.2.2.3　土地利用生态适宜性评价

根据全国土地利用适宜性评价结果，综合坡度、土壤类型、土壤有机质、水资源和土壤侵蚀性五个诊断指标，确定耕地、草地和林地的适宜性等级。计算结果如图 7-10 所示。综合来看，京津冀城市群西部以宜林宜牧地类为主，东部以宜农耕地类为主，北部以宜林土地类为主，仅张家口市北部小部分地区以宜牧为主。京津冀城市群西部与北部地区山脉较多，紧邻太行山、阴山等山脉，森林覆盖率高，土地利用类型以林地为主。东部多为平原地带，属于华北平原地区，多为宜农耕地类型。

从适宜性分区来看，京津冀城市群土地利用生态适宜性主要分为四个大区：一是以承德为主的宜林土地类；二是以东南部平原地带为主的宜农耕地类；三是以张家口北部为主的宜牧土地类；四是以西部山区为主的宜林宜牧土地类。

7.2.2.4　京津冀城市群区域耕地-林地-草地-建设用地生态安全等级

根据京津冀城市群区域最小累计阻力面计算结果，结合 2015 年京津冀城市群区域耕地–林地–草地–建设用地现状，分别计算京津冀城市群区域耕地–林地–草地–建设用地生态安全等级（图7-5）。

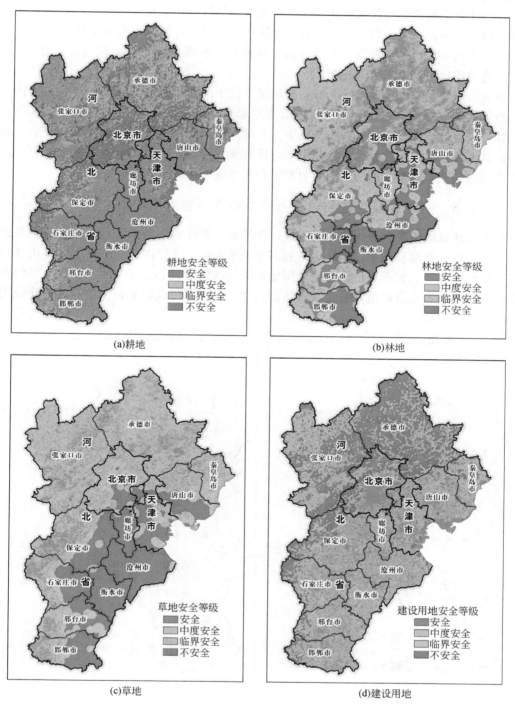

(a)耕地　　(b)林地

(c)草地　　(d)建设用地

图7-5　京津冀城市群区域耕地–林地–草地–建设用地生态安全等级

耕地安全等级方面，整体而言南部耕地安全优于北部，等级为安全的耕地与上文宜农耕地类是一致的，说明不安全耕地主要是由其土地利用类型与土地适宜性不匹配造成的，需要对当前耕地利用进行优化调整。建设用地安全等级与耕地相似，不安全类别主要分布于张家口与承德，一方面两市作为生态源地核心区，对维持区域生态安全格局具有重要作用。另一方面该地区海拔较高，坡度较高，地形起伏较高，不适宜大规模城市建设活动，故对于建设用地而言生态风险较高。

林地和草地安全等级相似，北部安全状况要优于南方。南部林地分布较少，尤其是衡水，整体处于不安全状态。北部尤其是承德与秦皇岛北部，安全等级最高，基本属于安全，林地发展潜力大。草地分布更为集中，北部与西部山脉地带为安全与中度安全，而东部地区基本属于不安全。结合土地利用生态适宜性评价结果，宜牧土地类地带仍旧出现临界安全状态甚至不安全状态，说明当前草场利用状况不乐观。

7.2.2.5　京津冀城市群区域生态安全格局调整优化方案

根据京津冀城市群区域生态安全等级计算结果，在强约束情景下首先将不安全耕地调整为林地、草地和未利用地，同时将未利用地调整为城市建设用地、农村居民点用地和工矿及其他建设用地。鉴于耕地转为建设用地是耕地减少的核心方式。因此，在一般约束情景下，可以将临界安全耕地调整为城市建设用地、农村居民点用地和工矿及其他建设用地（图7-6）。

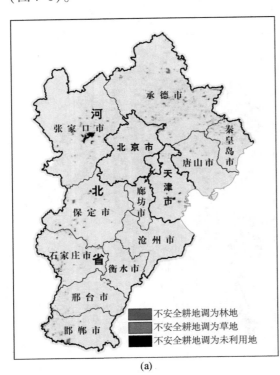

(a)　　　　　　　　　　　　　　　(b)

(c)

图 7-6　强约束［（a）、（b）］和一般约束（c）情景下京津冀城市群区域生态安全调整优化重点

对不同情景下京津冀城市群区域生态安全格局协调优化方案不同地类的调整面积进行了统计（表7-8）。强约束情景下，未利用地调整面积相差不大，最多为工矿及其他建设用地。不安全耕地调整面积以林地最多为966km²，占总体面积的61.3%，其次为未利用地，为554km²，占总体面积35.2%。调整为草地的面积为56km²，仅占总体面积3.6%。一般约束情景下，临界安全耕地调整的三个土地利用类型面积相对均衡，差异主要体现在空间分布上。

表 7-8　不同情景下京津冀城市群区域生态安全格局协调优化方案统计

协调优化情景	优化调整方向	面积/km²
强约束	未利用地调整为	
	城市建设用地	212.31
	农村居民点	104.77
	工矿及其他建设用地	310.32
	小计	627.40
	不安全耕地调整为	
	林地	966.00
	草地	56.00

续表

协调优化情景	优化调整方向	面积/km²
强约束	未利用地	554.00
	小计	1576.00
一般约束	临界安全耕地调整为	
	城市建设用地	1357.54
	农村居民点	1429.01
	工矿及其他建设用地	1151.26
	小计	3937.81

7.3 城市群区域协调联动与生态安全保障决策支持系统

随着城镇化进程的持续推进，城市群呈现出不可持续的高密度集聚、高速度扩张、高强度污染和高风险的资源环境保障威胁（方创琳，2014）。尤其在生态安全方面，城镇建设用地扩展侵占了耕地、林地、草地、水域等生态用地，造成生境破碎，生物多样性减少，生态系统服务功能降低。而且，在城市群尺度，缺乏整体层面的生态安全管理的联防联控措施。污染的外部性、以邻为壑的行政割据观念，制约了城市群协同发展，需要从区域协调联动视角测度生态安全保障程度，并提出相应对策。为此，构建了京津冀城市群区域协调联动与生态安全保障决策支持系统，在此基础上研发了系统软件，并采用该系统设置不同情景，对京津冀城市群区域协调联动下的生态安全保障度进行了情景模拟。

7.3.1 EDSS 的功能模块与模拟方法

京津冀城市群区域协调联动与生态安全保障决策支持系统主要采用系统动力学模型为主模型，关联其他模型进行模拟。系统动力学（system dynamics，SD）是一门分析研究复杂反馈系统动态行为的系统科学方法（方创琳和鲍超，2004），实质上就是分析研究复杂反馈大系统的计算仿真方法（Forrester，1958，1961，1969），其目的主要是研究复杂系统的变化趋势（鲍超和方创琳，2004；曹祺文等，2019）。本质上，系统动力学模型一般等价于一组非线性偏微分方程组。目前系统动力学模型已广泛用于社会经济、城市发展、企业管理、资源环境等系统的预测和政策研究（Wei et al.，2016；Sun et al.，2017；Bao and He，2019）。因此以系统动力学为主模型，构建京津城市群区域协调联动与生态安全保障决策支持系统。

7.3.1.1 EDSS 的系统反馈流程与功能模块

以京津冀城市群为研究对象，以生态空间、生态系统服务价值、生态风险病理程度、生态用水为主控因素，建构生态空间受损度、植被覆盖度、湿地覆盖度、生态系统服务价值、生态风险病理程度、生态用水保障程度、人口、经济等系统功能模块，构建城市群区域协调联动与生态安全保障决策支持系统。根据京津冀城市群的生态状况，将 EDSS 划分为生态空间保障子模块、生态系统服务子模块、生态风险病理程度子模块、生态用水保障子模块、人口子模块、经济子模块，通过各类变量和方程进行对接，运用 Vensim 5.11 软件，构建系统动力学模型进行综合模拟。模拟基期为 2000 年，模拟终期为 2030 年，并将经济总量等换算为 2000 年不变价进行模拟。其系统流程图见图 7-7。

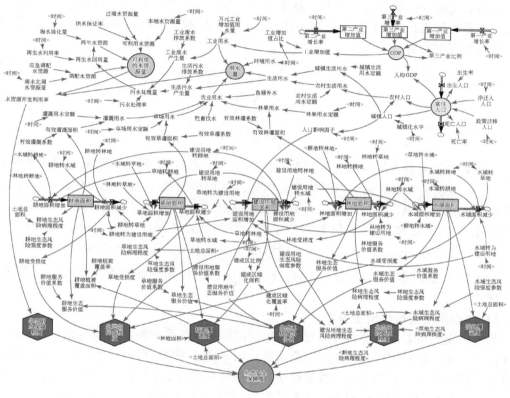

图 7-7　京津冀城市群区域协调联动与生态安全保障决策支持系统流程图

1）生态空间保障子模块

生态空间保障子模块包括三部分：生态空间受损度、植被覆盖度和湿地覆盖度，生态空间与耕地面积、草地面积、建设用地面积、林地面积、水域面积等息息相关。将各类型土地利用面积作为状态变量，以 2000 年各类型土地利用面积作为基准年面积，变化量根据土地利用转化矩阵求出，且建设用地与城镇人口影响因子关联。主要模拟方程为

$$\text{STKJSSD} = \frac{1}{4}\sum_{i=1}^{4}\text{SSD}_i \qquad (7\text{-}9)$$

$$\text{SSD}_i = \frac{\text{MJJS}_i}{\text{JZNMJ}_i} \qquad (7\text{-}10)$$

$$ZBFGD = (S_L + S_C + S_{GDFG} + S_{JCQLH})/S \qquad (7-11)$$

$$SDFGD = S_S/S \qquad (7-12)$$

式中，STKJSSD 为生态空间受损度；SSD_i 为第 i 种土地的受损度；$MJJS_i$ 为第 i 种土地的面积减少量；$JZNMJ_i$ 为第 i 种土地的基准年面积；ZBFGD 为植被覆盖度；S_L 为林地面积；S_C 为草地面积；S_{GDFG} 为耕地植被覆盖面积；S_{JCQLH} 为建成区绿化面积；S 为土地总面积；S_S 为水域面积；SDFGD 为湿地覆盖度。

2）生态系统服务子模块

生态系统服务价值包括耕地生态服务价值、草地生态服务价值、林地生态服务价值、水域生态服务价值和建设用地生态服务价值，与各土地利用类型的面积和生态系统服务价值系数相关。主要模拟方程为

$$ESV_k = A_k \times \sum VC_k \qquad (7-13)$$

$$ESV = \sum_1^k ESV_k \qquad (7-14)$$

$$\overline{ESV} = \frac{ESV}{S} \qquad (7-15)$$

式中，ESV_k 为第 k 种土地利用类型的生态服务价值（元）；A_k 为第 k 种土地利用类型的面积（hm^2）；VC_k 为第 k 种土地利用类型的生态系统服务价值系数［元/（$hm^2 \cdot a$）］，采取刘金雅（2018）对京津冀城市群生态系统服务价值进行估算，耕地、林地、草地、水域、未利用地的生态系统服务价值系数 VC_k 分别为 7064.41 元/（$hm^2 \cdot a$）、32690.52 元/（$hm^2 \cdot a$）、21299.16 元/（$hm^2 \cdot a$）、195842.8 元/（$hm^2 \cdot a$）、1642.48 元/（$hm^2 \cdot a$）；ESV 为区域生态系统服务总价值（元）；$\overline{ESV}$ 为区域单位面积的生态系统服务总价值；S 为区域总面积。

3）生态风险病理程度子模块

为表征土地生态系统变化与区域生态风险间的关联，采用各类土地生态系统所占的面积比例来构建土地利用变化的生态风险指数，用来描述研究区内每一个评估单元的综合生态风险的相对大小。利用这种指数采样法，可把研究区的生态风险变量空间化，并以研究区的土地利用面积结构转化得出。主要模拟方程为

$$I_{ERI} = \sum_{i=1}^n \frac{S_i W_i}{S} \qquad (7-16)$$

式中，I_{ERI} 为研究区土地利用生态风险指数；i 为评估单元内土地利用类型；S_i 为评估单元内第 i 种土地利用类型的面积；n 为评估单元内土地利用类型的数量；S 为评估单元内土地利用类型的总面积；W_i 为第 i 种土地利用类型所反映的生态风险强度参数，依次设定耕地为 0.32，林地为 0.12，草地为 0.16，水域为 0.53，建设用地为 0.85。

4）生态用水保障子模块

水资源主要可以划分为供水量和用水量两部分。供水量来源于三个方面：可利用水资源、再生水资源与调配水资源。再生水资源与污水处理量和再生水利用率相关，污水处理量则将供水量和用水量联系起来。用水量主要包括工业用水、农业用水、环境用水、生活用

水。供水量与用水量的差值为供需缺口。水资源开发利用率通过用水量与可利用的水资源量的比例计算，生态用水保障程度（G_w）用水资源开发利用率来反映。主要模拟方程为

$$G_w = 1 - R_w \tag{7-17}$$

$$R_w = \frac{W_{con}}{W_{pro}} \tag{7-18}$$

$$W_{con} = W_i + W_a + W_d + W_e \tag{7-19}$$

$$W_{pro} = W_u + W_{rec} + W_{trans} \tag{7-20}$$

式中，R_w 为水资源开发利用率；W_{con} 为用水量；W_{pro} 为可利用的水资源量；W_i 为工业用水；W_a 为农业用水；W_d 为生活用水；W_e 为环境用水；W_u 为可利用水资源；W_{rec} 为再生水资源；W_{trans} 为调配水资源。

$$W_i = W_{perval} \times V_{ind} \tag{7-21}$$

$$W_a = W_{for} + W_{irr} + W_{gra} + W_{fis} + W_{liv} \tag{7-22}$$

$$W_{irr} = S_{irr} \times \theta_{irr} = S_C \times \omega_{irr} \times \theta_{irr} \tag{7-23}$$

$$W_d = W_{rur} + W_{urb} = p_r \times \mu_{rur} + p_u \times \mu_{urb} \tag{7-24}$$

式中，对于用水模块，W_{perval} 为万元工业增加值用水量；V_{ind} 为工业增加值；W_{for} 为林果用水；W_{irr} 为灌溉用水；W_{gra} 为草场用水；W_{fis} 为鱼塘用水；W_{liv} 为牲畜用水；S_{irr} 为有效灌溉面积；θ_{irr} 为灌溉用水定额；ω_{irr} 为有效灌溉系数，林果用水、草场用水与灌溉用水的计算方法相同；W_{rur} 为农村生活用水；W_{urb} 为城镇生活用水；p_r 为农村人口；p_u 为城镇人口；μ 为农村/城镇生活用水定额。

$$W_u = W_{loc} + W_{thr} \tag{7-25}$$

$$W_{rec} = W_{sea} + R_{rec} \times W_{sew} \tag{7-26}$$

$$W_{sew} = W_{sew}^i + W_{sew}^d = W_i \times \gamma_i + W_d \times \gamma_d \tag{7-27}$$

式中，对于供水模块，W_{loc} 为本地水资源量；W_{thr} 为过境水资源量；W_{sea} 为海水淡化量；R_{rec} 为再生水利用率；W_{sew} 为污水处理量；W_{sew}^i 为工业废水产生量；W_{sew}^d 为生活污水产生量；γ_i 为工业废水排放系数；γ_d 为生活污水排放系数。

5）人口子模块

人口子模块在自然发展情况下，主要受自然增长和机械增长影响。常住人口为状态变量，包括出生人口、死亡人口、净迁入人口、政策迁移人口四部分，自然增长由出生率和死亡率决定，机械增长主要由净迁入人口和政策迁移人口决定。出生率、死亡率取 2005 年以来的平均值，北京、天津两市的净迁入人口按照 2014 年数据分别取 30 万人、40 万人，其他城市取平稳后的平均值，政策迁移人口依据《京津冀协同发展规划纲要》进行，北京将陆续疏解约 100 万人口，天津、河北会分别吸收一部分人口。主要模拟方程为

$$P = P_0 + p_b + p_d + p_i + p_m \tag{7-28}$$

$$p_u = P \times l_u \tag{7-29}$$

$$p_r = P - p_u \tag{7-30}$$

式中，P 为常住人口；P_0 为基期常住人口；p_b 为出生人口；p_d 为死亡人口；p_i 为净迁入人口；p_m 为政策迁移人口；l_u 为城镇化水平。

6）经济子模块

经济子模块中，GDP 为状态变量，包括第一产业增加值、第二产业增加值、第三产业增加值，各产业增加值随产业增长率变化，工业增加值占比也随 GDP 总量的增长而提高。经济子模块的模拟是对地区生产总值的模拟，对资源环境利用也具有重要影响，与其他子模块的变量发生关联。主要模拟方程为

$$GDP = \sum_{i=1}^{3} V_i \tag{7-31}$$

$$\Delta V_i = V_i \times \rho_i \tag{7-32}$$

$$V_{ind} = GDP \times \rho_{ind} \tag{7-33}$$

式中，GDP 为国内生产总值；V_i 为第 i 次产业增加值；ΔV_i 为第 i 次产业增加值增长量；ρ_i 为第 i 次产业增长率；ρ_{ind} 为工业增加值占比。

7.3.1.2 生态安全保障度的综合测算

由于用前述方法模拟计算出的生态用水保障程度、生态空间受损度、生态系统服务价值、植被覆盖度、生态风险病理程度、湿地覆盖度均有不同的量纲，因此首先进行指标分级并设置阈值，利用多目标模糊隶属度函数将不同量纲标准化至 0 ~ 1，最后根据各具体指标的熵化权重和标准化值，利用加权法分别计算准则层、目标层的综合指数，集成生态安全保障度综合指数。

1）指标体系

遵循科学性与可比性、综合性与主导性、系统性与层次性、动态性与稳定性、针对性与可行性等相结合的原则，重点考虑生态安全的现状、价值及保障程度，从生态用水保障程度、生态空间受损度、生态系统服务价值、植被覆盖度、生态风险病理程度、湿地覆盖度六个方面选取 20 个指标构成生态安全保障度的综合评价指标体系（表7-9）。

表 7-9 生态安全保障度的综合评价指标体系

目标层	准则层	指标层
生态安全保障度	生态用水保障程度	水资源开发利用率
	生态空间受损度	耕地受损度
		林地受损度
		草地受损度
		水域受损度
	生态系统服务价值	耕地生态系统服务价值
		林地生态系统服务价值
		草地生态系统服务价值
		水域生态系统服务价值
		建设用地生态系统服务价值

续表

目标层	准则层	指标层
生态安全保障度	植被覆盖度	林地面积
		草地面积
		耕地植被覆盖面积
		建成区绿化面积
	生态风险病理程度	耕地生态风险病理程度
		林地生态风险病理程度
		草地生态风险病理程度
		水域生态风险病理程度
		建设用地生态风险病理程度
	湿地覆盖度	水域面积

由表 7-9 可知，生态空间受损度越低、生态系统服务价值越高、植被覆盖度越高、生态风险病理程度越低、湿地覆盖度越高，则生态安全保障度越高。本书以京津冀城市群 13 个地级以上城市为研究单元，将主要研究时段定为 2000~2015 年，预测期限定为 2016~2030 年。所需的社会经济数据主要来源于历年《北京统计年鉴》、《天津统计年鉴》、《河北经济年鉴》，而且为使经济数据在时间序列上具有可比性，地区生产总值及分产业增加值均以 2000 年为基准换算为可比价格；所需的水资源和用水数据主要来源于历年《北京市水资源公报》、《天津市水资源公报》、《河北省水资源公报》。

2）评价标准与阈值判断

为了能够对生态安全保障的子模块及集成模块进行合理分级，以 0.2 为极差将各类综合指数分为极不安全、不安全、临界安全、较安全、非常安全五级。为了使评价结果在时间、空间尺度上均具有可比性且具有现实指导意义，通过参考国内外相关文献、国内外发达国家和地区的发展经验及全国平均水平，同时根据样本数据分布特点及经验值，最终确定了八个具体指标对应生态安全保障度指标分级标准的阈值（表 7-10）。

表 7-10　生态安全保障度指标的分级标准及阈值

指标排序	具体指标	安全类型				
		极不安全	不安全	临界安全	较安全	非常安全
1	生态安全保障度	0	0.2	0.4	0.6	0.8	1
2	生态用水保障程度	0	0.2	0.4	0.6	0.8	1
3	水资源开发利用率	1.5	1.2	0.9	0.6	0.3	0
4	生态空间受损度	0.2	0.15	0.1	0.075	0.05	0
5	植被覆盖度	0	0.2	0.45	0.6	0.7	1
6	生态系统服务价值	0	10000	15000	20000	25000	30000
7	生态风险病理程度	0.2	0.15	0.1	0.075	0.05	0
8	湿地覆盖度	0	0.005	0.01	0.02	0.04	0.06

3）多目标模糊隶属度函数标准化法

为了解决各具体指标量纲不同而难以加权综合的问题，采用多目标模糊隶属度函数标准化方法，使得标准化值在不同时空范围内具有可比性（鲍超和邹建军，2018）。对于正向指标，其隶属度公式为

$$s_{\lambda ij} = \begin{cases} k_1 & x_{\lambda ij} < u_1 \\ \dfrac{k_{n+1} - k_n}{u_{n+1} - u_n} \times (x_{\lambda ij} - u_n) + k_n & u_n \leqslant x\lambda ij \leqslant u_{n+1} \quad (1 \leqslant n \leqslant 5) \\ k_6 & x_{\lambda ij} > u_6 \end{cases} \tag{7-34}$$

对于逆向指标，其隶属度公式为

$$s_{\lambda ij} = \begin{cases} k_1 & x_{\lambda ij} > u_1 \\ \dfrac{k_{n+1} - k_n}{u_n - u_{n+1}} \times (u_n - x_{\lambda ij}) + k_n & u_{n+1} \leqslant x\lambda ij \leqslant u_n \quad (1 \leqslant n \leqslant 5) \\ k_6 & x_{\lambda ij} < u_6 \end{cases} \tag{7-35}$$

式中，$s_{\lambda ij}$ 为第 λ 年 i 区域第 j 项指标的标准化值；$x_{\lambda ij}$ 为第 λ 年 i 区域第 j 项指标的实际值；k_n 为各类综合指数分级标准的阈值；u_n 为具体指标分级标准的阈值。各类综合指数极不安全、不安全、临界安全、较安全、非常安全五级对应的阈值区间分别为 $[k_1, k_2)$、$[k_2, k_3)$、$[k_3, k_4)$、$[k_4, k_5)$、$[k_5, k_6]$，其中，$k_1 = 0$，$k_2 = 0.2$，$k_3 = 0.4$，$k_4 = 0.6$，$k_5 = 0.8$，$k_6 = 1$。

4）综合指数集成

根据各具体指标的熵化权重和标准化值，利用加权法可分别计算准则层、目标层的综合指数。限于篇幅，仅列出目标层的计算公式：

$$F_{\lambda i} = \sum_{k=1}^{m} \sum_{j=1}^{n} (s_k^l \times s_j^k \times s_{\lambda ij}) \tag{7-36}$$

式中，$F_{\lambda i}$ 为第 λ 年 i 研究区域的生态安全综合指数；s_j^k 为指标相对于准则层的熵化权重；s_k^l 为准则层对目标层的熵化权重；m、n 分别为准则层和指标层里相应的评价指标个数。

7.3.2 EDSS 的系统研发

基于 EDSS 的功能模块与模拟方法，采用 GIS 空间分析平台，研发了京津冀城市群区域协调联动与生态安全保障决策支持系统。利用 EDSS 系统，可以综合管理、预测、调控 2000～2030 年京津冀城市群区域发展和生态安全等要素，通过京津冀 13 个地级以上城市不同参数的设置，不仅可以实现区域协调联动，还能可视化输出生态安全保障程度的结果。根据情景模拟结果的综合分析，可以为京津冀城市群健康发展提供科学决策依据。

7.3.2.1 系统概述

1）系统登录界面说明

在系统启动时，首先显示登录界面，如图 7-8 所示，提示用户输入登录用户名，点击

"登录"，系统将启动并运行所选择的相应模块供用户使用。

图7-8 系统登录主界面

2）系统主界面说明

为了方便用户操作，系统主界面采用 Office 2013 界面模式，主窗口按功能分为五个功能区：菜单栏区、工具条区、图层控制区、地图显示区及状态栏，具体界面如图 7-9 所示。

3）系统菜单栏

系统菜单栏主要包括区域协调联动与生态安全保障基础数据、区域协调联动与生态安全保障决策分析、综合调控、用户管理和帮助等五个主菜单。每个主菜单下都有二、三级菜单。图 7-9 为菜单栏的具体功能菜单视图。

7.3.2.2 主要系统功能管理

1）区域协调联动与生态安全保障基础数据功能管理

点击区域协调联动与生态安全保障基础数据菜单，系统会显示功能菜单的二级菜单。基础数据功能菜单主要包括生态空间保障、生态系统服务、生态风险病理程度、生态用水保障、人口、经济等六个子系统二级菜单，如图 7-10 所示。基础数据管理界面按功能共分为四个功能区：工具条区、数据显示区、数据控制区及数据状态栏。其中，工具条区主要包括添加、编辑、删除、保存、导入、导出、打印、刷新、合并等功能；数据显示区是将数据以表格形式进行展示，用户可以在表格里对数据进行修改、排序、筛选等；数据控

选择	年份	地区	耕地(km2)	林地(km2)	草地(km2)	水域(km2)	建设用地(km2)	建成区比例
	2000	北京	4910	7431	1297	511	2246	
	2000	天津	7002	462	221	1875	1816	
	2000	石家庄	8129	1772	2422	380	1336	
	2000	唐山	7846	1323	1081	491	2013	
	2000	秦皇岛	2996	2180	1705	319	459	
	2000	邯郸	8597	244	1694	201	1283	
	2000	邢台	9082	730	1341	155	1120	
	2000	保定	10661	3811	5099	623	1982	
	2000	张家口	17700	6934	9776	594	833	
	2000	承德	7989	19598	10546	497	287	
	2000	沧州	11340	25	2	292	2232	
	2000	廊坊	5272	71	22	129	908	
	2000	衡水	7602	1	6	140	1073	
	2000	京津冀	109126	44582	35214	6208	17587	
	2015	北京	0	0	0	0	0	
	2015	天津	0	0	0	0	0	
	2015	石家庄	0	0	0	0	0	
	2015	唐山	0	0	0	0	0	
	2015	秦皇岛	0	0	0	0	0	
	2015	邯郸	0	0	0	0	0	
	2015	邢台	0	0	0	0	0	
	2015	保定	0	0	0	0	0	
	2015	张家口	0	0	0	0	0	
	2015	承德	0	0	0	0	0	
	2015	沧州	0	0	0	0	0	
	2015	廊坊	0	0	0	0	0	
	2015	衡水	0	0	0	0	0	
	2015	京津冀	0	0	0	0	0	
	2020	北京	0	0	0	0	0	
	2020	天津	0	0	0	0	0	
	2020	石家庄	0	0	0	0	0	
	2020	唐山	0	0	0	0	0	
	2020	秦皇岛	0	0	0	0	0	
	2020	邯郸	0	0	0	0	0	

记录 1 of 56

图 7-9　系统主界面及主菜单

制区可以控制数据的分组筛选情况，用户可以把某一列的标题拖动到数据控制区，数据显示区的数据可自动按照该列进行分组展示；数据状态栏是显示数据的记录条数，用户可以对数据集进行一定的操作，包括上一条记录、下一条记录、第一条记录、最后一条记录、上一页、下一页等功能。

图 7-10　区域协调联动与生态安全保障基础数据菜单

（1）生态空间保障基础数据管理。用于管理京津冀城市群及其 13 个地级以上城市生态空间保障的基础数据，包括三部分：生态空间受损度、植被覆盖度和湿地覆盖度，主要有耕地面积、草地面积、建设用地面积、林地面积、水域面积等原始数据，以及在此基础上计算的综合指标数据。

（2）生态系统服务基础数据管理。用于管理京津冀城市群及其 13 个地级以上城市生态系统服务的基础数据，包括耕地生态服务价值、草地生态服务价值、林地生态服务价值、水域生态服务价值、建设用地生态服务价值，与各土地利用类型的面积和生态系统服务价值系数等。

（3）生态风险病理程度基础数据管理。用于管理京津冀城市群及其 13 个地级以上城市生态风险病理程度的基础数据，包括各类土地生态系统所占的面积比例及生态风险指数等。

（4）生态用水保障基础数据管理。用于管理京津冀城市群及其 13 个地级以上城市生态用水保障的基础数据，主要可以划分为可供水、用水部分。具体包括可利用水资源、再生水资源、调配水资源、污水处理量、再生水利用率、用水总量、工业用水、农业用水、环境用水、生活用水、水资源开发利用率、生态用水保障程度等数据。

（5）人口基础数据管理。用于管理京津冀城市群及其 13 个地级以上城市人口的基础数据。主要包括常住人口、出生人口、死亡人口、净迁入人口、政策迁出人口、自然增长率、出生率、死亡率、城镇人口、农村人口等数据。

（6）经济基础数据管理。用于管理京津冀城市群及其 13 个地级以上城市经济的基础数据。主要包括 GDP、第一产业增加值、第二产业增加值、工业增加值、第三产业增加值、各产业增加值的增长率等。

2）区域协调联动与生态安全保障决策分析功能管理

点击区域协调联动与生态安全保障决策分析菜单，系统会显示功能菜单的二级菜单。基础功能菜单主要包括指标体系、生态安全保障综合测算、生态安全保障综合分析等二级菜单，如图 7-11 所示。

图 7-11　区域协调联动与生态安全保障决策分析菜单

（1）指标体系功能管理。用于管理生态安全保障度的指标体系及分级标准的阈值。按功能共分为四个功能区：工具条区、数据显示区、数据控制区及数据状态栏。其中，工具条区主要包括指标体系的添加、编辑、删除、保存、导入、导出、打印、刷新、合并等功能；数据显示区是将指标体系及分级标准阈值数据以表格形式进行展示，用户可以在表格中对数据进行修改、排序、筛选；数据控制区可以控制数据的分组筛选情况，用户可以把某一列的标题拖动到数据控制区，数据显示区的数据可自动按照该列进行分组展示；数据状态栏是显示数据的记录条数，用户可以对数据集进行一定的操作，包括上一条记录、下一条记录、第一条记录、最后一条记录、上一页、下一页等功能。

（2）生态安全保障综合测算功能管理。用于测算城市群生态安全保障度。点击菜单下的"综合测算"按钮，系统会自动跳出测算管理界面，出现各综合指数的计算结果。当用户关闭基础数据管理窗口后，若想再次显示该窗口，可再次点击菜单下的按钮。

（3）生态安全保障综合分析功能管理。用于分析城市群生态安全保障情况。点击菜单下的"生态安全保障综合分析"按钮，系统会自动跳出分析界面，分析界面按功能共分为三个功能区：工具条区、图表显示区及数据显示区。其中，工具条区主要包括开始年份、结束年份、指标、查询、导出、显示标签等功能；图表显示区是按照年份、指标的不同，将数据以图表的形式进行可视化展示；数据显示区是将数据以表格形式进行展示，用户可以在表格中实现对数据进行排序、筛选等功能。

3）综合调控

点击综合调控菜单，系统会显示功能菜单的二级菜单。基础功能菜单主要包括生态安全参数调控、生态安全情景结果模拟、生态安全情景模拟分析等二级菜单，如图7-12所示。

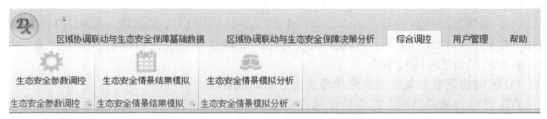

图7-12　生态安全综合调控分析菜单

（1）生态安全参数调控功能管理。用于管理调控生态安全基础数据的参数。用户点击"生态安全参数调控"菜单，系统自动弹出数据调控页面。用户可以按照情景模拟需求，对数据进行直接更改，并点击开始模拟按钮进行模拟测算，如图7-13所示。当用户关闭生态安全参数调控功能管理窗口后，若想再次显示该窗口，可再次点击菜单下的按钮。

（2）生态安全情景结果模拟功能管理。用于管理情景模拟测算出的京津冀城市群及其13个地级以上城市生态安全保障度结果。根据用户调控的参数，对生态安全保障度进行情景模拟，并将结果以数据表格形式进行呈现。管理界面按功能也分为四个功能区：工具条区、数据显示区、数据控制区及数据状态栏。

（3）生态安全情景模拟分析功能管理。用于分析生态安全保障度的情景模拟结果。点击菜单下的"生态安全情景模拟分析"按钮，系统会自动跳出测算结果的分析界面。当用户关闭该窗口后，若想再次显示该窗口，可再次点击菜单按钮（图7-14）。

4）用户管理与帮助

（1）用户管理。点击用户管理菜单，系统会显示修改密码、用户变更两个二级菜单。其中，修改密码用于修改用户当前使用的密码；用户变更用于管理当前使用系统的用户，可以新增用户和删除用户。

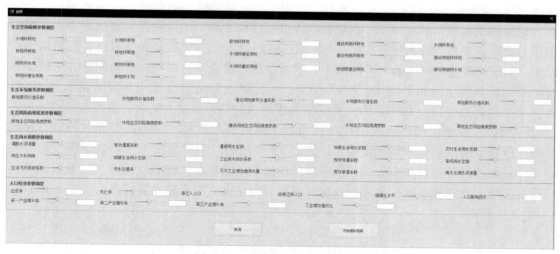

图 7-13　生态安全参数调控界面

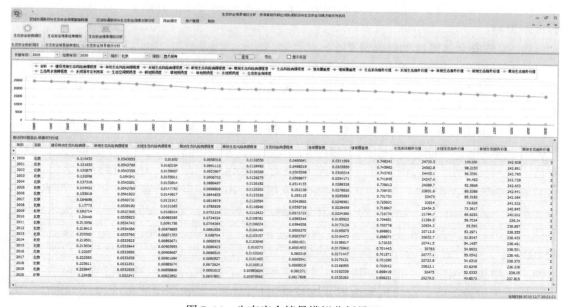

图 7-14　生态安全情景模拟分析界面

（2）帮助。点击帮助菜单，系统会显示用户帮助文档的二级菜单，点击用户帮助文档按钮，系统自动弹出用户帮助文档，便于用户参考。

7.3.3　EDSS 的模拟结果分析

采用京津冀城市群区域协调联动与生态安全保障决策支持系统，对模拟结果中的 2000 ~

2015 年 13 个地级以上城市的常住人口、GDP、水资源总量、用水量、耕地面积、草地面积、建设用地面积、林地面积、水域面积等进行结构检验。结果发现，多数城市人口模拟结果与实际值的平均误差率在 5% 以内，偶尔有超过 5%，但都在 10% 以内；多数城市的 GDP、水资源总量、用水量、耕地面积、草地面积、建设用地面积、林地面积、水域面积等模拟结果与实际值的平均误差率在 10% 以内，偶尔有城市在某一年误差值超过 10%，但多年平均误差率均在 10% 以内；真实值与模拟值的趋势线基本吻合，说明京津冀城市群 13 个地级以上城市的模拟值能够代替城市群未来的发展方向，模型能够通过检验。在此基础上设置基准情景，即京津冀城市群及其 13 个地级以上城市的主要参数按历史趋势发展，并对模拟结果进行初步分析，最后通过模拟不同的耗水方式和发展方式，设置六种模拟情景，探索京津冀城市群各地级以上城市适合的生态安全保障发展情景。

7.3.3.1 模拟结果及初步分析

基于基准情景，首先对生态安全保障度进行综合分析，研究其变化趋势及空间分布规律性，然后从生态空间保障度（生态空间受损度、植被覆盖度、湿地覆盖度）、生态用水保障度、生态系统服务价值、生态风险病理程度等的时空变化来分析其对生态安全保障度的具体影响。

1）生态安全保障度的综合分析

基准情景下，2000～2030 年，京津冀城市群生态安全保障度一直在 0.6～0.7 不断变化，总体上属于较安全类型，北部及沿海地区城市的生态安全保障程度较高，南部城市生态安全保障程度较低。

从各城市排名变化来看，在 2000 年，承德的生态安全保障度最高，达 0.7316，秦皇岛次之，然后依次为北京、天津、京津冀、唐山、保定、张家口、石家庄、邯郸、邢台、廊坊、沧州、衡水。在 2015 年，秦皇岛的生态安全保障度最高，达 0.7437，承德次之，然后依次为天津、张家口、京津冀、北京、沧州、唐山、保定、石家庄、邯郸、邢台、廊坊、衡水。到 2020 年，秦皇岛的生态安全保障度依然最高，达 0.7392，然后依次为天津、承德、沧州、京津冀、张家口、北京、唐山、保定、石家庄、邯郸、邢台、廊坊、衡水。到 2030 年，沧州的生态安全保障度依然最高，达 0.7287，秦皇岛次之，然后依次为天津、承德、京津冀、张家口、保定、唐山、北京、邯郸、石家庄、邢台、衡水、廊坊。

从地理位置上看，京津冀城市群北部及沿海地区的生态安全保障程度较高，北京、天津、秦皇岛、张家口、承德、沧州及京津冀整体绝大多数年份的保障度在 0.6 以上；南部生态安全保障程度较低，石家庄、唐山、邯郸、保定、邢台、廊坊、衡水绝大多数年份的保障度在 0.6 及以下。

从变化趋势上看，生态安全保障度逐年上升的有天津、沧州；京津冀城市群整体变化不大，在 0.65 上下波动；其他地级以上城市呈波动变化，总体呈下降趋势。

总体来说，可以将京津冀 13 个地级以上城市概括为六大类：秦皇岛和承德的生态安全保障度始终处于高水平；天津、张家口、京津冀处于较高水平；唐山、保定处于中等水平；石家庄、邯郸处于较低水平；邢台、廊坊、衡水的生态安全保障度始终处于低水平；

沧州和北京属于波动较大类,沧州持续上升,北京下降幅度较大。

2)生态空间保障度分析

2000~2030 年,京津冀城市群生态空间受损程度不断增加,不同地级以上城市不同土地利用类型的受损程度不同。到 2030 年,受损程度最高的地级以上城市为承德(8.03%)、张家口(7.78%),主要表现为草地受损。以草地受损为主的除承德、张家口之外,还包括秦皇岛、北京、保定、邯郸、邢台;以耕地受损为主的包括石家庄、廊坊、衡水;以水域受损为主的包括天津、唐山、沧州、京津冀城市群。

从湿地覆盖度来看,天津的湿地覆盖度最高,在 2015 年为 13.91%,到 2030 年为 13.78%;其次为沧州,在 2015 年为 4.51%,到 2030 年为 7.12%。

从植被覆盖度来看,到 2030 年,承德和张家口的植被覆盖度最高,高于 70%,其次为北京、秦皇岛、保定、京津冀整体,高于 60%。

3)生态用水保障度分析

2000~2030 年,京津冀各地级以上城市的生态用水保障程度呈现明显上升趋势,京津冀整体 2000 年的生态用水保障程度为 0.12,2015 年为 0.33,到 2030 年预测达到 0.47,说明生态用水趋势良好。到 2030 年,生态用水保障程度较高(>0.6)的地级以上城市依次为沧州、张家口、承德、廊坊、邢台、天津、秦皇岛。到 2030 年,生态用水保障程度最低的为石家庄,仅为 0.26。

4)生态系统服务价值分析

从京津冀各地级以上城市单位面积的生态系统服务价值来看,在 2030 年,天津、承德、秦皇岛单位面积生态系统服务价值处于高水平(>20000 元/km²),沧州、北京、京津冀、张家口、唐山、保定、石家庄处于较高水平(<20000 元/km²),邯郸、邢台处于较低水平(<10000 元/km²),衡水、廊坊处于低水平(<5000 元/km²)。

从各地级以上城市不同土地利用类型的生态系统服务价值来看,且以地级以上城市自身内部不同类型用地作为对比,可以看出,在 2015 年,北京、保定、张家口、承德、秦皇岛、石家庄的林地生态服务价值较高,天津、沧州、唐山的水域生态服务价值较高,衡水、廊坊、邢台、邯郸的耕地生态服务价值较高。对于京津冀整体而言,承德、张家口、北京的林地,天津、沧州的水域,对整体的生态系统服务价值贡献较大。

5)生态风险病理程度分析

2000~2030 年,各地级以上城市的生态风险病理程度整体呈现升高的趋势,沧州和京津冀整体略有不同,2020~2030 年呈略微下降趋势。生态风险主要集中在建设用地和耕地的影响上,北京、天津、石家庄、唐山、秦皇岛、保定、廊坊的建设用地生态风险更为突出,邯郸、邢台、张家口、承德、沧州、衡水的耕地生态风险更为突出。京津冀的建设用地和耕地生态风险相近。

7.3.3.2 不同模拟情景及综合分析

京津冀城市群的生态安全保障度由 13 个地级以上城市的生态安全保障度决定,地级以上城市的生态安全保障度主要受到生态空间受损度、植被覆盖度、湿地覆盖度、生态系统服务价值、生态风险病理程度、生态用水保障度的影响，而上述指标又都跟人类活动密切相关。因此，通过模拟不同的耗水方式和发展方式，分析对比六种模拟情景下的生态安全保障度、生态用水保障程度、生态空间受损度、生态系统服务价值、生态风险病理程度、植被覆盖度、湿地覆盖度，探索其规律性。在既保障经济效益又尽量提高生态安全保障度的前提下，探索京津冀城市群各地级以上城市适合的发展情景。

1）SDSS 的情景设置

依据耗水情况，设置高耗水、中耗水、低耗水三种模式，将灌溉蓄水定额、林果需水定额、草场蓄水定额、城镇生活用水定额、农村生活用水定额、万元工业增加值用水量设置为三种情景。中耗水模式是按照 2000～2015 年的趋势进行取值，高耗水模式相关定额上浮 5%，低耗水模式相关需水定额下调 5%。

依据人口城镇化与经济发展情况，设置高发展、中发展、低发展三种情景模式，中发展模式是按照 2000～2015 年的趋势对人口城镇化水平和第一、二、三产业增加值的增长率进行取值，高发展模式相应取值上浮 5%，低发展模式下调 5%。

根据耗水和发展情况，设定高发展高耗水、高发展低耗水、中发展高耗水、中发展低耗水、低发展高耗水、低发展低耗水等六种模拟情景。

2）不同发展情景的模拟结果

采用 EDSS 分别预测出六种情景下 2020 年、2025 年、2030 年 13 个地级以上城市及京津冀城市群的状态指标。

（1）无论在哪种情景下，北京、天津、秦皇岛、张家口、承德、沧州的生态安全保障度都较高，京津冀整体的生态安全保障度也较高，但石家庄、唐山、保定处于中等水平，而邯郸、邢台、廊坊、衡水始终处于低保障水平。

（2）从发展趋势来看，2020～2030 年，绝大数城市的生态安全保障度保持平稳状态，少数城市波动较大。北京、石家庄、廊坊、衡水的下降趋势显著，需要引起关注；而沧州生态安全保障度显著上升，也有待观察其变化原因。

（3）从发展模式来看，普遍表现为人口城镇化和经济发展越慢，耗水越少，生态安全保障度越高，这也与现实情况相吻合。低发展模式下，资源消耗越少，建设用地越少，生态空间越多；耗水越少，生态用水保障程度越高。

3）不同发展情景的综合选择

在实际分析中，并非生态安全保障度越高越好。一味强调生态效益，忽视经济发展是不可取的；而实行高度节水的生产生活方式，会给生产效率及生活水平提出一定的挑战。因此，不同发展情景方案的综合选择，需要综合考虑效益、技术、生活水平等多方面，达到均衡、高效、集约发展。

从耗水模式上看，京津冀城市群各地级以上城市在低耗水状态下的生态安全保障度均大于高耗水状态下的保障度，且变化幅度较大。生态用水保障度也随之变化，耗水越低，生态用水保障度越高。因此，在生产技术可行、居民生活水平不会明显下降的前提下，应采取低耗水模式，节水方式以适度为原则。

从发展模式来看，对京津冀城市群大多数地级以上城市来说，随着发展速度降低，生态安全保障度升高，也就是在低发展状态下生态安全保障程度最高。但是邢台、保定、沧州、廊坊略有不同，在 2020 年依旧为低发展状态下的生态安全保障程度较高，在 2025 年、2030 年时却表现为高发展状态下的生态安全保障程度较高。相较于耗水模式来说，发展模式的变化所导致的生态安全保障度的变化幅度较弱。

总体来说，在提高生态安全保障度的同时，既要兼顾经济发展又要保障居民生活水平，因此，北京、天津、石家庄、唐山、秦皇岛、邯郸、张家口、承德、衡水、京津冀采取中发展低耗水模式为宜，邢台、保定、沧州、廊坊采取高发展低耗水模式为宜。

参 考 文 献

鲍超, 方创琳. 2009. 干旱区水资源对城市化约束强度的情景预警分析. 自然资源学报, 24 (9):
　　1509-1519.

鲍超, 邹建军. 2018. 基于人水关系的京津冀城市群水资源安全格局评价. 生态学报, 38 (12):
　　4180-4191.

曹祺文, 鲍超, 顾朝林, 等. 2019. 基于水资源约束的中国城镇化 SD 模型与模拟. 地理研究, 38 (1):
　　167-180.

陈昕, 彭建, 刘焱序, 等. 2017. 基于"重要性—敏感性—连通性"框架的云浮市生态安全格局构建. 地
　　理研究, 36 (3): 471-484.

陈星, 周成虎. 2005. 生态安全: 国内外研究综述. 地理科学进展, 24 (6): 8-20.

邓聚龙. 1990. 灰色系统理论教程. 武汉: 华中理工大学出版社.

董晓峰, 杨春志, 刘星光. 2017. 中国新型城镇化理论探讨. 城市发展研究, 24 (1): 26-34.

方创琳. 2014. 中国城市群研究取得的重要进展与未来发展方向. 地理学报, 69 (8): 1130-1144.

方创琳, 鲍超. 2004. 黑河流域水–生态–经济协调发展耦合模型及应用. 地理学报, 59 (4): 781-790.

郭玲玲, 武春友, 于惊涛. 2015. 中国能源安全系统的仿真模拟. 科研管理, 36 (1): 112-120.

李刚, 李建平, 孙晓蕾, 等. 2017. 主客观权重的组合方式及其合理性研究. 管理评论, 29 (12): 17-
　　26, 61.

李海东, 王帅, 刘阳. 2014. 基于灰色关联理论和距离协同模型的区域协同发展评价方法及实证. 系统工
　　程理论与实践, 34 (7): 1749-1755.

林海明. 2009. 因子分析模型的改进与应用. 数理统计与管理, 28 (6): 998-1012.

刘金雅, 汪东川, 张利辉, 等. 2018. 基于多边界改进的京津冀城市群生态系统服务价值估算. 生态学
　　报, 38 (12): 4192-4204.

蒙吉军, 燕群, 向芸芸. 2014. 鄂尔多斯土地利用生态安全格局优化及方案评价. 中国沙漠, 34 (2):
　　590-596.

任志远, 黄青, 李晶. 2005. 陕西省生态安全及空间差异定量分析. 地理学报, 60 (4): 597-606.

王根绪, 程国栋, 钱鞠. 2003. 生态安全评价研究中的若干问题. 应用生态学报, 14 (9): 1551-1556.

俞孔坚, 乔青, 李迪华, 等. 2009a. 基于景观安全格局分析的生态用地研究——以北京市东三乡为例.
　　应用生态学报, 20 (8): 1932-1939.

俞孔坚, 王思思, 李迪华, 等. 2009b. 北京市生态安全格局及城市增长预景. 生态学报, 29 (3):
　　1189-1204.

张玉玲, 迟国泰, 祝志川. 2011. 基于变异系数-AHP 的经济评价模型及中国十五期间实证研究. 管理评
　　论, 23 (1): 3-13.

赵天明, 刘学录, 于航. 2019. 鄂尔多斯市土地生态安全评价及协调度研究. 国土与自然资源研究, (5): 39-44.

Bao C, He D. 2019. Scenario modeling of urbanization development and water scarcity based on system dynamics: A case study of Beijing-Tianjin-Hebei urban agglomeration, China. International Journal of Environmental Research and Public Health, 16 (20): 3834-3852.

Forrester J W. 1958. Industrial dynamics: A major breakthrough for decision makers. Harvard Business Review, 36 (4): 37-66.

Forrester J W. 1961. Industrial Dynamics. Waltham, MA: Pegasus Communications.

Forrester J W. 1969. Urban Dynamics. Cambridge, MA: MIT Press.

Hang C L, Yoon K. 1981. Multiple Attribute Decision Making Methods and Applications. Berlin: Springer.

Jia X L, An H Z, Fang W, 2015. How do correlations of crude oil prices co-move? A grey correlation-based wavelet perspective. Energy Economics, 49: 588-598.

Li Y F, Sun X, Zhu X D, et al. 2010. An early warning method of landscape ecological security in rapid urbanizing coastal areas and its application in Xiamen, China. Ecological Modelling, 221 (19): 2251-2260.

Naveh Z. 1994. From biodiversity to ecodiversity: A landscape-ecology approach to conservation and restoration. Restoration Ecology, 2 (3): 180-189.

Steffen W, Richardson K, Rockström J, et al. 2015. Sustainability, planetary boundaries: Guiding human development on a changing planet. Science, 347 (6223): 1259855.

Sun Y, Liu N, Shang J, et al. 2017. Sustainable utilization of water resources in China: A system dynamics model. Journal of Cleaner Production, 142: 613-625.

Wei T, Lou I, Yang Z, et al. 2016. A system dynamics urban water management model for Macau, China. Journal of Environmental Sciences, 50 (12): 117-126.